生物地理学

衣华鹏　张连兵　张鹏宴 等　编著

科学出版社

北京

内 容 简 介

本书将土壤圈与生物圈作为一个自然地理系统,全面论述了土壤的组成与性质、植物生活的环境条件和植物群落、地球表面土壤与植被的主要类型及其地理分布规律等内容。全书共十章:第一章绪论;第二章至第五章为土壤基础知识,着重讲述土壤的组成、发生和土壤的性质;第六章至第八章为植物基础知识,分别阐述植物生活的环境条件、植物区系分析、植物群落;第九章、第十章叙述植被与土壤的主要类型,并介绍植被与土壤的地理分布规律。

本书适合用作高等院校地理科学、地理信息系统、资源环境与城乡规划管理、环境科学、土地管理等专业本科生教材,也可供上述专业及相关领域的研究生和科研人员参考。

图书在版编目(CIP)数据

生物地理学/衣华鹏等编著. —北京:科学出版社,2012
ISBN 978-7-03-034440-3

Ⅰ.①生… Ⅱ.①衣… Ⅲ.①生物地理学-高等学校-教材 Ⅳ.①Q15

中国版本图书馆 CIP 数据核字(2012)第 105789 号

责任编辑:杨 红 王淑云 / 责任校对:钟 洋
责任印制:张 伟 / 封面设计:迷底书装

科 学 出 版 社 出版
北京东黄城根北街 16 号
邮政编码:100717
http://www.sciencep.com

北京凌奇印刷有限责任公司印刷
科学出版社发行 各地新华书店经销
*
2012 年 6 月第 一 版 开本:720×1000 1/16
2025 年 3 月第九次印刷 印张:14
字数:306 000
定价:55.00 元
(如有印装质量问题,我社负责调换)

前　言

2002～2005 年，山东省教育厅教学改革立项"山东省试点课程——'自然地理学'"，着重研究了"自然地理学"课程体系改革。改革后的自然地理学课程群包括自然地理学原理、地球科学基础、地貌学、水文学、生物地理学。在"自然地理学"课程体系改革过程中，考虑到土壤地理学与植物地理学两门课程联系较密切，相互之间又有很多交叉重复，故将"土壤地理学"与"植物地理学"两门课程合并为一门课程——生物地理学，而当前国内缺少与之对应的教材。后来，又在山东省教育厅与鲁东大学教改立项——"研究型自然地理实践教学模式与组织体系研究"与"鲁东大学学科建设经费"的共同支持下，对生物地理学的教学内容进行了深入的研究与改革，针对《土壤地理学》与《植物地理学》教材在衔接方面存在的问题，进行了研究讨论，对原有的土壤地理学与植物地理学教材的知识体系进行了删减与更新，并于2009 年制订了新的教材编写提纲。编写教师来自鲁东大学与泰山学院两所高校。在长期的教学、科研工作中，编写教师积累了丰富的教学经验，从各个方面不同程度地丰富了生物地理学的内容。2010 年 1 月召开了教材编写研讨会，进行了分工。在编写过程中，参编教师对初稿进行了反复讨论，相互审阅及多次修改，并吸收了其他未参加编写同志的有益意见，于 2011 年 11 月定稿。

生物地理学是地理科学的基础学科，也是一门与生产、生态、生活实际联系紧密的学科。考虑到生物地理学内容涉及面广，我们将有关土壤物质组成、土壤理化性质、土壤发生、土壤分类等内容集中在一起讲解，归纳为第一篇——土壤基础知识，在内容安排上突出了土壤的基本物质组成，重点阐述土壤性质的基本理论，论述土壤水、肥、气、热各因素对土壤肥力的作用以及它们之间的相互关系，土壤的形成过程、土壤分类等；第二篇——植物基础知识，主要讲授植物生活的环境条件，植物区系分析，植物群落等内容；第三篇——植被与土壤的主要类型及其地理分布规律，主要介绍了世界植被与土壤的主要类型，植被与土壤的地理分布规律等内容。这样避免了授课过程中的相互交叉重复，使内容更简洁、更系统。

本书编写分工如下：第一章由衣华鹏编写；第二章由张鹏宴、衣华鹏编写；第三章由衣华鹏、张鹏宴编写；第四章由衣华鹏、张鹏宴编写；第五章由衣华鹏编写；第六章由刘忠德、张连兵编写；第七章由孟盼盼、张连兵编写；第八章由孟盼盼、张连兵编写；第九章由张连兵、衣华鹏编写；第十章由衣华鹏编写。衣华鹏、张连兵负责全书统稿工作。教材中所有插图均由仲少云副教授清绘。

在本书编写过程中，鲁东大学和泰山学院等单位给予了大力支持，在此一并表示感谢。

在本书编写过程中参考了大量的参考文献，主要参考文献目录列在书后，同时，限于篇幅，仍有部分参考文献未能列出，在此表示歉意和深深的感谢。

　　限于编者水平，本书在取材和体系上仍有很多不足之处，敬请有关专家和读者批评指正。

作　者

2012 年 4 月

目　录

第二篇　植物基础知识

第三篇　植被与土壤的主要类型及其地理分布规律

第一章　绪　论

一、生物地理学的研究对象

生物地理学是自然地理学的重要分支，属于部门自然地理学。自然地理学的研究对象是地球表面的五大自然圈层：大气圈、水圈、生物圈、土壤圈和岩石圈，生物地理学研究其中的两大圈层：生物圈和土壤圈。生物圈与土壤圈是五大自然圈层中联系最紧密的两大圈层，土壤为生物提供生存空间，而生物又是土壤的重要形成因素，生物的作用把大量的太阳能引进成土过程，使分散在岩石圈、水圈和大气圈中的营养元素有了向土壤集聚的可能，使土壤具有肥力的特性，并推动土壤的形成和演化。因此，没有生物就没有土壤的发生。生物圈和土壤圈之间相互联系和相互作用，在生物圈与土壤圈之间发生着强烈而迅速的物质和能量交换，其速度和强度远远大于其他圈层之间的交换。

科学研究是根据科学对象所具有的特殊矛盾性而区分的。因此，对于某一现象的领域所特有的某一种矛盾的研究，就构成某一门科学的研究对象。生物地理学是以生物、土壤与地理环境的特殊矛盾作为研究对象的，它是研究土壤的发生发展与环境之间的关系、生物的生存与环境之间的关系以及土壤与生物的分异和分布规律，进而为调控、改造和利用土壤资源与生物资源提供科学依据的科学，是自然地理学与土壤学、植物学之间的边缘学科，也是一门综合性和生产性很强的学科。

二、生物地理学的研究内容

生物地理学的总任务是充分合理地开发利用土壤资源与生物资源，保护生态平衡，恢复和重建良好的生态系统。据此，生物地理学研究的主要内容如下。

（一）土壤基础知识剖析

主要研究土壤的物质组成、土壤圈内物质与能量的迁移与转化、土壤的发生发育和土壤分类。地球陆地表面的地理环境异常复杂，并经历了漫长的历史发展过程。即使同时发生发展的土壤，也是复杂而多样的，有着长期的历史形成和演变过程。所以，很多土壤类型属于多源发生型，迄今为止，对于它们的物质组成、形成和演变，还不能说都已经研究清楚了。因而开展土壤物质组成、土壤发生、土壤分类的研究，是生物地理学首要的基础性工作。

（二）植物基础知识剖析

生物作为自然环境的有机成分，形成地球上非常活跃的特殊结构——生物圈。生物圈是地球上所有的生物及其生活领域的总和，占有大气圈的底部（对流层）、水圈和岩石圈的上部，其空间范围在地表以上可达 23km 的高空，而在地表以下可延伸到 12km 的深度。

实际上生物的大部分个体集中地繁衍于地表上下约 100m 厚的范围内，因此对于整个地球来说，这仅仅是很薄的一层"生物膜"。

这里存在着固、液、气三相物质，它们之间既可以相互转化和相互包容，又可以有分隔的界面，这些都是构成生命活动的物理化学基础；这里可以获得太阳能，为生命活动提供用之不尽的能源。但此过程首先需要通过植物光合作用将光能转化为各种能够利用的化学能，然后通过食物的形式把能量传递给所有生物（包括人类在内）；这里可以从岩石风化过程中获得水溶性无机盐类，从大气或水中获得二氧化碳，为光合作用及生物生存提供营养原料。由于生物圈内有生物生活所必需的各种条件和营养物质，从而维持着现代约 200 万种生物（包括人类）的生命活动。生物圈中具有生命的有机体总量为 $3 \times 10^{12} \sim 3 \times 10^{13}$ t，还不足地壳质量的 0.1%，但它却使地球上的自然环境发生着极其深刻的变化。植物是生物圈中最基础、最重要的组成部分，对土壤的形成与发育影响最大，所以，我们的研究重点是植物部分。

植物基础知识剖析主要介绍与植物有关的基本理论和基本知识，包括植物生活的环境条件、植物区系成分分析和植物群落。植物种类和性质随环境变化，因此植物在一定程度上能反映出（或者说指示出）环境的若干特征和变化。气候调查、土壤调查、寻找地下水和一些矿藏资源时常运用这种关系提高工作效率，解决某些困难。

（三）植被与土壤的主要类型及其地理分布规律

生物地理学是研究植被与土壤分布的地理规律的学科。主要研究植被与土壤的地带性（广域性）分布规律和非地带性（区域性）分布规律、森林植被与土壤、草地植被与土壤以及荒漠植被与土壤，为森林资源的开发利用、草地牧场的合理利用和可垦荒地的利用等奠定一定的理论基础，还可为制定农业生产规划提供依据。

由上所述可以看出，研究地面热、水平衡，改善自然条件，保护自然环境和保持水土都需要生物地理学作为理论基础。

三、生物地理学的研究方法

生物地理学的研究，毫无疑问，首先要以辩证唯物主义观点作为指导思想，其次要继承并发扬传统的地理比较法和相关分析法。同时，也需要汲取相邻学科和现代科学技术的新成就和新方法，以提高和发展生物地理学。

（一）野外调查研究方法

这种方法是通过在野外对植物群落、成土因素、土壤剖面的实际观察、收集和研究有关该地区的自然地理与农业生产的问题，以及群众生产、辨土、土宜、改土和用土的经验等资料，运用地理比较法以及相关分析法，从宏观方面对群落的特征、土壤的形成、分类和地理分布规律进行分析研究，并采集植物与土壤标本。在多种情况下，传统的野外调查研究方法仍然是生物地理学研究的基本方法。

（二）定位或半定位动态观测研究方法

定位或半定位观测可以取得连续性的资料，有利于定性或定量地研究植物群落与土壤的动态过程。

（三）室内分析研究方法

在实验室进行植物检索和土壤理化性质的化验鉴定分析，定性与定量相结合，可为研究植物的分类、土壤的形成及分类提供必要的基本数据。这是生物地理研究中不可缺少的环节。

（四）遥感技术在生物地理调查中的应用

借助现代遥感信息对区域植被与土壤进行解译，是现代生物地理调查与制图的基本方法，也是进行植被与土壤空间分异、利用现状及其动态监测的技术手段。通过多时相、多光谱、多种遥感信息源图像的综合研究，将图像处理技术和计算机自动制图方法应用于植被资源、土壤资源、水土保持以及区域植被与土壤变化监测等研究领域，已经成为新的研究方向。

思考题

1. 生物地理学与哪些学科有密切关系？
2. 生物地理学的研究内容有哪些？
3. 如何学好、用好生物地理学？

第一篇　土壤基础知识

第二章 土壤剖析

第一节 土壤形态

一、土壤的概念及与人类的关系

早在4000多年前战国时期的《禹贡》一书就大概指出了中国土壤的分布图式，那时将全国分为九州，如冀州（今河北）、兖州（今山东）和荆州（今湖北）等，并且指出了每个州的主要土壤，如冀州"厥土惟白壤"，兖州"厥土惟黑坟"等。当然，与今天我们对土壤的认识水平相比，那时对土壤的认识是相当朴素的。

（一）土壤的概念

土壤是指地球陆地表面具有一定肥力且能生长植物的疏松层。土壤不仅具有自己的发生发展历史，而且是一个从形态、物质组成、结构和功能上可以剖析的物质实体，它被看做是一个独立的历史自然体。土壤是绿色植物生长繁殖的自然基地，植物根系深入土层，从中摄取营养物质与水分，建立起多种多样的植物群落。而土壤之所以成为绿色植物生长的自然基地，就是因为它有肥力。所以说，肥力是土壤的基本属性和本质特征。

土壤肥力是指土壤为植物生长供应和协调营养因素（水分和养料）以及环境条件（温度和空气）的能力。这种能力是由土壤中一系列物理、化学和生物过程所引起的，因而也是土壤的物理、化学和生物性质的综合反映。植物良好生长不仅要求土壤中诸肥力因素同时供应，而且必须处在相互协调的状态。在农业生产中，人工调节土壤肥力，不仅要调控土壤的营养物质，还要创造适于植物生长的整个土壤条件。

（二）土壤和人类的关系

土壤和人类的关系十分密切，土壤是人类赖以生存的物质基础。农业生产包括植物生产（种植业）和动物生产（饲养业）两大基本部分。土壤是植物生产的基本生产资料，是植物生产的基础。同时，土壤也是动物生产的基础。任何饲养业的发展都不能不以植物作为饲料，因为动物只能利用绿色植物生产的有机质中的化学潜能和营养物质来维持其生命活动。常言说："万物土中生"，就是这个道理。土壤可以直接或间接地提供人类赖以生存的谷物、肉类、禽蛋、果品、纤维和木材（图2.1）。

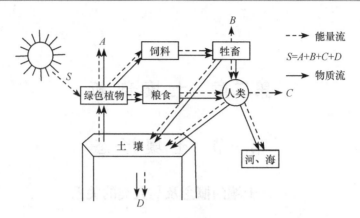

图 2.1　土壤与人类的关系示意图（李天杰等，1983）

二、土壤科学发展的历史及其研究内容

考古资料表明，大约 18 000 年以前，人类就开始种植农作物。人类自有农耕以来就开始认识土壤和利用土壤，几千年来积累了大量的土壤知识和经验。早在 2000 多年前的古埃及、古罗马时代，人们对土壤的认识只是一些朴素而简单的经验。古埃及发展了精确测量土地的技术，利用尼罗河水的泛滥来培肥土壤，创造了灿烂的古埃及文明。而罗马帝国衰落以后，西方进入了漫长的中世纪时代，在宗教神权的统治下，阻碍了自然科学的发展。神权主义认为植物之所以能够在土壤中生长，是由于土壤中具有一种神秘的"生活力"，而不是靠土壤提供的水分和养分。

我国有 5000 年精耕细作的历史，具有灿烂的农业文化。我国夏代《尚书》的《禹贡》距今有 4100 多年的历史，其中概述了九州土壤的地理分布及肥力等级等特征，是迄今为止世界上最早的土壤专门论著。然而，土壤学作为一门独立学科的形成和发展，是最近 100 多年的事情。19 世纪以来，逐步产生形成了几个比较有影响的代表学派或观点，对土壤科学的发展有重要的影响。

（一）农业化学学派

1840 年，德国化学家李比希（J. von Liebig）出版著名的《化学在农业与植物生理上的应用》，提出了土壤是植物养分的储存库，植物靠吸收土壤养分生长，会使土壤养分越来越少，必须通过如数归还或补充土壤养分才能保持土壤肥力的长盛不衰，据此创立了"矿质营养学说"。这一学说开创了土壤植物营养的科学新时代，揭示了植物从土壤中吸收矿质元素的自然规律，打破了土壤肥力的神秘论，对土壤学、植物生理学以及整个农业学科产生了深远的影响，并推动了化肥工业的产生与发展，促进了粮食产量的提高。但该学说认为必须把植物所吸收的养分如数归还土壤，把土壤看做是植物养分的静态库；只强调植物是土壤养分的消耗者，忽视了植物对土壤养分积累的贡献，得出了"土壤肥力递减率"的错误判断和某些不正确的结论，但这决不影响该观点在土壤科学发展史上的历史地位以及对整个农业科学的贡献。

（二）农业地质学派

19 世纪后半叶，西欧土壤学界又盛行过以纯地质学观点对待土壤的学派，即以德国地质学家法鲁（F. A. Fallou）、李希霍芬（F. V. Richthofen）和拉曼（Ramann）为代表的农业地质学派。农业地质学派认为土壤是岩石矿物的风化体，是地层本身构造的一部分，风化过程释放了岩石矿物中的养分，为植物生长提供了营养条件。土壤的形成是矿物风化与淋溶过程的结果，而随着淋溶过程的进行，土壤养分不断流失，导致土壤肥力趋于衰竭。该学说仅仅把土壤看做是一个地质过程的产物，混淆了土壤和母质的本质区别，忽视了植物和人类利用对土壤肥力的影响，因而也是片面的。但农业地质学派从发生学角度去研究土壤，并对土壤矿物质的形成过程有较深入的研究，这是对土壤学的贡献。

（三）土壤发生学说

19 世纪末，俄国学者 B. B. 道库恰耶夫创立了土壤发生学的观点。道库恰耶夫在1883 年出版的著名的《俄罗斯黑钙土》一书中，认为土壤有它自己的发生和发育历史，是独立的历史自然体。影响土壤发生和发育的因素可概括为母质、气候、生物、地形和成土年龄五个，提出了五大成土因素学说。他还提出地球上土壤的分布具有地带性规律，创立了土壤地带性学说；同时对土壤分类提出了创造性的见解，拟订了土壤调查和编制土壤图的方法。

他的继承者 B. P. 威廉斯指出，土壤是以生物为主导的各种成土因子长期综合作用的产物。物质的地质大循环和生物小循环矛盾的统一是土壤形成的实质。土壤本质特点是具有肥力，并提出团粒结构是土壤肥力的基础，制订了草田轮作制，这种观点被称为土壤生物发生学派。道库恰耶夫的土壤发生学理论从俄罗斯传至西欧，再由西欧传到美国，对国际土壤学的发展产生了深刻的影响。

（四）土壤系统理论与土壤质量

1938 年，瑞典学者马特松（S. Matson）提出的土壤圈概念实际上是将系统理论引入了土壤科学的研究。土壤是地球上最复杂的系统之一，是一个与其他圈层系统之间有密切的物质和能量交换的开放系统，并且具有明显的耗散体系特征，土壤中的任何物质与能量的平衡过程都伴随着外界物质与能量的输入和输出。道库恰耶夫的发生学说实际上是把土壤放在一个开放的生态系统中考察的结果。20 世纪 60 年代后期提出了土壤生态系统的观点。土壤生态系统是以土壤为研究核心的生态系统，主要研究土壤中的生物组成、系统的结构和功能等。土壤生态系统是陆地生态系统的基础，对整个地区生态系统有重要的影响。现代工业革命导致的环境问题日趋突出，大气、水和土壤的质量不断恶化，这时一部分土壤科学家就开始关注环境问题，从而导致从 20世纪 60～70 年代始，土壤科学的发展由原来一轮驱动（作物生产）变成了两轮驱动（作物生产和环境保护），使土壤科学沿着为农业和环境服务的两条轨道迅速向前推进。

随着人们对土壤生态系统的认识和研究的加深，20 世纪后期国际上提出了土壤健康（也称土壤质量）的概念。以前土壤科学的研究主要侧重于土壤生产能力的研究，如今越来越重视土壤对生态、环境的净化、修复能力以及土壤对动物和人类健康的影响。土壤质量的变化直接影响到全球气候的变化、生态环境的变化以及物种的消失等，因此，土壤质量的研究目前已成为土壤科学研究的热点。

尽管土壤学起源于 100 多年前，但现代土壤科学真正开始于第二次世界大战后，这个太平盛世既为土壤学的发展带来了机会也带来了挑战。人口的迅速膨胀带来了粮食危机。由于农业投入不足，发展中国家的土地退化，生态破坏十分迅速，而发达国家的富裕影响了生态功能和土地资源质量。这些变化对整个社会和土壤科学界提出了新的要求。后者导致了土壤学新的分支产生，如土壤质量、土壤退化、土壤荒漠化、土壤生物地球化学循环、土壤污染评价与监测等。20 世纪 80～90 年代最明显的变化是研究方法。信息技术的发展为土壤学注入了新的活力，使土壤资源评价和监测进入了一个新领域，以地理信息系统（GIS）、遥感（RS）、全球定位系统（GPS）为核心技术的 "3S" 技术显著促进了土壤调查和调查结果的应用，其他发明也给土壤学带来许多进展。为了进行全球或区域资源的评价，出现了许多概念和程序。国际土壤分类系统（the world reference base for soil classification，WRB）和全球土壤与地形数据库向土壤标准化和更详细的全球土壤评价迈出了第一步，并以该数据库为基础进行了全球人为土壤退化和荒漠化危害的评价。

（五）我国土壤学的发展

中国古代科学技术在世界上一直处于领先地位，5000 年精耕细作的传统创造了灿烂的农业文化。在浩如烟海的古代书籍中记录了大量的土壤知识和农业经验总结。例如，夏代《尚书》的《禹贡》最早将我国土壤划分为九类，就土壤肥力将其划分为三类九等。其他如《管子》、《吕氏春秋》、《齐民要术》、《民桑辑要》、《农政全书》和《王祯农书》等著作中都有关于土壤的大量论述。

但由于近代清朝政府的闭关锁国，与其他自然科学一样，土壤学在我国的起步较晚。其发展过程可大致分为三个阶段。第一阶段是 20 世纪 20～40 年代。从 20 世纪 20 年代开始，一些留学欧美的中国人回国后从事土壤学的教学与研究，对中国的土壤分类和土壤性质进行了初步的研究。在这一阶段，土壤科学受欧美土壤学观点的影响较大。第二阶段是 1949～1978 年。中华人民共和国成立后，广泛开展了土壤资源调查、土壤改良、水土保持、土壤培肥等方面的研究，1958 年和 1978 年分别进行了两次全国土壤普查，基本弄清了我国的土壤资源状况和肥力特征。在这一阶段，我国土壤学研究受苏联土壤学观点影响较大，但由于历史的原因，土壤学研究落后于国际先进水平。第三阶段是 1978 年至今。中国土壤学研究进入了快速发展的阶段。在土壤元素循环、土壤电化学、水稻土肥力以及人为土分类研究等方面已经处于领先地位，先后出版了一些有影响的土壤专著，如《中国土壤》、《中国土壤系统分类》以及《土壤化学原理》等。但由于受多种因素的影响，目前我国土壤科学的研究与国外水平仍然有一定的差距，如基础研究比较薄弱，在研究深度与广度上与国外有一定的差距；围绕国家项目或生产实践的研究较多，而长期的系统研究较少，基础资料积累较少；研究手段相对比较落后，对土壤资源动态变化的监测不足，土壤数据库和信息系统尚待建立与完善。这些都需要国家加大对土壤科学研究的投入力度。

三、土壤的形态特征

土壤的形态是土壤形成过程的结果，也是土壤形成过程的外部表现，并且是区别土壤和诸如风化壳等自然体以及鉴别不同土壤类型的依据之一。可见，土壤的形态学对于研究土壤形成过程及土壤分类具有重要意义。此外，野外土壤的研究还是室内土壤理化分析工作的基础。所以说土壤形态学研究是土壤研究工作的起点。

土壤剖面：从地面垂直向下的土壤纵断面称为土壤剖面（soil profile）。土壤剖面中与地表大致平行的层次，是由成土作用而形成的，因此，称为土壤发生层（soil genefic horizons），简称土层。土层是原来的成土母质在成土作用影响下产生分异作用的结果，不同的土壤层次，可根据其颜色、结构、质地、结持性、新生体等特征进行划分。每一种成土类型都有其特征性的发生层组合，从而形成了各种土壤剖面。

（一）土壤发生层的划分和命名

19世纪末，俄国土壤学家道库恰耶夫最早把土壤剖面分为三个发生层，即腐殖质聚积表层（A）、过渡层（B）和母质层（C）。后来有研究者又提出许多新的命名建议，土层的划分也越来越细。但基本土层命名仍不脱离道库恰耶夫的ABC传统命名法。1967年国际土壤学会提出把土壤剖面划分为有机层（O）、腐殖质层（A）、淋溶层（E）、淀积层（B）、母质层（C）和母岩层（R）等六个主要发生层（图2.2），经过一个时期的应用，我国近年来在土壤调查和研究中也趋向于采用O、A、E、B、C、R土层命名法。主要发生层的含义阐述如下。

O层：指以分解的或未分解的有机质为主的土层。它可以位于矿质土壤的表面，也可被埋藏于一定深度。

A层：形成于表层或位于O层之下的矿质发生层。土层中混有有机物质，或具有因耕作、放牧或类似的扰动作用而形成的土壤性质。它不具有B层和E层的特征。

E层：硅酸盐黏粒、铁和铝等单独或一起淋失，石英或其他抗风化矿物的砂粒或粉粒相对富集的矿质发生层。E层一般接近表层，位于O层或A层之下，B层之上。有时字母E不考虑它在剖面中的位置，而表示剖面中符合上述条件的任一发生层。

B层：在上述各层的下面，并具有下列性质：①硅酸盐黏粒、铁、铝、腐殖质、碳酸盐、石膏或硅的淀积；②碳酸盐的淋失；③残余二、三氧化物的富集；④有大量二、三氧化物胶膜，使土壤亮度较上、下土层为低，彩度较高，色调发红；⑤具粒状、块状或棱柱状结构。

C层：母质。多数是矿质层，但有机的湖积层也划为C层。

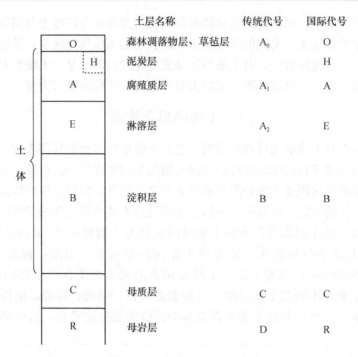

		土层名称	传统代号	国际代号
O		森林凋落物层、草毡层	A₀	O
	H	泥炭层		H
A		腐殖质层	A₁	A
E		淋溶层	A₂	E
B		淀积层	B	B
C		母质层	C	C
R		母岩层	D	R

图 2.2　土体构型的一般综合模式（李天杰等，1983）

R 层：即坚硬基岩，如花岗岩、玄武岩、石英岩或硬结的石灰岩、砂岩等都属坚硬基岩。

G 层（潜育层）：是长期被水饱和，土壤中的铁和锰被还原并迁移，土体呈灰蓝、灰绿或灰色的矿质发生层。

P 层（犁底层）：由农具镇压、人畜践踏等压实而形成。主要见于水稻土耕作层之下，有时亦见于旱地土壤耕作层的下面。土层紧实、容重较大，既有物质的淋失，也有物质的淀积。

J 层（矿质结壳层）：一般位于矿质土壤的 A 层之上，如盐结壳、铁结壳等。出现于 A 层之下的盐盘、铁盘等不能叫做 J 层。

凡兼有两种主要发生层特性的土层，称过渡层，如 AE、BE、EB、BC、CB、AB、BA、AC 和 CA 等，第一个字母标志占优势的主要土层。若来自两种土层的物质互相混杂，且可明显区分出来，则以斜竖"/"表示，如 E/B、B/C。

此外，为了使主要土层名称更为确切，可在大写字母之后附加组合小写字母。词尾字母的组合式反映同一主要土层内同时发生的特性（Anz、Btg）。但一般不应超过两个词尾。适用于主要土层的常用字母，附录如下。

b：埋藏或重叠土层。

c：结核状物质积累。常与表明结核化学成分的字母连用，如 Bck 表示碳酸钙结核淀积层。

g：氧化还原过程所形成的土层，有锈纹、锈斑或铁、锰结核。

h：矿质土层中有机质的自然累积层，如 Ah 是在自然状态下未被人为耕作扰动的土层。

k：碳酸盐的累积，与钙积过程有关。

m：指被胶结、固结硬化的土层，常与表示胶结物的化学性质的字母连用，如 Bmk 表示碳酸盐胶结的石灰结磐层。

n：钠的累积，表示碱化层。

p：经耕作或其他措施扰动的土层，如 Ap 表示耕作层。

q：次生表示硅酸盐的聚积层，如 Bmq 层已被硅酸盐胶结成硅化层。

r：地下水引起的强还原作用产生蓝灰色的潜育化过程。

s：指铁、铝氧化物的累积层。

t：黏粒聚积的土层。

y：在干旱条件下发生的石膏淋溶淀积产生的石膏聚积层。

z：盐分聚积层。

土体构型：土壤剖面构型是土壤剖面构造类型的简称。土壤发生层的数目、排列组合形式和厚度，统称为土体构型（或层次构型）。

（二）土壤个体

单个土体（pedon）是土壤剖面的立体化形式，作为土壤的三维实体，其体积最小。单个土体的横切面形态近似六边形，面积为 $1 \sim 10 m^2$，在此范围内任何土层在性态上是一致的，而该面积的大小取决于土壤的变异程度。若水平方向变异幅度<2m，而且所有土层的特征在水平方向连续一致，厚度也基本一致，则单个土体的面积约为 $1 m^2$。若有些土层在水平方向间歇出现或呈波状变异，重现一次的间距为 $2 \sim 7m$，则其最大侧向延伸范围应等于该间距的一半，即 $1 \sim 3.5m$，面积约为 $1 \sim 10 m^2$。如果土层这种重复出现的间隔超过 7m，说明此间隔范围内已经不止是一种土壤，可能是多种土壤并存而形成土壤复区，此时，单个土体水平面积仍只有 $1 m^2$。

两个以上的单个土体组成的群体，称为聚合土体（polypedon），又称土壤个体（soil individual）或土壤实体（soil body）等（图 2.3）。单个土体与聚合土体的关系就像一颗松树对一片松林、一株水稻对一块稻田一样。它是一个具体的景观单位，在土壤制图上为一最小制图单位，在土壤分类上则为一基本分类单位，相当于美国土壤分类中的一个土系（soil series）或土型（soil type），在我国土壤分类中大致相当于一个土种（soil species）或变种（variety）。

四、土壤在地理环境中的地位和作用

土壤是地理环境统一体的一个组成要素，它大致呈连续状态存在于陆地表面，故可称为土壤圈或"土被"。从土壤圈在地理环境中所处的空间位置看，它正处于大气圈、岩石圈、水圈和生物圈之间的过渡地带，是联系有机自然界与无机自然界的中心环节，是结合地理环境各组成要素的枢纽（图 2.4）。

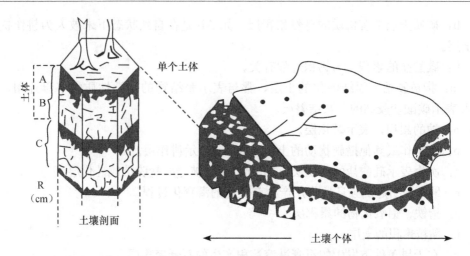

图 2.3　单个土体与聚合土体（土壤个体）示意图（李天杰等，1983）

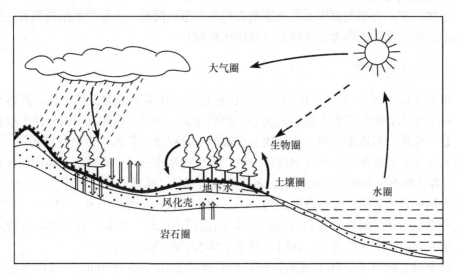

图 2.4　土壤在地理环境中的地位示意图（李天杰等，1983）

从系统论的观点看，地理环境是个复杂的开放系统，而土壤则是这个地理环境系统中的一个组成成分或子系统。在各子系统之间存在着物质与能量、信息流等的交换。土壤是运动着的物质和能量体系。土壤作为一个开放系统，与环境之间不断地进行着物质和能量的交换和转化。土壤与地理环境之间，在发生和发展上是相互联系和相互作用的。一方面，土壤是各自然地理要素以及时间因素综合作用的产物，另一方面，土壤的发生发展反过来又对地理环境的发展起推动作用。

第二节　土　壤　组　成

土壤是由固相（包括矿物质、有机质和活的生物有机体）、液相（土壤水分或溶液）、气相（土壤空气）等三相物质五种成分组成的。按容积计，典型的土壤中矿物质占38%～45%，有机质占5%～12%，典型土壤液相和气相容积共占三相组成的50%。由于液相和气相经常处于彼此消长状态，即当液相占容积比例增大时，气相占容积比例就减少；气相容积增大时，液相所占容积就减少，两者之间的消长幅度为15%～35%。按质量计，矿物质可占固相部分的95%以上，有机质约占5%。从土壤物质组成的总体来看，大多是以矿物质为主的物质体系。

土壤各相物质成分间并不是相互孤立和静止不变的，而是彼此紧密联系、相互作用的有机整体。土壤的组成是土壤形成环境及其成土过程的结果和反映，解剖和分析土壤组成及其迁移转化和性质，乃是认识和辨别土壤肥力、土壤形成过程，以及鉴定土壤类型的基础。

一、土壤矿物质

土壤矿物质来源于岩石（母岩）和母质。土壤矿物质是土壤的主要组成物质，构成了土壤的"骨骼"。它对土壤的性质、结构和功能影响较大，同时，土壤组成也是土壤形成过程的重要标志。土壤矿物质按其成因可分为原生矿物和次生矿物两大类。

（一）土壤矿物质的类型及性质

1. 原生矿物

土壤原生矿物是指各种岩石受到不同程度的物理风化，而未经化学风化的碎屑物，其原来的化学组成和结晶构造均未改变。土壤中原生矿物的种类和含量随着母岩类型、风化强度和成土过程的不同而异。随着土壤年龄的增长，土壤中原生矿物在有机体、气候因子和水溶液作用下逐渐被分解，仅有微量极稳定矿物会残留在土壤中，结果使土壤原生矿物的含量和种类逐渐减少（表2.1）。

表 2.1　土壤原生矿物的抗风化能力及其化学成分表

稳定度	原生矿物	常量元素
易风化	橄榄石	Mg, Fe, Si
	角闪石	Mg, Fe, Ca, Al, Si
	辉石	Ca, Mg, Al, Si
	黑云母	K, Mg, Fe, Al, Si
	钙长石	Ca, Al, Si
	钠长石	Na, Al, Si
较稳定	正长石	K, Al, Si
	白云母	K, Al, Si
	钛铁矿	Fe, Ti
	磁铁矿	Fe
	电气石	Ca, Mg, Fe, Al, Si
	锆英石	Si
极稳定	石英	Si

　　土壤原生矿物主要包括硅酸盐和铝硅酸盐类、氧化物类、硫化物、磷灰石类和某些特别稳定的原生矿物。

　　1) 硅酸盐、铝硅酸盐类矿物

　　土壤原生矿物中以硅酸盐和铝硅酸盐类占绝对优势,一般为晶质矿物。常见的有长石、云母、辉石、角闪石和橄榄石等。

　　2) 氧化物类矿物

　　氧化物类矿物包括石英(SiO_2)、赤铁矿(Fe_2O_3)和金红石(TiO_2)等。它们都极稳定,不易风化,对植物的养分意义不大。

　　3) 硫化物类矿物

　　在土壤中通常只有铁的硫化物矿物,即黄铁矿和白铁矿,两者是同质异构物,黄铁矿属等轴晶系,白铁矿属斜方晶系,分子式为FeS_2。它们极易风化,成为土壤中硫元素的主要来源。

　　4) 磷灰石类矿物

　　磷灰石在自然界以氟磷灰石$[Ca_5(PO_4)_3F]$最为常见,它们是土壤中无机磷的重要来源。

　　5) 特别稳定的原生矿物

　　特别稳定的原生矿物主要是绿帘石、蓝晶石、石榴子石、十字石、锆石和电气石等硅酸盐矿物。这些矿物的分布并不广泛,数量也很少,但具有高度的稳定性,故能长期存留于土壤中。

　　土壤原生矿物除构成土壤的大小颗粒外,还是土壤中各种化学元素的最初来源,其类型和数量关系到土壤的化学成分。在风化中原生矿物分解,一部分转化为次生矿物,一部分转化为各种可溶性盐类,成为植物需要的矿质营养元素,如磷、硫、钾、钙、镁以及微量元素的初始来源。

2. 次生矿物

　　次生矿物是由原生矿物经风化后重新形成的新矿物,其化学组成和构造都经过改变,而不同于原来的原生矿物。

　　次生矿物是土壤物质中最细小的部分(粒径<0.001mm),具胶体的性质,所以又常称之为黏土矿物或黏粒矿物。次生矿物根据其组成、构造和性质可分为三类:简单盐类、次生氧化物类和次生铝硅酸盐类。

　　1) 简单盐类

　　简单盐类包括各种碳酸盐、重碳酸盐和氯化物等,它们都是原生矿物经化学风化后的最终产物,结晶构造都较简单,常见于干旱和半干旱地区的土壤中。

　　2) 次生氧化物类

　　土壤次生矿物中,氧化物矿物在数量上虽远不如次生铝硅酸盐矿物,但其种类不少,在土壤性质上所发挥的作用不可轻视。此类矿物对成土环境和成土过程的变化颇为敏感,随时可以改变结晶状态,土壤中存在着结晶程度高低不等的一系列氧化物。

在土壤剖面中，次生氧化物的分布很不均匀，既可散布在土粒上，也可集中形成条纹、斑点；还可以单独的颗粒出现，其粒子小的要放大几万倍才能看清楚，大的可以达到相当大；此外，它们还可把土粒胶结为结核、硬磐等。例如，铁、铝氧化物常在土粒表面形成胶膜，对土壤团聚体的形成起着胶结作用，同时在一定程度上也影响着土粒的表面性质，并使土壤呈现各种不同的颜色。次生氧化物主要包括氧化铁和氢氧化铁类、氧化铝矿物、氧化锰矿物、次生氧化硅等。

3）次生铝硅酸盐类

次生铝硅酸盐是原生矿物化学风化过程中的重要产物，也是土壤中重要化学元素组成和结晶构造极为复杂的次生黏土矿物，它们是构成土壤黏粒的主要成分。铝硅酸盐黏土矿物的基本结构单元是由若干硅氧四面体连接而成的硅氧片（图 2.5）和由若干铝氧八面体连接而成的水铝片（图 2.6）相交重叠组成的。依据铝硅酸盐黏土矿物的晶体构造，所含硅氧片和水铝片的数目和排列组合方式，可将黏土矿物分为 1∶1型和 2∶1型两大类，其中 1∶1型矿物主要有高岭石类矿物，2∶1型矿物主要有蒙脱石类、水云母类和蛭石类矿物。

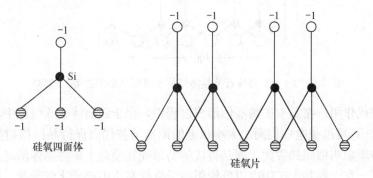

图 2.5 硅氧四面体与硅氧片（李天杰等，1983）

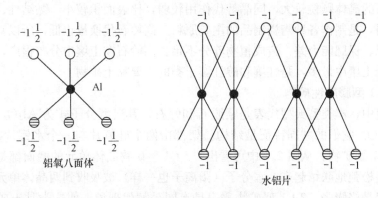

图 2.6 铝氧八面体与水铝片（李天杰等，1983）

A. 1∶1型矿物

在土壤中，这一类型的典型代表是高岭石和埃洛石，其典型的分子式表示为

$Al_2O_3 \cdot 2SiO_2 \cdot 2H_2O$。它们的共同特征是结构晶架都由一个硅氧片和一个水铝片重叠而成,故同属 1:1 型矿物。单个高岭石晶体中的两层(硅氧片层和水铝片层),是由每层中各自的硅原子和铝原子通过共用的氧原子联结起来的。从图 2.7 中可以看出,1:1 型矿物晶体单元的一面是氧原子,另一面是 OH 群,氧和氢氧离子是通过氢键紧密地联结起来的(图 2.7)。因此,晶格是固定的,晶层间距离固定不变,遇水不易膨胀,因此不具有内表面,也称非膨胀性黏土矿物。表面积低和同晶取代少是高岭石对阳离子吸附量低的原因。

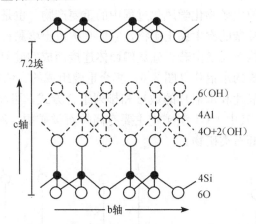

图 2.7　1:1 型高岭石类晶体结构示意图(李天杰等,1983)

同晶替代作用:在黏土矿物晶体形成过程中,位于四面体或八面体中心的阳离子(Si^{4+} 或 Al^{3+})可以被电性相同、大小相近的阳离子替代而保持晶体构造类型不发生改变,这种现象叫做同晶替代。同晶替代的结果往往使黏土矿物晶体出现多余的正电荷或负电荷。在土壤黏土矿物中以低价阳离子取代高价阳离子比较普遍,所以,一般土壤黏土矿物胶体以带负电荷为主。

高岭石的晶体颗粒较大,同晶替代作用较弱,比表面积较小,黏结性、黏着性和可塑性较弱,是制作各种陶瓷制品的主要原料。高岭石代换量也低,所以富含高岭石的土壤供肥、保肥能力差,造成植物养分不足。高岭石在土壤中分布很广,尤其在热带和亚热带土壤中最多,是红壤和砖红壤土类的主要黏土矿物。

B. 2:1 型膨胀性矿物

在土壤中,本类型典型代表是蒙脱石和蛭石,其典型分子式为 $Al_2O_3 \cdot 4SiO_2 \cdot H_2O + nH_2O$。它们的共同特征是结构晶架都由两个硅氧片与一个水铝片重叠而成,故同属 2:1 型矿物。从图 2.7 中可看出,2:1 型矿物晶体单元的两面都是氧,通过很弱的氧键松弛地联结起来,水分子(阳离子也一样)被吸收到两晶体单元之间的空隙处,引起晶格膨胀。2:1 型矿物普遍具有同晶替代现象,使这类黏土矿物带有负电荷,因而具有较强的吸附阳离子的能力。蒙脱石的吸水力、可塑性、黏着性、收缩性和膨胀性都较强。它吸收的水分植物难于利用,因此富含蒙脱石的土壤,造成植物水分缺乏。同时也以其高的可塑性和内聚力,以及干燥时发生剧烈收缩为其特征。在干燥时干裂严重，形成干硬的土团，难以耕种。蒙脱石在温带干旱地区的土壤中含量较高。

蛭石是黑云母和伊利石等 2∶1 型层状硅酸盐经过脱钾作用而成，也可从蒙脱石或绿泥石转变而来。蛭石与蒙脱石同属 2∶1 型胀缩性黏土矿物，不同处是八面体中少数位置上的铝被镁所取代，少数蛭石镁比铝占优势，层间的联结力较蒙脱石为大，膨胀性比蒙脱石小得多，属有限膨胀的黏土矿物。蛭石分布于风化作用不十分强烈的地带，我国西北和华北等地土壤含有较多的蛭石，特别是褐土中含量较高。

C. 2∶1 型非膨胀性矿物

在土壤中，本类型以伊利石为代表，其化学分子式为 $K^+ \cdot Al_2O_3 \cdot 4SiO_2 \cdot H_2O + nH_2O$。伊利石是云母风化时向蛭石或蒙脱石过渡的中间产物，与蒙脱石、蛭石同属 2∶1 型晶格，但因层间有代换性钾离子存在（图 2.8），使晶层紧密地相互结合，因而不表现膨胀性。其代换量、水化作用、膨胀、收缩和可塑性等性质介于蒙脱石和高岭石之间。伊利石广布于一般土壤中，但以温带干旱地区的土壤含量最多。富含伊利石的土壤富含钾素。

D. 2∶2 型矿物

在土壤中，本类型以绿泥石为代表。晶层是由两层硅氧四面体片和两层镁的八面体片组成的。因其晶层之间吸附水分较少，所以不易膨胀，其代换量远低于蒙脱石和蛭石。绿泥石经不起化学风化作用，随着风化和成土作用的加强，母质中原有的绿泥石将迅速消失。

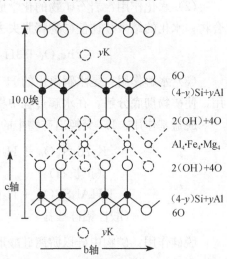

图 2.8　2∶1 型水化云母类晶体结构示意图（李天杰等，1983）

（二）土壤矿物质的迁移转化

1. 土壤矿物质的风化过程

裸露在地表的岩石矿物在大气圈、水圈和生物圈的综合作用下，不仅改变了原有物理性状，而且也改变了原有的化学组成和性质，甚至形成新的矿物，这种复杂的变化过程，称为风化过程。根据风化的性质可把风化过程分为物理风化、化学风化和生物风化三种类型。它们在自然界中不是孤立的，而是相辅相成、同时同地进行的，只是由于条件不同，风化程度有强弱区别而已。

1）物理风化

物理风化又称机械崩解作用，主要是由温度的变化、水分的冻结、碎石劈裂以及风力、流水、冰川的摩擦力等物理因素引起的，结果是使岩石矿物由大变小，由粗变细，矿物在化学性质和组成上均未发生变化，物理风化过程在温度变化剧烈的干燥地区较突出。

2）化学风化

参与化学风化的因子有水、二氧化碳和氧，其中以水的作用最为突出。

（1）溶解作用：固体可溶性盐类被水溶解变为溶液中的离子，如

$$NaCl + H_2O \longrightarrow Na^+ + Cl^- + H_2O$$

（2）水化作用：岩石矿物的化学成分，可以与水分子结合在一起，成为含水的化合物；水化的结果往往使矿物膨胀失去光泽、变松，有利于矿物的进一步分解。如

$$2Fe_2O_3 + 3H_2O \longrightarrow 2Fe_2O_3 \cdot 3H_2O$$

（3）水解作用：是水解离出的 H^+ 对矿物的分解作用。它是化学分解中的主要作用，使矿物彻底分解。在水解过程中根据其分解顺序可分为几个段，以正长石为例。

脱盐基作用：H^+ 交换出矿物中的盐基离子形成可溶性盐而被淋溶，即

$$K_2Al_2Si_6O_{16} + H_2O \longrightarrow KHAl_2Si_6O_{16} + KOH$$

（正长石）　　　　　　　　（酸性铝硅酸盐）

$$KHAl_2Si_6O_{16} + H_2O \longrightarrow H_2Al_2Si_6O_{16} + KOH$$

（酸性铝硅酸盐）　　　　　（游离铝硅酸）

脱硅作用：矿物中硅以游离硅酸形式被析出，并开始淋溶，即

$$H_2Al_2Si_6O_{16} + 5H_2O \longrightarrow H_2Al_2Si_2O_8 \cdot H_2O + 4H_2SiO_3$$

（游离铝硅酸）　　　　　　（高岭石）

富铝化作用：矿物被彻底分解，硅酸继续淋溶，氢氧化铝富集，即

$$H_2Al_2Si_2O_8 + 4H_2O \longrightarrow 2Al(OH)_3 + 2H_2SiO_3$$

（高岭石）

（4）氧化作用：矿物质中的一些非氧化态矿物，最容易发生氧化，氧化促使矿物分解，同时使被氧化矿物活化，从而促进其发生迁移转化。

3）生物风化

在生物的参与下矿物质发生的风化作用。一方面根系穿插的机械作用促进了物理风化，另一方面根系及微生物分泌的有机酸等加速了化学风化。

2. 矿物分解的阶段性

岩石风化过程虽然是一个连续的渐变过程，但根据其代表性矿物可以划分出不同的风化阶段。

1）碎屑阶段

在物理风化作用下，岩石矿物发生机械粉碎，形成碎屑风化壳。多出现在年轻山区，特别是高山区和极地分布较普遍，同时广泛出现在干旱荒漠地区。

2）钙淀积阶段

岩石进入风化第二阶段，化学和生物作用加强，原生矿物进一步遭到分解破坏，最易移动的元素 Cl、S 及一部分 Na 被分解淋失，一部分被生物吸收。Ca、Mg 等大部分保留在风化壳中，有些被分解出来并与碳酸根生成不易溶解的碳酸盐，如 $CaCO_3$ 等，在土壤或风化壳中聚积，形成钙淀积风化壳，故称钙淀积风化阶段。草原地区多属这个阶段。

3）酸性硅铝阶段

在降水量大于蒸发量的潮湿气候条件下，风化壳中的盐类受到大量分解淋溶，硅酸盐和铝硅酸盐分解形成的硅酸，也很快被淋失，风化壳中的阳离子显著减少，残留在风化壳中的主要是高岭石、伊利石等次生黏土矿物，因风化过程中盐基大量淋失，并相对地堆积了 Si、Al 和 Fe 组成的次生黏土矿物，所以叫酸性硅铝风化阶段。酸性硅铝阶段广泛发生在气候湿润地区，如中温带、暖温带和北亚热带。在中亚热带、南亚热带、热带和赤道带的山地垂直带中，也存在这种风化阶段。

4）富铝化阶段

这是岩石风化的最后阶段。硅铝风化壳进一步受到高温多雨的风化淋溶，不但风化壳中的盐基彻底淋失，而且铝硅酸盐分解出的硅酸也大量淋失，Al_2O_3 和少量 Fe_2O_3 残积在风化壳或土壤中，故称富铝化阶段。

（三）矿物分解、迁移的强度和表示方法

一般来说，土壤矿物的脱盐基、脱硅和富铝化的程度，可表明土壤矿物分解和迁移的强度。据此，许多土壤学者设计了很多公式，用以说明土体中某些化学元素淋溶的程度。这些数值可作为土壤矿物分解强度或阶段性指标。

1. 硅铝铁率

通常采用风化壳、土体或胶体颗粒中的 SiO_2/R_2O_3（或 $SiO_2/Fe_2O_3+Al_2O_3$）的分子比值，反映风化产物与岩石相比的脱硅或富硅程度。为求得硅铝铁率，首先应分别按下列公式求出 SiO_2、Fe_2O_3 及 Al_2O_3 的摩尔量，即

A　SiO_2 的摩尔数 $= \dfrac{SiO_2 \text{ 的质量分数}}{SiO_2 \text{ 的摩尔量}}$

B　Al_2O_3 的摩尔数 $= \dfrac{Al_2O_3 \text{ 的质量分数}}{Al_2O_3 \text{ 的摩尔量}}$

C　Fe_2O_3 的摩尔数 $= \dfrac{Fe_2O_3 \text{ 的质量分数}}{Fe_2O_3 \text{ 的摩尔量}}$

则　$\dfrac{SiO_2}{R_2O_3}$ 分子比 $= \dfrac{SiO_2}{Al_2O_3+Fe_2O_3} = \dfrac{A}{B+C}$。

若将土体和母岩或母质加以对比，可以说明分解过程的特征。如果 SiO_2/R_2O_3 摩尔比值增大，说明土壤矿物风化有脱铝铁过程；反之，硅铝铁率比值减小，说明土

壤矿物风化有脱硅富铝化过程。对照剖面上下层的 SiO_2/R_2O_3 摩尔比值，可说明剖面中矿物质的分解和淋溶状况。黏粒部分的硅铝铁率还可用来判断黏土矿物的种类和性质。

2. 迁移系数

加布里亚克建议用迁移系数（K_m），以更全面地衡量元素在剖面中淋溶迁移的程度，其公式为

$$K_m^x = \frac{\text{任一土层或风化层的 } x/Al_2O_3}{\text{母质层或母岩层的 } x/Al_2O_3}$$

式中，x 为任何一种需求的化学元素；K_m^x 为从 m 到 x 元素的一系列元素。

应用该公式可以计算 K、Na、Ca、Mg、Si、Al、Fe、…的迁移数。例如，

$$K_m^k = \frac{\text{任一土层或风化层的 } K_2O/Al_2O_3}{\text{母质层或母岩层的 } K_2O/Al_2O_3}$$

由公式求得迁移系数，如迁移系数<1，表示该元素在土层中有淋溶，迁移系数越小说明淋溶程度越强；如迁移系数>1，说明该元素在土层中不但没淋溶而且有积累，迁移系数越大，聚积程度越强；如迁移系数=1，说明该元素既没有淋溶也没有淀积。

（四）土壤矿物质的地理分布

不同的生物-气候带，土壤中矿物质分解有所不同。如图 2.9 所示，一般在干冷气候条件下，土壤中含有较多的原生矿物；湿热气候条件下的土壤中，含有较多的氧化铁、氧化铝和氧化钛等较为稳定的矿物；过渡气候带的土壤中多含层状硅酸盐类矿物。

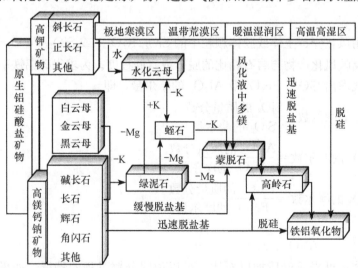

图 2.9　次生黏土矿物形成的一般模式（李天杰等，2003）

在强烈化学风化的热带和亚热带地区，土壤含有较多的高岭石、水铝石、氧化铁和氧化铝等次生黏土矿物。例如，我国热带砖红壤中水铝石含量占次生黏土矿物的25％、赤铁矿占20％，高岭石占15％。亚热带的红壤中，高岭石占50％，锐钛矿占20％，赤铁矿占10％。在干旱寒冷地区，黏土矿物以伊利石、蛭石和蒙脱石比较普遍。例如，我国干旱地区的棕漠土、灰漠土中多伊利石、蒙脱石和蛭石，但无水铝石。温暖或温湿条件比较适中地区，黏土矿物也以伊利石为主，但还出现了少量高岭石。例如，我国暖温带的棕壤中，高岭石含量达到15％，但没有出现水铝石（表2.2）。

表 2.2　我国主要土壤的次生黏土矿物（<5μm）组成（刘兆谦，1988）（单位：％）

土壤类型	伊利石	蛭 石	蒙脱石	高岭石	水铝石	赤铁矿	锐钛矿
棕漠土	35	4	2	3	0	3	1
灰漠土	35	4	10	2	0	3	1
栗钙土	35	4	2	10	0	3	1
棕壤	30	5	2	15	0	3	1
红壤	11	5	1	50	1	10	20
砖红壤	10	5	痕迹	15	25	20	5

在中国，次生矿物分布的地带性表现为：新疆、甘肃西部和内蒙古西部为水化云母地带；内蒙古中部、黄土高原北部和东北西部为水化云母-蒙脱石地带；华北大部和东北平原为水化云母-蛭石地带；北亚热带湿润区为水化云母-蛭石-高岭石地带；江南丘陵、四川盆地及云贵高原为高岭石-水化云母地带；华南及云南南部为高岭石-二、三氧化物地带。

二、土壤有机质

土壤有机质（soil organic matter，SOM）是指进入土壤中的各种有机物质在土壤微生物作用下形成的一系列有机化合物的总称，土壤中所有的有机化合物都是含碳的有机化合物，所以，又称为土壤有机碳[①]。土壤中的有机质包括动植物残体、微生物体和这些生物残体的不同分解阶段的产物，以及由分解产物合成的腐殖质（humus）等。有机质是土壤的重要组成部分，尽管土壤有机质只占土壤总质量的很小一部分，但它在土壤肥力、环境保护和农业可持续发展等方面都有着很重要的作用和意义。土壤有机质对土壤形成过程以及土壤的物理、化学、生物学等性质影响很大，同时它又是植物和微生物生命活动所需的养分和能量的源泉。不同土壤类型有机质含量有很大

---

① 一般土壤有机质的含碳量为55％～60％，故取58％为土壤有机质的平均含碳量，利用测定出来的土壤有机碳的含量，乘以1.724（100/58），就是土壤有机质的含量。因此，土壤有机质的含量比土壤有机碳的数值要高。一般土壤有机质中含有多种元素，实际上包括有机氮素、有机磷、有机硫及部分的灰分元素的含量。土壤有机质的含量表示土壤中有机物质的数量，可以与其他物质的数量进行比较。

差异，高者可达 20%土以上，低者在 0.5%以下，土壤学中将表层有机质含量>20%土者称为有机质土，<20%土者，称为矿质土壤。我国耕作土壤有机质含量绝大多数都在 20%土以下，属于矿质土壤。

（一）土壤有机质的来源、组成和性质

土壤有机质主要来源于动植物残体，但是各类土壤差异很大。作为自然土壤的有机质主要来源于高等植物残体，但因植被类型不同，植物残体的数量和成分差异很大，一般是森林>草原>荒漠。森林植被中，热带森林>亚热带森林>温带森林>寒温带针叶林；草原植被中，热带稀树草原>温带草原>荒漠化草原；荒漠植被下发育的荒漠土中有机质含量最少。在农业土壤中，土壤有机质的主要来源是作物的根茬、还田的秸秆和翻压的绿肥。另外，畜牧养殖场的废弃物、某些轻工业副产品（酿酒厂酒糟、罐头厂下脚料等）以及城市生活垃圾堆肥，也是农田土壤有机质的来源之一。耕地土壤因自然植被的破坏，作物的大部分被耕种者取走，归还土壤中的有机残体远不及自然土壤丰富。土壤有机物质是由各种有机物质组成的复杂系统，主要可分为两类：非特异性土壤有机质和特异性土壤有机质。

1. 非特异性土壤有机质

非特异性有机质来源于动、植物（包括微生物）的残体，主要是绿色高等植物的根、茎、叶等有机残体及其分解产物和代谢产物。对于耕种土壤来说，除继承自然土壤原有的有机质外，施用的各种有机肥是土壤有机质的重要来源。非特异性（或非特殊性）有机质均属有机化学中已知的普通有机化合物，据最新的研究情况表明，这类物质占土壤有机质总量的 35%。按其化学组成可分为下列几类。

（1）碳水化合物。碳水化合物是土壤有机质的重要组成部分，是土壤微生物的主要能源之一，又是形成土壤结构的良好胶结剂，因此，碳水化合物对土壤肥力有一定的影响。它包括各种糖类、淀粉、纤维素和半纤维素等，占植物组成的 80%，占土壤有机质的 15%～27%，是土壤非特异性有机质的主要成分。简单糖类、淀粉等易溶于水，在土壤中含量甚微。纤维素、木质素易被黏土矿物吸附和与腐殖质结合，或者与金属离子相结合形成络合物，并与黏粒相结合，是影响土壤结构形成的重要因素。

（2）含氮化合物。氮是植物生长必需的营养元素之一，是构成蛋白质的主要成分。土壤中的植物残体、土壤动物和微生物均含有相当多的蛋白质。据美国波特估算，在地球表面生物圈的 1913.17×10^{15} g 氮中，47.04%的氮存在于海底的有机氮中，39.72%存在于土壤有机氮化合物中，5.23%以无机氮存在于海洋中，7.32%以无机氮存在于土壤中，0.64%的氮存在于陆地上的动植物体内，0.05%存在于海洋中的动植物体内。可见，土壤中的有机氮化合物不仅是植物氮素营养的主要给源之一，而且是地球生物圈中氮素的一个十分重要的存在形式。蛋白质有的易溶于水，氨基酸就是蛋白质的水解产物，土壤中已分离和鉴定的氨基酸不下数十种，如天门冬氨酸、

谷氨酸等；有的不溶于水，如球蛋白。它们在土壤中都极易分解。

（3）木质素。它是植物木质部的主要组成成分，属于芳香族的高分子化合物，它的化学结构相当复杂，含有苯环、羟基、甲氧基和酚羟基等功能团，木质素在植物残体中平均为 25%，变幅为 10%～30%。木质素是有机化合物中最难分解的一种物质，但它可被真菌分解。很多土壤学家认为，木质素是腐殖质的基本组分。当植物残体分解时，芳香族结构可以不发生本质上的变化，为腐殖质所继承。

（4）含磷、含硫化合物。磷和硫是植物生长必需的营养元素。土壤有机质也是磷、硫的主要补给源。土壤中有机磷化合物主要有肌醇磷酸盐、核酸和磷脂，其中以肌醇磷酸盐含量最高，而核酸和磷脂只占很少一部分。

土壤中约有 90% 以上的硫是以有机态存在的。硫可分为两类，一类是与氧结合的硫化物；另一类是与碳结合的硫化物。绝大多数土壤的表土中，这两类硫化物几乎占土壤总硫量的一半左右。此外，土壤总硫量中还包括一小部分的无机硫酸盐或硫化物。随着有机质的分解，土壤中含磷和硫的有机物逐步分别转化为 $H_2PO_4^-$ 和 SO_4^{2-}，供植物吸收利用。

（5）脂肪、蜡质、单宁、树脂。这类物质十分复杂，脂肪是由高级脂肪酸与甘油所组成的脂类；蜡质是由高级脂肪酸和高级一元醇所组成的脂；单宁是葡萄糖和没食子酸结合而成；树脂是一种极其复杂的有机酸。这类物质都不溶于水。除脂肪较易分解外，其他物质一般在土壤中很难分解。在嫌气条件下进行沥青化过程。

2. 特异性土壤有机质——腐殖质

经由微生物所合成的和由原始植物组织变化而成的那些胶质的和稳定的分解产物被称为腐殖质。腐殖质不是单一的有机质，而是在组成、结构和性质上具有共同特征、又有差异的一系列高分子有机化合物。

土壤腐殖质（soil humus）是土壤特异有机质，也是土壤有机质的主要组分，约占有机质总量的 50%～65%。它是一种结构复杂、抗分解性强的棕色或暗棕色无定形胶体物，是土壤微生物利用植物残体及其分解产物重新合成的高分子化合物。土壤腐殖质可分为胡敏酸、富里酸、棕腐酸和胡敏素，依据它们在不同溶剂中的可溶性和不溶性，可把它们分离为几种不同类型的腐殖质。其分离方法和步骤如图 2.10 所示。由其分离过程可以看出，有机质可分离出下列腐殖质：①胡敏酸（或黑腐酸），溶于碱，而不溶于酸

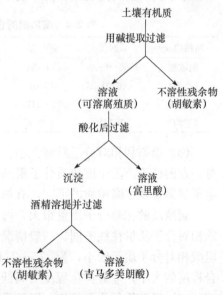

图 2.10 土壤腐殖质组分及其分离过程图式

和酒精溶剂；②富里酸（富啡酸或黄腐酸），溶于碱和酸；③吉马多美朗酸（或棕腐酸），溶于碱和酒精，而不溶于酸；④胡敏素，是与矿物紧密结合的腐殖质部分，不溶于碱、酸和酒精溶剂。其中主要是胡敏酸和富里酸。

3. 土壤腐殖质的性质

一般情况下，胡敏酸和富里酸占腐殖质总量的 60% 左右，下面介绍这两种腐殖质的性质。

（1）元素组成。土壤腐殖质主要由 C、H、O、N、S 等元素组成。从元素的含量看，胡敏酸含碳、氮量较富里酸高，而含氧、硫量则较富里酸低（表 2.3）。

表 2.3　我国主要土壤中腐殖酸的元素组成（熊毅和李庆逵，1987）（单位：%）

腐殖质	C	H	(O+S)	N
胡敏酸	50～60	3.1～5.3	31～41	3.0～5.5
富里酸	45～53	4.0～4.8	40～48	2.5～4.3

（2）功能团含量。腐殖质的基本结构，除了含碳水化合物、氨基酸等含氮物质和芳香族化合物外，尚有各种含氧功能团，如羧基（—COOH）、酚羟基（⬡—OH）、酮基（O=⬡=O 或 O=⬡=O）、甲氧基（OCH$_3$）、醌基（⬡^O_O）和醇羟基（Alcoholic—OH）。总酸度和羟基的数量是富里酸显著大于胡敏酸，醇羟基的数量是富里酸较高，而酚羟基量相反，胡敏酸高于富里酸（表 2.4）。

表 2.4　腐殖酸的含氧功能团含量（朱鹤健，1986）（单位：cmol/kg）

腐殖物质	总酸度	羟基	酚羟基	醇羟基	醌基酮基	甲氧基
胡敏酸	560～890	150～510	210～570	20～490	10～260, 10～500	30～80
（平均）	(670)	(360)	(390)	(260)	(290)	(60)
富里酸	640～1420	520～11200	30～570	260～950	30～200, 120～270	30～120
（平均）	(1030)	(820)	(300)	(610)	(270)	(80)

（3）形态和相对分子质量大小。腐殖质的形态和相对分子质量的大小，目前还没有一致的结论。关于腐殖质分子形态，最初的研究提出具有伸长的线状结构。借助于电子显微镜观察腐殖质的形态，有球状、短棒状和圆盘状。

腐殖质的相对分子质量很大，可以从十至几百到大致几百万。不同测定方法获得的相对分子质量往往不同。一般情况下，胡敏酸相对分子质量为 2000～100 000，富里酸相对分子质量较小，为 275～2110。相对分子质量的大小可表示腐殖质缩合、聚合程度的大小，即芳构化程度的高低。

（4）腐殖质的化学结构。腐殖质分子的中心是一个稠环或易生稠环的芳核，其周围以化学或物理的形式，如共价键、离子键或氢键连接多糖、多肽、简单酚酸和金属离子。尽管对这个图式有不同解释，但腐殖质的化学结构的芳族本性这一观点，已为许多土壤学者所接受。

（5）腐殖质的代换吸收性。由于腐殖质组成中含有多种含氧功能团，分布在腐殖质分子表面的羧基、酚羟基等的解离和氨基的质子化，会使腐殖质带电，而且是以负电荷为主，因而能吸附外界的阳离子，即发生氢离子与钙、镁、钾和钠等盐基离子之间的离子代换，吸收保留这些阳离子，其代换过程可用下式表示，即

$$—RCOOH + KCl \longrightarrow —RCOOK + HCl$$

腐殖质中的胡敏酸的阳离子代换量大致在 $300 \sim 500 cmol/kg$ 范围内，土壤 pH 越高时，羧基、酚羟基中氢离子解离越多，胡敏酸代换量也越大；富里酸的羧基、甲氧基含量比胡敏酸高，氢离子解离度较胡敏酸强，因而阳离子代换量也大，可高达 $700 cmol/kg$。由于富里酸的溶解度大，所以对吸收阳离子的保存能力低。

（6）腐殖质的溶解、凝聚和稳定性。胡敏酸难溶于水，其钾、钠、铵的盐类易溶于水，而钙、镁、铁、铝两价以上的盐类难溶于水，其盐类易发生絮凝，使土壤形成良好的结构。富里酸易溶于水，它的低价和高价盐类都能溶于水，因此，富里酸及其盐类易溶解而不易凝聚，对土壤矿物质有较强的破坏作用，土壤不易形成良好的结构，表 2.5 对比分析了胡敏酸与富里酸的理化性质。

表 2.5　胡敏酸与富里酸的理化性质对比

腐殖质	C、N含量	颜　色	相对分子质量	溶解、凝聚和稳定性	酸　度	肥力意义
胡敏酸	高	暗棕色	$2\,000 \sim 100\,000$	难溶于水，其钾、钠、铵的盐类易溶于水，而钙、镁、铁、铝两价以上的盐类难溶于水，其盐类易发生絮凝，使土壤形成良好的结构	微酸性	高
富里酸	低	淡棕色	$275 \sim 2\,110$	易溶于水，它的低价和高价盐类都能溶于水，因此，富里酸及其盐类易溶解而不易凝聚，对土壤矿物质有较强的破坏作用，土壤不易形成良好的结构	强酸性	低

腐殖质具有较强的络合作用，能与铁、铝、铜、锌等高价金属离子形成络合物，增强腐殖质的稳定性，增强抵抗微生物分解的能力，使腐殖质分解周转时间增长，胡敏酸的平均停留期为 $780 \sim 3000$ 年，富里酸为 $200 \sim 630$ 年。活性腐殖质和新形成的腐殖质，分解释放养分能力较强。

此外，浓度小的富里酸能促进植物根的发育和植物生长，表现出腐殖质的生理活性，而浓度高的腐殖质溶液非但表现不出生理活性，而且对植物生长还有明显的抑制作用。

（二）土壤生物及其在有机质的转化和在土壤形成中的作用

土壤生物（soil organism）包括微生物、动物和植物根系，这些不同的有机体构成了土壤生物群落。土壤生物群落与其所处的土壤环境构成了土壤生态系统。太阳能

是运转这一系统的主要能源。不同的土壤生态系统往往由不同的生物群落组成，而这些生物群落本身就是土壤不可分割的组成部分。因此，土壤可以看做是具有生命现象的类生物体。土壤生态系统是保证动植物生存、农业生态系统健康、社会经济可持续发展的基础，同时也会对全球环境变化起着深远的影响。根据联合国粮农组织的统计，在氮素固定、有机废弃物处理、土壤形成、化学污染修复及农业害虫的生物防治等方面，全球农业土壤生物每年创造的总价值超过1542亿美元。土壤生物本身又是工、农、医药业中取之不尽的生物资源，如目前在国外比较流行的微生物肥料就是一个成功的案例。

土壤中生活着数目众多的微小生命体，统称土壤微生物。通常所说的土壤微生物主要指在土壤生态系统中体积小于$5 \times 10^{-6} \, m^3$的生物体总称，包括细菌、真菌、放线菌和原生动物、病毒和小型藻类。每克土壤中栖息着大约100亿个微生物，但在显微镜下观察到的微生物不到1%可以培养，因此迄今为止在很大程度上土壤微生物仍然是一个未知的领域。土壤微生物群落的组成与活性不仅在很大程度上决定了生物地球化学循环、土壤有机质的周转及土壤肥力和质量，而且与植物的生产力有关。

土壤中的生物作用主要靠多种微生物，其中包括微植物和微动物。前者在有机质的转化中起着更为重要的作用，当土壤含有机质2%～4%时，微生物的质量可达$3.6 \times 10^3 \sim 18 \times 10^3 \, kg/hm^2$新鲜细胞物质，可以说，微生物是土壤有机质转化的主要动力。

1. 细菌

在土壤微生物中，无论数量还是活动范围，细菌均是最大的一个类群。在条件适宜时，每克土壤可含细菌数十亿个。土壤中的细菌有两类：一类是自养型及兼性自养细菌，靠太阳能或化学能而生活，如亚硝酸细菌、硝酸细菌、铁细菌、硫磺细菌和硫化细菌，以及利用简单碳氢化合物为能源的细菌。另一类是异养型细菌，需依靠有机物中的碳作为能源而生活，它又分为好气性、嫌气性和兼气性三种。

好气细菌中有好气芽孢杆菌、无芽孢杆菌、固氮菌、根瘤菌以及黏细菌等。在有氧气情况下，果胶分解菌、纤维素分解菌、蛋白质分解菌和硝酸盐还原菌等，能强烈分解有机质，形成CO_2、NH_3、H_2O和各种无机盐类。

嫌气细菌在少氧条件下，进行有机质分解，但分解速度比较缓慢，并形成分解不彻底的产物。有些嫌气细菌，如嫌气固氮细菌，有固氮能力，能增加土壤的氮素。尚有一些嫌气细菌，如乳酸细菌、反硝化细菌等能形成维生素、生长素等，可以刺激植物生长发育。但也有不利于土壤肥力提高的细菌，如丁酸细菌累积硫化氢，反硝化细菌使硝酸盐还原为N_2，引起氮肥损失。

由于细菌种类繁多，因此在各种环境条件下都可以有相应的细菌类群生长繁育，但是大多数适于在中性至微碱性的环境中生活。

2. 真菌

土壤中生活的真菌类型很多，有酵母、霉菌和蕈类。真菌在土壤中多以菌丝状态存在，它的个体虽然不多，但其生物总量远大于细菌和放线菌。真菌在土壤中分布很广泛也很活跃，在酸性和好气条件下最为活跃。因此，在酸性森林土和土壤表层较多。真菌能够降解纤维素、半纤维素、木质素、胶质等物质，真菌菌丝对土壤团聚体的形成和稳定也有重要贡献。此外真菌能够固氮、溶解磷、螯合金属离子以及产生青霉素等一些抗生素。

3. 放线菌

放线菌在进化系统中介于细菌和真菌之间，它同真菌的相似处是具有由菌丝组成的菌丝体。土壤中放线菌的数量仅次于细菌，每克土壤中一般有几千到几十万个，最多可超过二百万个。常等于细菌数量的 $1\%\sim10\%$，个别情况下可达 70%，它对营养要求不甚苛刻，较耐旱，广泛分布于各种土壤，直到地壳深层的矿藏里。尤其是在碱性、较干旱和有机质丰富的土壤中特别多，对有机质的分解，特别是对木质素等难分解的物质有很大作用。在分解有机质过程中，除形成简单化合物和一般中间产物之外，有些种类能释放出能溶于醚、醇等有机溶剂中的一些挥发性有机化合物和抗菌素，能抑制其他微生物发展。放线菌是抗生素的主要产生菌，如链霉素、土霉素和金霉素等，具有重要的经济价值。

4. 藻类

藻类是土壤微植物区系中最高级的类型，但其总量仅占微生物群落的较小部分。在土壤表层或土壤中常见的藻类有蓝绿藻、绿藻、硅藻等。蓝绿藻能固定氮素而形成蛋白质，尤其在渍水土壤（如稻田）中是这样。藻类是土壤生物的先行者，对土壤的形成和熟化起重要作用，它们凭借光能自养的能力，成为土壤有机质的最先制造者。它们的生长和代谢能导致土壤中矿物成分的改变；分泌的黏液可以促使土壤微粒相互黏结，形成土壤结构；能促进或抑制其他微生物的生长。肥沃土壤藻类生长旺盛，土壤表层常出现黄褐色或黄绿色的薄藻层。

除了微植物以外，土壤中还广泛分布着微小动物，如原生动物、轮虫和线虫等，它们对土壤上下层物质的掺和以及有机质的转化起着不同的作用。

（三）土壤有机物质的转化

进入土壤中的各种动植物残体，在土壤生物的参与下，一方面把复杂的有机质分解为简单的化合物，最后变成无机化合物的过程，称为矿质化过程。另一方面是分解后的较简单的产物被土壤微生物重新合成，形成更复杂的有机质，即土壤腐殖质。这个由简单到复杂的过程，称为腐殖质化过程。在有机质分解和合成过程中，生物化学过程始终是主要过程，因此影响微生物的生命活动的因素，如水分、空气、温度、pH 和养分等，都将对有机质的转化，包括其方向、速度和产物的种类及数量产生影响。

1. 矿质化过程

矿质化过程（mineralization）是指有机物质进入土壤后，在微生物的作用下分解成水和二氧化碳，并释放出其中的矿质养分和能量的过程。实际上就是微生物将复杂的有机物分解为简单无机化合物（CO_2、H_2O、无机养分）和能量的过程。

1）不含氮的碳水化合物的转化

包括葡萄糖及其他单糖、淀粉、纤维素与半纤维素。简单糖类容易分解，而多糖类则较难分解，尤其是与黏粒矿物结合的多糖，往往是抗分解的。纤维素等大分子的碳水化合物的分解比较缓慢，而木质素分解最慢。

碳水化合物在不同的通气条件和不同的菌种作用下，可以形成不同的产物，例如：

$$(C_6H_{12}O_5)_n \xrightarrow[H_2O]{\text{水解}} nC_6H_{12}O_6$$

$$\underset{\text{(葡萄糖)}}{C_6H_{12}O_6} \xrightarrow{\text{好气、霉菌}} \underset{\text{(草酸)}}{(COOH)_2} + 3H_2O$$

$$(COOH)_2 \xrightarrow{O_2} CO_2 + H_2O$$

$$C_6H_{12}O_6 \xrightarrow{\text{嫌气、细菌}} CH_3(CH_2)_2COOH + 2H_2 + 2CO_2$$

$$4H_2 + CO_2 \longrightarrow CH_4 + 2H_2O$$

以上各式表明，不含氮的碳水化合物矿化的结果，在好气条件下产生 CO_2 和 H_2O，在嫌气条件下产生 CH_4、CO_2 和 H_2O。这些 CO_2 是植物光合作用的重要碳源。而在排水不良的土壤，如沼泽土及低洼地段的水稻土中，则有 CH_4 的逸出。

2）含氮的有机物质的转化

土壤中的含氮有机物质主要有蛋白质、腐殖质、生物碱和尿素等，土壤中含氮有机物的转化主要有三个相连而又各异的过程，即氨化、硝化和反硝化过程。

（1）氨化。有机态氮的氨化包括蛋白质的水解和氨化作用。

水解作用：蛋白质首先通过蛋白分解酶的作用而水解，形成氨基酸，即

$$\text{蛋白质} + H_2O \xrightarrow{\text{水解酶}} RCHNH_2COOH（氨基酸）$$

氨化作用：氨基酸经微生物分解作用而释放氨的过程，称为氨化作用。它可通过以下途径进行。

水解脱氨基

$$RCHNH_2COOH + H_2O \xrightarrow{\text{水解酶}} RCHOHCOOH + NH_3 \uparrow$$

氧化脱氨基

$$RCHNH_2COOH + O_2 \xrightarrow{\text{氧化酶}} RCOOH + CO_2 + NH_3 \uparrow$$

还原脱氨基

$$RCHNH_2COOH + H_2 \xrightarrow{\text{还原酶}} RCH_2COOH + NH_3 \uparrow$$

从上述反应可以看到，无论通过水解、氧化或还原，都可以使氨基酸分解而产生氨，因此，包括好气性和嫌气性的多种氨化细菌都可以在上述转化中起作用。

（2）硝化。土壤中产生的氨在亚硝酸细菌和硝酸细菌作用下，氧化成硝酸或硝酸

盐，称为硝化作用。硝化作用经过两个阶段：一是氨氧化为亚硝酸，二是亚硝酸氧化为硝酸。

$$2NH_3 + 3O_2 \xrightarrow{\text{亚硝酸细菌}} 2HNO_2 + 2H_2O + 661.5J$$

$$2HNO_2 + O_2 \xrightarrow{\text{硝酸细菌}} 2HNO_3 + 175.8J$$

硝酸在土壤中转变为硝酸盐是植物氮素养料的直接来源，另外 NH_4^+ 也能作为植物氮源。进行硝化作用的土壤条件是 pH6～9，通气良好，而且 C/N 小于 20，酸性强的土壤施用石灰有利于硝化作用的进行，因为当土壤趋于中性后，包括硝化细菌在内的微生物的数量明显增多。

（3）反硝化。当土壤的通气条件较差，如土壤淹水或紧实时，如果土壤的 pH 较高，且 C/N 的值较大，则利于反硝化的进行。

$$5C_6H_{12}O_6 + 24KNO_3 \longrightarrow 24KHCO_3 + 6CO_2 + 12NO_2\uparrow + 18H_2O$$

反硝化作用的氮素损失，随土壤的有机质含量、NO_3-N 的数量、pH 和温度的增高而增高。为了防止氮素的损失，应采取生产措施，如调节通气状况、调节土壤酸碱条件，促使氨化和硝化作用的进行，控制它们进行的速度，并抑制反硝化过程。

3）含磷有机化合物的分解

如核蛋白和卵磷脂等经过有机磷细菌磷脂酶的分解产生磷酸。

$$核蛋白 \longrightarrow 核素 \longrightarrow 核酸 \longrightarrow 磷酸(H_3PO_4)$$

$$卵磷脂 \longrightarrow 甘油磷酸脂 \longrightarrow H_3PO_4$$

4）含硫有机化合物的分解

如含硫蛋白质经过生物化学作用分解产生硫酸。

$$含硫蛋白质 \longrightarrow 含硫氨基酸 \longrightarrow H_2S \longrightarrow H_2SO_4$$

$$2H_2S + O_2 \longrightarrow 2S + 2H_2O + 热量$$

$$2S + 2H_2O + 3O_2 \longrightarrow 2H_2SO_4 + 热量$$

在土壤中形成各种硫酸盐，既可供作物吸收利用，也可促进土壤中矿物质养分的转化。

5）脂肪的分解

脂肪在微生物分泌的脂肪酶的作用下，分解为甘油和脂肪酸。甘油很容易再被分解成为 CO_2 和 H_2O，而高级脂肪酸较难分解，只有在强烈的好气条件下，才能被彻底分解为 CO_2 和 H_2O 并放出大量能量，但在嫌气条件下，则形成土壤沥青。

6）单宁和树脂的分解

单宁比较容易被真菌分解成葡萄糖和没食子酸，葡萄糖先氧化为简单的有机酸，最后分解成为 CO_2 和 H_2O，没食子酸则难分解。在一般情况下，单宁的分解缓慢而不彻底，因而产生较多的酸性物质。树脂不易分解，在好气条件下分解生成有机酸、碳氢化合物和醇类等，产生酸性反应。在嫌气条件下很难分解。

总之，土壤有机质的矿质化过程，在好气条件下进行时，生成 CO_2、H_2O 和其他矿质养分，分解速度快、彻底、放出大量热能，不产生有毒物质；在嫌气条件下进行分解时，速度慢、分解不彻底、释放的热量少，除产生植物养分外，还生成一些有毒物质，如 CH_4、H_2S 和 H_2 等。

由于矿质化作用是有机物质在微生物参与下的氧化过程，因此，所有影响微生物生命活动的因素都是影响矿质化作用的因素，例如，生物残体的化学组成，土壤温度、湿度、通气状况与酸碱度等，都影响着土壤的矿质化作用。

在各种有机质组分中，糖和蛋白质是易于分解的，木质素和脂肪、蜡质、树脂是属于难分解的物质，而纤维素和半纤维素则居于两者之间。因此，生物残体中各有机组分含量的高低，将直接影响着生物残体矿质化作用的快慢。蜡质和木质素等难分解组分含量高的生物残体，如针叶林凋落物或稻草、玉米秆残体，其矿质化作用一般较难、较缓慢；而糖和蛋白质含量高的生物残体，如多数豆科绿肥，其矿质化作用则较易、较快。

生物残体的矿质化作用往往受残体本身 C/N 的影响。生物残体在矿质化作用下，微生物一方面从氧化含碳化合物中获得能量，并利用一部分碳建造自己的躯体，但同时它们还需要一定数量的氮素。

以细菌为例，细菌体细胞物质的 C/N 约为 5:1，细菌在每同化一份碳素以组成其自身的体细胞时，还需要消耗四份碳素，作为其自身活动（呼吸作用、身体运动等）的能源消耗。这样，要完成细菌的生命过程，就要求有机物的 C/N 为 25:1，即其中 5 份碳和 1 份氮构成体细胞，另外 20 份碳作为同化过程中的能源消耗。不同微生物不同条件下对碳氮的需求比例不一，一般认为微生物每分解 25～30 份碳大约需要 1 份氮，即要求有机物的 C/N 为（25～30）:1。

当有机残体的 C/N 大于（25～30）:1 时，有机残体中可供微生物活动的能量物质相对过剩而氮相对不足，微生物只能根据氮的数量来形成细胞物质。此时，从氮的供应看，微生物数量达不到最高值，有机残体的分解也会受到影响。如果向土壤中额外加入无机氮以补偿氮的不足，则微生物数量和有机残体的分解均可增加。此时，外加的无机氮进入微生物体，称为无机氮的微生物固持作用。一般来说，微生物分解 25 或 30 份碳素需要同化 1 份的氮素，因此，生物残体的 C/N 在 25:1 或 30:1 时，最有利于其分解。如 C/N 过大，微生物在分解过程中就会感到氮素的不足，其分解速度就会减缓甚至停顿。

当有机残体的 C/N 小于（25～30）:1 时，有机残体中可供微生物活动的能量物质相对不足而氮相对过剩，微生物只能根据碳的数量来形成细胞物质。此时，从碳的供应看，微生物数量达不到最高值，但有机残体的分解则可达到最大，同时有多余的氮释放到土壤中，称为氮的净矿化作用。如果向土壤中额外加入易分解的有机碳化合物以补偿能量的不足，则微生物数量可增加。

生物残体的年龄和破碎程度，对生物残体矿质化速率也有一定的影响。温度是影响微生物生活和繁殖速度的一个重要因素。一般微生物存活温度为 0～45℃，当温度接近 0℃ 时，其活性很低，接近 45℃ 时，活性也受到抑制，只有处于适温范围内（25～35℃），微生物活动才最活跃，生物残体的矿质化速率才较大。美国詹尼等提出，当环境温度在 $5\sim35℃$ 内，年平均每增加 $10℃$，生物残体的矿质化速率就增加 $2\sim3$ 倍。

土壤中适当的水分含量有利于土壤矿质化作用的进行，一般以田间持水量的 $50\%\sim100\%$ 为适宜。水分含量适中时，土壤中含氧量较高，以好气性微生物为主。土壤水分含量过多时，土壤中含氧量较低则以嫌气性微生物为主。土壤处于好气条件下，其矿质化作用的速度大于嫌气条件，而且分解的产物也有差异。好气分解比较彻底，主要产物有 CO_2、H_2O、NO_3^-、SO_4^{2-}；而嫌气环境下分解不彻底，分解产物有 CO_2 和 H_2O，还有相当数量的中间产物，如 $R\cdot NH_2$（氨基乙酸）、$R\cdot SH$（含硫氨基酸）、H_2、CH_4、H_2S、NH_3 和各种有机酸，以及残留的不易分解的生物残体。这些差异不仅影响着土壤的肥力，而且对腐殖质化作用也产生一定的影响。

酸碱度也影响微生物的活动，强酸性土壤不利于微生物活动，也不利于矿质化作用的进行。此外，光照同样会影响微生物生命活动，从而影响矿质化作用的进行。

土壤通过影响微生物的活性而影响有机质的降解。各种微生物都有其最适宜于活动的 pH 范围，大多数细菌活动的最适 pH 在中性附近（pH6.5～7.5），放线菌的最适略偏向碱性一侧，而真菌则最适于酸性条件下（pH3～6）活动。pH 过高（>8.5）或过低（<5.5）对一般的微生物都不大适宜。因此在农业生产中，改良过酸或过碱土壤对促进有机质的矿质化有显著效果。

2. 腐殖化过程

土壤的腐殖化（humification）是指进入土壤中的生物残体，在土壤微生物作用下，合成为腐殖质的过程。这是一个极其复杂的生物化学过程。关于这个过程的实质和细节至今尚无一致的意见。目前存在下列几种学说。

1）木质素-蛋白质学说（植物物质形成学说）

瓦克斯曼从 20 世纪 30 年代开始认为腐殖质不是特殊有机化合物，而是木质素和蛋白质的混杂物。认为腐殖质是由植物组织中不为微生物所分解的组分在稍经改变后形成的。最初形成的腐殖质是胡敏素，在胡敏素经过微生物的降解后才形成胡敏酸，胡敏酸进一步降解才形成富里酸。

2）生物化学合成学说

苏联土壤学家科诺诺娃在 20 世纪 50 年代初期提出了微生物化学合成学说，认为生物残体中的复杂有机物首先被微生物分泌的胞外酶降解成简单的小分子有机物，这些有机物被微生物吸收，在体内合成为各种合成物，其中主要是酚和氨基酸，当它们被分泌至土壤中，并经过氧化作用和聚合作用后，就形成了腐殖质。其过程如下。

（1）多元酚氧化为醌：

$$\underset{\text{（多元酚）}}{\boxed{}\!\!\!\!\!\!-\!\!\overset{\displaystyle OH}{\underset{\displaystyle OH}{}}} + \frac{1}{2}O_2 \xrightarrow{\text{酚氧化酶}} \underset{\text{（醌）}}{\boxed{}\!\!\!\!\!\!=\!\!\overset{\displaystyle O}{\underset{\displaystyle O}{}}} + H_2O$$

（2）醌和氨基酸聚合，形成原始腐殖质：

$$\text{（氨基酸）} \qquad \text{（原始腐殖质）}$$

3）细胞自溶学说

这个学说认为，腐殖质的生物合成过程是在微生物体内进行的，微生物死亡后，细胞自溶的物质如糖、氨基酸和酚，以及其他芳香族化合物经过缩合和聚合作用而形成腐殖质。

4）微生物合成学说

微生物利用生物残体的碳源和能源，并以这些有机质为原料在微生物细胞内合成各种类似于腐殖质的高分子化合物。当微生物细胞死亡并发生自溶以后，这些高分子化合物便进入土壤成为土壤腐殖质。细胞内合成的类似腐殖质的高分子化合物，只有当其进入土壤以后，在细胞外才被微生物降解为胡敏酸和富里酸。其实，在土壤中腐殖化过程都有存在和发生的可能，只是随着土壤和环境条件的不同，各种可能有主次之分而已。

影响腐殖质化作用的因素同上述影响矿质化作用的因素一样，不过，有利于矿质化作用的因素却几乎是有损于腐殖质化作用的因素。生物残体的矿质化作用与腐殖质化作用是同时发生的两种不同方向的矛盾过程，生物残体的矿质化过程是土壤中进行腐殖质化过程的前提，腐殖质化过程是生物残体矿质化过程的部分结果。

（四）土壤有机质在土壤肥力中的作用

1. 土壤有机质是植物养料的源泉

土壤有机质含有丰富的植物所需要营养元素，如碳、氢、氧、磷、硫、钾和钙等，还含有多种微量元素，通过不断分解供植物吸收利用。例如，植物生活所需的CO_2，有70%～95%是有机质分解供给的；水稻吸收的氮素养料，取自土壤中者占60%～80%。同时植物养分以腐殖质形态存在的，有利于养分保蓄，减少淋溶损失，所以有机质是供应植物养料的物质基础。

2. 土壤有机质具有离子代换作用、络合作用和缓冲作用

土壤有机质的羧基、酚羟基和羟基使有机胶体带负电荷，具有较强的代换性能，比矿物质代换量要高十至几十倍，可以大量吸收保存植物养分，以免淋溶损失。

3. 土壤有机质能改善土壤物理性质

土壤有机质几乎对所有的土壤物理性质都有良好的影响，腐殖质是很好的胶结剂，能使土粒形成良好的团粒结构，从而使土壤通透疏松，减少黏着性，改善耕性。腐殖质色暗，可加深土壤颜色，增强土壤吸热能力，同时其导热性小，有利于保温，使土温变化缓和。

4. 土壤有机质是植物生长激素

土壤有机质中含有许多对植物生长发育起激素作用的物质，如维生素 B_1、B_2、吡醇酸、菸碱酸和激长素等类型化合物；还有微生物形成的抗生素，如青霉素和链霉素等。但也有对植物生长不利的香草醛、安息香酸、香豆素和二氢固醇酸等。这些激素的作用在于提高植物氧化、还原酶的活性，促进吸收养分的能力，加强呼吸作用。

三、土壤水分和空气

土壤水分和空气同存在于土壤孔隙中，土壤空隙若未充满水分，就必然被空气充满，两者此消彼长。

（一）土壤水分

土壤水（soil water）是土壤重要的组成部分之一，是土壤肥力最活跃的因素之一。土壤水是作物吸水的最主要来源，是植物吸收养分的主要渠道，也是自然界水循环的一个重要环节。土壤水并非纯水，而是稀薄的溶液，不仅溶有各种溶质，而且还有胶体颗粒悬浮或分散于其中。通常所说的土壤水实际上是指在 105℃下从土壤中驱逐出来的水，有关土壤水的溶液性质另作介绍。

1. 土壤水分的来源及其耗损

大气降水不但是土壤水的最大来源，而且是一切土壤水的原始补给源，但大气降水在渗入土壤的过程中，会受到不同形式的消耗和损失，不可能全部进入土壤中。大气降水到达地面之前，首先受到地面植物的截留，其截留量大约有 30%。不同植物类型截留量有很大差异，一般木本植物（森林）的截留量大于草本植物（草地）。降到地面的水分有一部分来不及渗入土壤内部而形成地表径流进入湖泊、河流和海洋，这部分水分约占总降水量的 5%。到达地面的水分有一部分由地面蒸发，进入大气，这部分水分约占总降水量的 10%。渗入到土层中的水分约占总降水量的 55%。可见降水中的大部分是被土壤吸收了。

土壤水分的消耗主要有土壤蒸发、植物吸收和蒸腾、水分渗漏和径流损失等，其中地面蒸发和水分渗漏最为重要。土壤水分的蒸发分为两个阶段。第一阶段是在大气物理条件下，即在日照、气温、相对湿度、风速等起决定作用的条件下，土壤水分由饱和状态降低到田间持水量；第二阶段是在土壤本身特性起决定作用的条件，土壤水分从田间持水量进一步下降到更低含水量的过程。土壤水分主要来自大气降水、灌溉水、地下水。进入土壤中的水分，一部分被植物根系吸收；一部分直接沿大空隙直接渗漏到地下水层；一部分变为土壤中侧向流水；剩下的部分被土壤吸收保蓄（图 2.11）。

降水到达地表后，先由土壤孔隙吸收水分，孔隙充满水后，多余水分受重力作用向下渗漏，这种孔隙吸收水和重力作用的渗漏水分，称为土壤透水性，或渗透性。透水性大小表明土壤保蓄水能力的强弱。

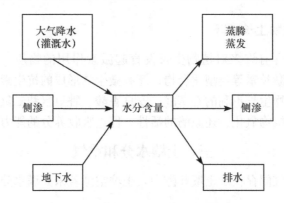

图 2.11　土壤系统的水分运移模型

土壤透水性的大小常用渗透系数表示。渗透系数是指水压梯度等于 1 时，单位时间内渗透过单位面积的水量，以 mm/s、cm/s、cm/h 或 m/d 来表示。土壤透水性主要取决于土壤孔隙的大小，也与土壤质地、结构、松紧度等有关。透水性强的土壤渗透系数达 1m/d，不透水的土壤则小于 0.001m/d。大多数土壤剩余水分一天内能排走，一般也不超过 2～3 天。

2. 土壤水量的平衡

土壤水分含量受土壤水分的收入和消耗制约，当水分收入大于消耗时，土壤水含量增加，相反则减少。当收入和消耗相等时，土壤水含量保持不变。土壤水分的收入和消耗使土壤水含量相应变化的情况，叫做土壤水量的平衡，其表达式为

$$\Delta 水 = 水_{收入} - 水_{支出}$$

土体水分的收入包括大气降水输入量、地表径流输入量、土内侧流流入量、毛管上升水输入量、气态水输入量、若有灌溉还应包括灌溉水量。土体水分的支出包括土壤蒸发量、植物蒸腾量、地表径流输出量、土内径流流出量和土壤渗漏量等。

不同气候条件下，土壤水分的收支状况是有差别的，维索茨基根据水分的收支情况，将土壤水分平衡分为五种类型。

（1）淋溶型：在年降水量大于年蒸发量的地区，土壤水分在土体中以向下流为主，使土体中的物质受到淋溶或机械迁移，森林土壤和酸性土壤多属此种水分状况类型。

（2）非淋溶型：在降水量低于蒸发量的地区，降水量不能渗透湿润到底土层，只能达到土体的有限深度，因此，土体中的物质只被淋洗到一定深度而淀积下来，这种土壤水分状况称非淋溶型。干旱和半干旱草原土壤大多属于这种水分状况类型。

（3）渗出型或上升型：降水量小于蒸发量，因蒸发强烈，下层可溶性盐随毛管水带到表层，从而引起土壤盐渍化，这种水分状况类型多出现在干旱和半干旱地区地下水位高的地方。

（4）停滞型或滞水型：在地势低洼排水不良地区，土壤水分长期停滞，沼泽化土壤常具有此种水分状况类型。

（5）冻结型：在高纬地带或高山、高原地区，土壤温度常低于0℃，土壤中水分形成永冻层，苔原冰沼土往往有这种水分状况类型。

3. 土壤水分类型及其特性

土壤水有固态、液态和气态三种。但固态水仅在低温下才存在于土壤中，只有气态和液态水在土壤中是经常存在的。水分进入土壤之后，便受到土壤中来自不同方向、具有不同性质和大小的各种力的作用，如热力、重力、吸着力（指土壤水分子与土壤固体颗粒表面的分子和离子间的相互吸力）、液体的弯月面力和渗透压力等。根据土壤水分存在的物理状态、可移动性以及对植物的有效性，可将其分为下列形态类型：固态水、气态水、吸湿水、膜状水、毛管水和重力水等。

1）固态水

固态水是以固体状态存在的水分。当土壤温度在0℃以下时，土壤液态发生冻结成为固态水，在高纬度地带及高山区的冰沼土有永冻层的固态水存在，此外在冬季寒冷的中纬度地带，土壤有季节性固态水。固态水不能为植物所利用。

2）气态水

一般情况下，土壤中存在着气体状态的水分，它与土壤空气形成气态混合物，土壤空气被水汽饱和达100%时，土壤中水汽含量约为0.001%。

气态水主要由其他形态类型的水汽化形成。它存在于土壤孔隙中，是土壤空气的组成部分，在大多数情况下水汽呈饱和状态。气态水在土壤中不断地形成、移动或凝结，或被吸附而不断地转化为其他形态类型的土壤水。低温可引起气态水特别强烈和迅速地凝结和冻结成冰。在大气压力、温度和湿度变化的影响下，气态水与土壤空气一起在土壤中移动，或由于水汽压力梯度的存在，而以扩散方式进行运动。气态水不能为植物所直接利用。但气态水的多少可影响土壤蒸发的速率，一般地说，其饱和度越低，土壤的蒸发越强烈。在温带地下水位较高的地区在土壤日温差变化较大的春、秋季，当夜晚表土温度下降，表土层中气态水凝结为液态水时，水汽压因而降低；而心土和底土层温度却较高，水汽压亦较高，使水汽由心土—底土层向表土层移动并在表土层不断凝结为液态水，直至水汽压达到动态平衡。因此，这类土壤在夜晚时表土层的湿度比较大，农民称之为"夜潮土"。所以，气态水含量虽然很少，但由于它能自由移动，并能转换成其他形态的水分，故其重要性不能忽视。

3）化合水和结晶水

化合水和结晶水统称为化学束缚水，是土地矿物化学组成的一部分，依其与矿物结合的情况而分为化合水和结晶水。

化合水是指参与黏土矿物晶格组成，并被矿物所牢固保存的水，如$Fe(OH)_3$和$Al(OH)_3$等，只有在温度大于105℃，甚至是300～500℃时才能释放出来的水分。

结晶水是和矿物晶格相结合不够牢固的水分，如石膏（$CaSO_4 \cdot 2H_2O$）和芒硝（$Na_2SO_4 \cdot 10H_2O$）等，它在较低的温度，如石膏60～65℃，芒硝20～25℃时就可分离出来。这两种水分不能直接参与土壤的物理作用，也不能为植物所利用。

4）吸湿水

土壤固体颗粒依据其表面分子引力吸持在颗粒表面的气态水，称为吸湿水。在水分被吸附时有热量放出，这种热称为湿润热。吸湿水的偶极体围绕土壤颗粒而定向排列，并由若干分子层组成的很薄的膜包裹着土壤颗粒，处于近似固体状态。它所受的吸力（或压力）相当 10 000 个大气压。因此，吸湿水仅在 105～110℃时才完全被土壤释放出来。吸湿水只有转变为气态水，才能够移动。由于自身的不移动性，所以在土壤中吸湿水不溶解，也不能迁移营养物质和盐类，因而它对植物在生理上也是完全无效的。

土壤吸湿水的含量决定于土壤质地和有机质的含量。质地黏重的土壤，吸湿水的含量显著地增加，砂土和砂壤土则较小。有机质含量多吸湿量大，土壤空气的湿度和温度也影响着吸湿水量，一般土壤空气湿度越大，吸湿水量也越多。

5）膜状水

在土壤中，除存在着被吸附的水汽外，在土壤颗粒周围的自由表面上，还能够牢固地吸持一定数量的液态水，这种水称为薄膜水，即膜状水。它存在于土壤颗粒接触点的周围和最细小的孔隙内部。土壤颗粒保持这种膜状水的力为 $6.08 \times 10^5 \sim 3.14 \times 10^6$ Pa（6～31 个大气压）。就物理状态而言，薄膜水处于黏滞状-液态状，不受重力影响而移动，能够向各个方向移动，但移动速度太慢，供不应求，解决不了植物对水分的需要。因此，膜状水即使含量还高，植物也会开始凋萎，植物呈永久萎蔫时的土壤含水量，称凋萎系数。

吸湿水和膜状水合称物理束缚水，前者称物理紧束缚水，后者称物理松束缚水。膜状水的最大含量称最大分子持水量。

6）毛管水

被毛管力吸附保持于土壤毛管孔隙中的水称为毛管水。毛管力作用的实质是水和固体毛管孔壁接触时，由于湿润和静电引力的作用，使得水在毛管中形成一个弯月液面，凹形弯月液面下液体的压力（P_1）小于平面表面张力膜的表面压力（P_0）。这种压力的减小，称为负毛管压力。毛管直径越小，弯月面的曲率越大；而弯月面的曲率越大（即毛管孔隙越小），这种负毛管压力就越高（图 2.12）。

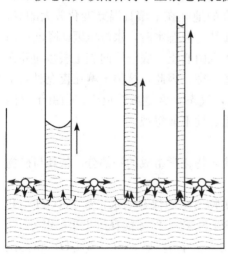

图 2.12　毛管中凹形弯月面下负压力
增强示意图（李天杰等，1983）

毛管水是自由液态水，毛管水运动方向可通向土壤中毛管弯曲网络的四面八方，从毛管力小处向毛管力大的方向运动，即从粗毛管向细毛管运动。同时也受温度、溶质浓度等影响，毛管水运动从温度高处向温度低处运动，从浓度低处向浓度高处运动。

毛管水依其水分来源，可分为毛管悬着水和毛管上升水。毛管上升水是指地下水位较高条件下，地下水沿毛管上升而存在土壤毛管孔隙中的水分。毛管悬着水是指毛管水与地下水无联系而保持在土壤上层的毛管水，主要由降水、灌溉和融雪等产生的重力水向下运动而成。毛管悬着水达到最大时的土壤含水量，称为田间持水量。

　　7）重力水

当土壤水分含量超过田间持水量时，多余的水分就会在重力作用下，沿着土壤中的非毛管孔隙向下渗透，如果没有不透水层的阻隔，它可以一直渗透到地下水中去，称为自由重力水。如果有不透水层阻隔，它可以在不透水层之上潴积下来，即成支持重力水或叫上层滞水。当土壤孔隙全部充满水分时，即为重力水所饱和时的含水量，称为全蓄水量或饱和持水量。重力水具有很强的淋溶作用，能够以溶液状态使盐分和胶体随之迁移。它的出现标志着土壤空隙全部为水所充满，影响土壤内空气的流通，是土壤性状不良的特征。

4. 土壤水分常数

土壤所能保持的各种水分形态类型的最大数值，称为土壤水分常数。例如，最大吸湿水量是吸湿水的最大数值，最大分子持水量是膜状水的最大数值，田间持水量是悬着毛管水的最大数值，饱和持水量是重力水的最大数值或土壤全部孔隙所能保持的水分的最大数值。但应该指出，当土壤达到饱和持水量时，它包括重力水、毛管水、膜状水和吸湿水等，其余类推。此外，凋萎系数亦属水分常数。

土壤水分常数是说明土壤含水量和持水能力的，是用来研究土壤水分状况及其对植物的有效性的（图 2.13）。从上述各种土壤水分可知，由于各种因素的影响，只有一部分水分是植物可以吸收的，能够被植物所吸收的水分，称为土壤有效水。一般来说，凋萎系数与田间持水量之间的土壤水，属于有效水分。

砂质土田间持水量小，有效水范围小，黏质土田间持水量虽高于壤土，但凋萎系数高，有效水范围也小于壤土，所以壤土有效水范围最大。粒状结构的土壤田间持水量大于无结构的土壤，因而有效水范围较大（图 2.14）。

5. 土壤水的能量概念

土壤水和自然界中其他物体一样，含有不同数量和形式的能，经典物理学分别出两种主要形式的能——动能和势能。由于水在土壤中运动很缓慢，它的动能 $\left(E=\frac{1}{2}mv^2\right)$ 一般可以略而不计，而势能则在土壤水的运动和状态上极为重要。

自然界中所有物质的自发和普遍的趋势是由势能较高处向较低处运动。土壤水分也是从自由能高的土层向自由能低的土层移动，停滞的高自由能地下水是往干燥土壤（低自由能）移动的。如果能了解土壤中不同点上的能量水平，就有可能预报水分运动的方向，并提供关于水分所受各种力的一些概念。

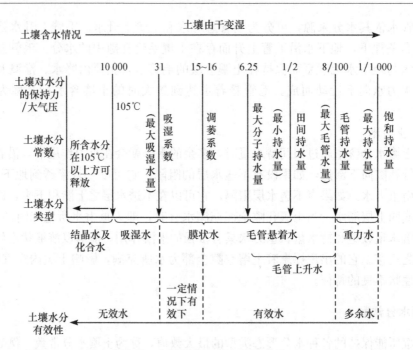

图 2.13　土壤水分类型、水分常数及其有效性图示（李天杰等，1983）

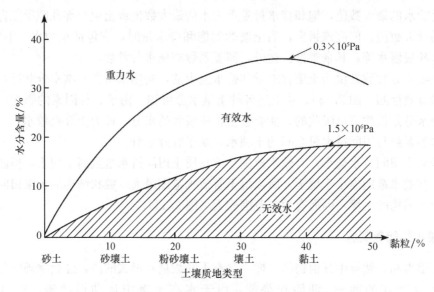

图 2.14　不同质地土壤的有效水分含量（李天杰等，1983）

　　在土壤水不饱和情况下，土壤仍保持部分水分，根据热力学第一定律——能量守恒定律，被土壤吸持的水，损失了一部分自由能，而在土壤水饱和情况下，水分不但不再被吸持，还可以产生静水压，其能做有用功的自由能增多了。通常采用土水势概念作为衡量土壤能量的指标，它是表明土壤水自由能与标准的参照状态的水相对比的差值，这个差值在土壤水不饱和时为负值，饱和后为正值。一般规定在标准大气压下，与土壤水同一温度的纯自由水作为标准的参照状态，并规定其水势为零。构成土壤水势的各分势为：基质势（P_m）、溶质势（P_s）或渗透势（P_o）、压力势（P_p）和重力势（P_g）。

（1）基质势（matric potential）：亦称间质势、基模势，土壤固体颗粒作为吸水基质，水分被土壤基质吸附后其自由活动能就降低了，即基质吸力使水势降低，所以基质势是负值。同一土壤在不同含水量状况下，其基质势是不相等的，它随土壤含水量的增加而增大，当土壤水达到饱和时，基质势为零。

（2）溶质势（solute potential）：也叫渗透势（osmotic potential），由土壤溶液中的溶质离子吸水，使土壤水分失去部分自由活动能力，这种由溶质所产生的势能称为溶质势，它的值等于土壤溶液的渗透压，故也称渗透势，但符号相反，为负值，而且随着溶液浓度增大而减少，使水势降低。

（3）压力势（pressure potential）：土壤水在饱和状态下，使土壤水所承受的压力不同于参照水面，即以自由水面作为参比标准，这种水势的变化即为压力势。压力势包括气压势、静水压势和荷载势。压力势均为正值。气压势是由于空气被封闭而在土体内产生的势值，其数值很小，可略而不计。静水压势是指部分出现的连续水柱而产生的静水压力，并由此引起的水势，它是压力势的主要部分，荷载势是指土壤水分中所含悬浮物质所产生的水势，其数值较小，一般也可忽略。

（4）重力势（grovitational potential）：土壤水分因所处的位置不同，其受重力影响而获得的位能也不相等，由此产生的水势，称为重力势。具体计算时，一般都以土壤剖面中地下水位的高度作为比照的标准，而把它的重力势作为零。据此，在地下水位以上的土壤水重力势为正值，而在地下水位以下则为负值。

土壤总水势（total soil water potential）就是以上各分势的总和，即 $P_t = P_m + P_s + P_p + P_g \cdots$，其他意义不大的势可略去。在不同情况下，起作用的土水势是不相同的，在饱和土壤水运动中，决定土水势的是 P_p 与 P_g，在不饱和土壤水的运动中决定土水势的是 P_m 与 P_g。

土水势的定量表示以单位数量土壤水的势能值为准。通常用单位容积土壤水分的势能值即压力单位帕（Pa）表示。过去曾用单位质量土壤水的势能值，即以静压力或相当于一定压力的水柱高的厘米数来表示。它们之间的换量关系是：$10^5 Pa = 1020$ 厘米水柱 $= 1bar = 0.9869$ 大气压。近似应用时也可简化为：$10^5 Pa = 1000$ 厘米水柱 $\approx 1bar \approx 1$ 大气压。

为了避免在计算水势时存在着的正值与负值的混淆，也可用土壤水吸力来表示土壤水的能量状态。它的数值与土水势相同，只是都为正值，但需注意土壤水吸力只能用于基质势和溶质势，对水分饱和的土壤一般不用。

土壤水吸力的范围很宽，可以从零到 $10^5 Pa$。R. K. Schofield 曾建议，用土壤水吸力的水柱高度厘米数的对数，即 pF 值来表示。pF 值曾在国内外广泛采用，后来逐渐不用水柱高度而代之以土水势的毫巴数，如土水势为 1000mbar，pF 为 3，使用 pF 的方便之处是用简单的数字可以表示很广的土水势范围。大气压与 pF 值换算关系见表 2.6。

表 2.6　大气压、水柱高度与 pF 值换算关系

大气压/Pa	水柱高度/cm	pF	大气压/Pa	水柱高度/cm	pF
0.001	1	0	15	15 849	4.2
0.01	10	1	31	31 623	4.5
0.1	100	2	100	100 000	5
0.5	501	2.7	1 000	1 000 000	6
1.0	1 000	3	10 000	10 000 000	7
10.0	10 000	4			

（二）土壤空气

1. 土壤空气的来源和组成

土壤空气主要来自大气，存在于未被水分占据的土壤孔隙中。土壤空气按其组成在质与量上均不同于大气中的空气，详见表 2.7。由于土壤生物生命活动的影响，二氧化碳比大气中含量高，两者相差 8~300 倍；而氧含量比大气的低。另外，土壤空气中的水汽含量远比大气为高，土壤空气湿度一般接近 100%。在土壤中由于有机质的嫌气分解，还可能产生甲烷、硫化氢、氢等气体。土壤空气中还经常有氨存在，但数量不多。

表 2.7　土壤空气与大气组成的差异

气体	O_2/%	CO_2/%	N_2/%	其他气体/%
近地表大气	20.94	0.03	78.05	0.98
土壤空气	18.0~20.03	0.15~0.65	78.8~80.24	0.98

2. 土壤与大气间的气体交换

土壤空气组分变化的主要特征是 O_2 的不断消耗和 CO_2 的累积。土壤空气中 O_2 和 CO_2 相互转化的因素在很大程度上取决于高等植物的呼吸，和土壤微生物对有机质的好气性分解两个生物学过程。虽然这些过程在许多方面不同，但所涉及的气体具有异常的相似性，两个生物过程的结果都是 O_2 的消耗和 CO_2 的产生和累积。因此，土壤和大气间的气体交换主要是 O_2 和 CO_2 气体的相互交换，其结果是土壤从大气中不断获得新的 O_2，以及 CO_2 向大气排出，使土壤空气得以不断更新。

土壤空气和近地面大气进行着交换，其交换有两种方式：一是空气流动引起的整体空气交换；二是通过扩散作用进行的个别气体成分的交换。

土壤空气和大气的交换主要是通过个别气体成分的差异（分压梯度）发生的扩散。由于土壤中氧气和二氧化碳的浓度不同，根据气体运动规律，气体总是从浓度高的地方向浓度低的地方扩散，大气中氧的浓度高，可不断进入土壤中，而土壤中由于生物等的影响，二氧化碳浓度高，不断向大气中扩散。土壤这种扩散机制，好像生物呼吸作用吸入氧气，吐出二氧化碳一样，所以把它称为"土壤呼吸作用"。

3. 土壤的通气性

土壤空气与大气间的气体交换，以及土体内部允许气体扩散和流通的性能，称为土壤通气性（soil aeration）。土壤通气性主要取决于通气孔隙的数量与大小，在结构良好的土壤中，气体扩散是在团聚体间的大孔隙中迅速进行的。而团聚体内的小孔隙则在较长时间保持或接近水饱和状态，限制团聚体内部的通气性状。

4. 土壤气体交换速率的指标

土壤通气状况是可以度量的。通常采用土壤呼吸系数、土壤氧扩散率和土壤通气量等表示。

（1）土壤呼吸系数（RQ），是指土壤中产生二氧化碳的容积与消耗氧的容积的比率，两者容积相当时，RQ=1，如果 RQ>1，土壤中二氧化碳含量高，说明土壤通气性差。

（2）氧扩散率（ODR），是指植物吸收、微生物活动或为水所置换时氧的补充速率，通常以每平方厘米、每分钟所扩散的氧的克数（或微克）来表示。ODR 一般随土壤深度的增加而降低。

（3）土壤通气量是指单位时间内在单位压力下，进入单位体积土壤中的气体总量，主要是氧气和二氧化碳。常用单位是 $mL/(cm^2 \cdot s)$，通气量大表示通气良好。

土壤中水和气是一对矛盾，土壤中水分多了，土壤空气就少了，而且大气和土壤之间的气体交换过程也受到阻碍。当土壤水分过多，通气不良时将造成一些不良效果：好气性微生物不能正常活动，只有嫌气性和兼气性微生物能够活动，这样可大大降低有机质分解速度，而且分解产物多呈还原态，对植物有毒害作用。植物根系也因氧气不足而减少呼吸能量，降低对水分和养分的吸收能力，引起缺乏营养元素等症状。所以，调节水、气矛盾，是提高土壤肥力的重要措施。

思考题

1. 土壤的组成包括哪些？它们之间的相互关系如何？
2. 土壤矿物质包括哪些类型？什么叫原生矿物？土壤中主要原生矿物有哪些？它们的性质如何？
3. 什么叫次生矿物？次生矿物有哪些？特点如何？
4. 土壤风化过程有哪些类型？各类型风化过程如何？
5. 矿物分解可分为哪些阶段？各阶段有何特点？
6. 度量矿物风化程度的指标有哪些？它们是怎样计算和应用的？
7. 次生黏土矿物的形成过程如何？能否进行逆反应？为什么？
8. 黏土矿物的结构有哪些特征？各类型黏土矿物的性质如何？
9. 土壤矿物分解的阶段性。
10. 土壤矿物质的地理分布如何？有无规律性？
11. 土壤有机质是什么？其来源如何？主要组成成分有哪些？它们在土壤中的作用如何？
12. 土壤中主要生物有哪些？它们在有机质的转化和土壤形成中的作用如何？

13. 土壤有机物质的转化过程包括哪些内容?
14. 不含氮的碳水化合物转化的特点如何?
15. 土壤水分有哪些类型? 各类型间关系如何?
16. 土壤水分有效性的含义是什么? 简述凋萎系数的概念。
17. 土壤水分常数有哪些?
18. 土壤空气组成和大气组成有何不同? 为什么?
19. 土壤与大气间的气体是怎样交换的? 土壤气体交换速率的指标有哪些?
20. 土壤的通气性概念。影响通气性因素有哪些? 土壤通气性对土壤肥力有何影响?

第三章　土壤性质

第一节　土壤的物理性质

土壤的物理性质是多方面的。这里主要介绍的是土壤质地、土壤结构、孔隙度等物理性质。

一、土壤质地

（一）矿物质的粒级划分

1. 粒级的概念

土壤矿物质是由风化和成土过程中形成的不同大小的矿物颗粒（或土粒）组成的。它们的直径差异很大，从数厘米大的岩石碎块，到几微米甚至百分之几微米的黏粒都有。不同大小土粒的化学成分、物理化学性质存在很大差别，据此，可将粒径大小相近、性质相似的土粒归为一类，称为粒级（或粒组）。同级土粒的成分和性质基本相似，不同粒级的土粒则有明显差异。

各国粒级划分的标准和详略程度不尽一致。目前，在国际上应用较广泛的、我国曾采用过的粒级分类，有美国制、国际制和原苏联制，1975 年我国首次拟定了自己的土粒粒级分类标准（表 3.1）。

表 3.1　土壤粒级划分标准（朱鹤健和何宜庚，1992）

单粒直径/mm	中国制		国际制		原苏联制（卡庆斯基）		美国制
— 3.0	石砾		石砾		石		石砾
— 2.0					砾		
— 1.0	粗砂粒	砂粒	粗砂粒	砂粒	粗、中砂	物理性砂粒	砂粒
— 0.25							
— 0.2	细砂粒				细砂		
— 0.05			细砂粒				
— 0.02	粗粉粒	粉粒	粉粒		粗粉粒		粉砂
— 0.01	细粉粒				中粉粒		
— 0.005						物理性黏粒	
— 0.002	泥粒（粗黏粒）		黏粒		细粉粒		黏粒
— 0.001	胶粒（黏粒）				黏粒		

　　由表3.1可以看出，各国的土壤粒级分类有其基本的相同之处，即都分为砾石、砂粒、粉砂粒和黏粒四个粒级。

2. 各粒级的矿物化学成分和性质

　　随着土粒的大小不同，其矿物的化学成分和性质也不同。例如，砾石和砂粒，几乎全部都由原生矿物组成，其中主要是抗风化能力较强的石英；粉砂粒的绝大部分也是原生矿物；黏粒主要是次生黏土矿物（图3.1）。由于各粒级的矿物组成不同，所以不同粒级的化学成分也有所差别。一般来说土粒越细，石英、长石逐渐减少，云母、角闪石增多，SiO_2 含量越来越少，而 R_2O_3 及 CaO、MgO、P_2O_5、K_2O 等含量越来越多（表3.2、表3.3）。

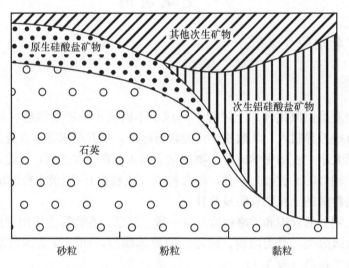

图3.1　土壤中各粒级的矿物组成示意图（李天杰等，1983）

表3.2　不同粒级的矿物组成（李天杰等，1983）　　　　（单位:%）

粒径/mm	石 英	长 石	云 母	角闪石	其 他
1～0.25	86	14	—	—	—
0.25～0.05	81	12	—	4	3
0.05～0.01	72	15	7	3	3
0.01～0.005	63	8	21	5	3
<0.005	10	10	66	7	7

表3.3　不同粒级的化学成分（李天杰等，1983）　　　　（单位:%）

粒 级	粒径/mm	SiO_2	Al_2O_3	Fe_2O_3	CaO	MgO	K_2O	P_2O_5
砂粒	1～0.2	93.6	1.6	1.2	0.4	0.6	0.8	0.05
	0.2～0.04	94.0	2.0	1.2	0.5	0.1	1.5	0.1
粉粒	0.04～0.01	80.4	5.1	1.5	0.8	0.3	2.3	0.2
	0.01～0.002	74.2	13.2	5.1	1.6	0.3	4.2	0.1
黏粒	<0.02	53.2	21.5	13.2	1.6	1.0	4.9	0.4

就物理性质而言，粒径<0.01mm 的颗粒，才具有明显的吸湿性、黏结性和可塑性等，但其透水性又较差。从总体上看，0.01mm 的颗粒是物理性状变化的明显界限。卡庆斯基把物理性砂粒和物理性黏粒的分界限定在 0.01mm 的数值上。粒径<0.01mm，才具有胶体性质。

（二）土壤的机械组成

自然界的土壤都是由很多大小不同的土粒，按不同的比例组合而成的，各粒级在土壤中所占的相对比例或质量分数，称为土壤的机械组成，也称为土壤质地。

1. 质地分类

不同土壤的机械组成各不相同，机械组成基本相似的土壤常具有类似的肥力特征。土壤学家从发生学研究和生产实际的需要出发，根据土壤中各种粒级的质量分数组成，把土壤划分为若干类别，即土壤的质地分类。

对土壤质地的分类和划分标准，各国亦很不统一。国外应用较多的，我国亦曾采用过的有国际制、美国制和原苏联制。国际制和美国制因有许多相似之处，如它们均按砂粒、粉砂粒和黏粒所占的质量分数，而划分为砂土、壤土、黏壤土和黏土四类十二级（表 3.4、图 3.2）。原苏联的土壤质地则采用双级分类制，即按物理性砂粒和物理性黏粒的含量划分为砂土、壤土和黏土三类九级（表 3.5）。

表 3.4　国际制土壤质地分类标准（李天杰等，1983）

质地分类		各粒级含量/%		
类别	名称	黏粒 <0.002mm	粉砂粒 0.02～0.002mm	砂粒 2～0.02mm
砂土类	1. 砂土及壤质砂土	0～15	0～15	85～100
壤土类	2. 砂质壤土	0～15	0～45	55～85
	3. 壤土	0～15	35～45	40～55
	4. 粉砂质壤土	0～15	45～100	0～55
黏壤土类	5. 砂质黏壤土	15～25	0～30	55～85
	6. 黏壤土	15～25	20～45	30～55
	7. 粉砂质黏壤土	15～25	45～85	0～40
黏土类	8. 砂质黏土	25～45	0～20	55～75
	9. 壤质黏土	25～45	0～45	10～55
	10. 粉砂质黏土	25～45	45～75	0～30
	11. 黏土	45～65	0～35	0～55
	12. 重黏土	65～100	0～35	0～35

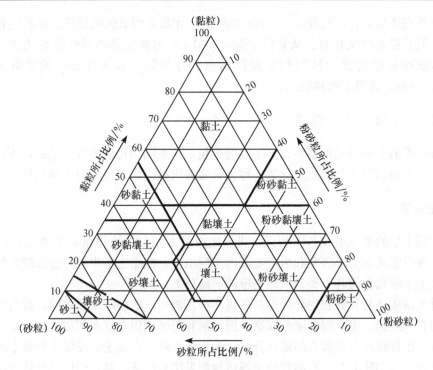

图 3.2　美国土壤质地分类三角表

表 3.5　卡庆斯基的土壤质地分类制（1958 年简明方案）（李天杰等，1983）

质地分类		物理性黏粒（<0.01mm）含量/%			物理性砂粒（>0.01mm）含量/%		
类别	质地名称	灰化土类	草原土及红黄壤类	柱状碱土及强碱化土类	灰化土类	草原土及红黄壤类	柱状碱土及强碱化土类
砂土	松砂土	0～5	0～5	0～5	100～95	100～95	100～95
	紧砂土	5～10	5～10	5～10	95～90	95～90	95～90
壤土	砂壤土	10～20	10～20	10～15	90～80	90～80	90～85
	轻壤土	20～30	20～30	15～20	80～70	80～70	85～80
	中壤土	30～40	30～45	20～30	70～60	70～55	80～70
	重壤土	40～50	45～60	30～40	60～50	55～40	70～60
黏土	轻黏土	50～65	60～75	40～50	50～35	40～25	60～50
	中黏土	65～80	75～85	50～65	35～20	25～15	50～35
	重黏土	>80	>85	>65	<20	<15	<35

　　我国在拟定土粒分级标准的同时，也拟定了土壤质地分类标准（表 3.6）。从表上可以看出，我国土壤质地分类是据砂粒、粗粉粒和黏粒的含量，而划分出砂土、壤土和黏土三类十一级的。此外，还根据砾石的含量多少，而分为无砾质（砾石含量<1%）；少砾质（砾石含量 1%～10%）；多砾质（砾石含量>10%）。

表 3.6 我国土壤质地的分类标准（暂拟方案）（李天杰等，1983）

质地组	质地名称	颗粒组成/%		
		砂粒 (1~0.05mm)	粗粉粒 (0.05~0.01mm)	黏粒 (<0.001mm)
砂土组	粗砂土	>70		<30
	细砂土	60~70	—	
	面砂土	50~60		
壤土组	粉砂土	>20	>40	
	粉土	<20		
	粉壤土	>20	<40	
	黏壤土	<20		
	砂黏土	>50	—	>30
黏土组	粉黏土			30~35
	壤黏土	—		35~40
	黏土			>40

2. 土壤质地与农业生产的关系

土壤质地和土壤剖面的质地层次排列组合也称为土壤质地构型。它一方面反映了岩石风化、地质沉积过程，以及成土过程的特征；另一方面又是影响土壤性质及耕作性能的重要因素，它和农业生产有着非常密切的联系。现将三种主要土壤质地的一般特性说明如下。

（1）砂质土砂粒占优势，大孔隙多，毛管孔隙少。通气性好，透水性强，作物根系易于伸展，土温上升快，土壤中有机质矿化作用也快，然而保水保肥能力差，土壤容易产生旱象。发小苗，不发老苗。

（2）黏质土黏粒占优势，非毛管孔隙少，毛管孔隙多，通气透水性差，作物根系不易伸展，土温上升缓慢，土壤中有机质矿化作用缓慢，有机质比较易于积累，保肥能力较强。发老苗，不发小苗。

（3）壤土：它的特点是砂粒、粉粒和黏粒的含量比较适中，因此，壤土既有一定数量的大孔隙，也有相当多的毛管孔隙。所以，通气透水性良好，保水保肥性较强，土温比较稳定，黏性不大，耕性良好，适耕期长，宜于多种作物生长，既发小苗，又发老苗。是农业生产上最理想的土壤质地。

3. 土壤质地构型

实践证明，影响土壤水、肥、气、热状况，以及物质迁移和累积的因素不仅仅是土壤表层质地，而且有土体质地构型。土体质地构型基本上可有通体均匀一致型、上砂下黏、上黏下砂和夹砂夹黏型等。对于农业生产来说，较好的质地构型是上砂下黏型或上壤下黏型，它有利于耕作，发苗又保水托肥，农民称这种土壤为"蒙金地"。相反地，上黏下砂型，既不便于耕作，又漏水漏肥，为不良的质地构型。

二、土壤结构

土壤质地对土壤物理特性的影响是很重要的。但土壤固相颗粒很少呈单粒存在，经常是相互作用而聚积成大小不同，形状各异的团聚体。土壤结构（soil structure）是指土粒相互排列、胶结在一起而成的团聚体，也称结构体。土壤结构影响土壤孔隙的数量、大小及其分配情况，从而影响着土壤与外界水分、养分、空气和热量的交换，影响着土壤中的物质与能量的迁移转化。

土壤结构也反映了成土过程的特性。不同的土壤类型和不同的发生土层都具有一定的土壤结构类型。例如，腐殖质往往具有粒状和团块状结构，碱化土层常为棱柱状结构，一般心土层为块状或棱状结构等。因此，土壤结构是用以描述和鉴定土壤发生类型的重要形态指标。在一定程度上可以说，土壤结构的形成和破坏过程就是土壤肥力的发生发展和退化的过程。

（一）土壤结构的类型

土壤结构按形态划分，有下列几种类型。

（1）片状结构：结构体沿水平轴方向发展，呈片状、板状、页状和鳞片状。这种结构多出现于冲积性母质层和耕作土壤的犁底层，土粒排列紧实，常妨碍通气透水和根系生长。

（2）棱柱状结构：结构体沿垂直轴方向发展，呈柱状体，长度因不同土壤类型而异，一般在 15cm 以上，不具圆顶，边面较明显，边缘尖锐，多出现在黏质土壤的中层和底层，有时也延及表层。它是土体干湿交替作用的产物，所以棱柱体的大小可反映土壤水分变化的状况。

（3）柱状结构：结构体与棱柱状结构相似，但具有圆顶，常出现于半干旱地带含粉砂较多的底土层和碱土的心土层。

（4）角块状结构：结构体沿长、宽、高三轴平均发展，呈不规则的六面体块，表面平滑、棱角明显、尖削，多出现于中等质地和细密质地土壤的中、下层。

（5）块状结构：结构体与块状结构相似，表面平滑而浑圆，棱边不明显，所以又称棱角不明显的块状。

（6）粒状结构：结构体长、宽、高大致相等，形似球状，直径一般 0.25～10mm，球体疏松排列在一起，一经筛动，即可互相分开。湿时，结构体间空隙不像块状结构那样因膨胀而闭塞。这种结构多出现于土壤表层，易受耕作影响，在肥沃土壤中数量尤多。

（7）团粒状结构：结构体与粒状结构相似，但团聚体特别多孔隙。

一个土壤剖面可以是单一结构型，但更常见的是两种以上结构并存，通常是土壤表层呈团块状或粒状，中、下层呈块状、柱状或棱柱状，而片状和其他结构则常出现于特定土壤中。

（二）土壤结构的形成

土壤结构的形成必须具有胶结物质和成型的外力推动作用。

1. 土壤结构形成的胶结物质及其作用

土壤结构形成的胶结物质主要有有机胶体物质与无机胶体物质。有机胶体物质主要是土壤腐殖质、土壤微生物的菌丝体和黏液等。无机胶体物质主要有黏粒、铁铝氢氧化物、硅酸凝胶，此外，还有石灰质等化合物。

1）无机胶体的凝聚作用

土壤中的无机胶体通常是带负电荷的，当它遇到土壤中带正电荷的二、三价阳离子（钙、镁、铁、铝）时，则发生胶体的凝聚，形成初生的微团粒；带正电荷的胶粒，如铁、铝的胶体化合物与带负电荷的二氧化硅和腐殖质的胶体化合物，也可以相互凝聚而形成微团粒。初生的微团粒又互相吸引，形成二级、三级以及更多级的微团粒，然后进一步结合成中团粒和大团粒，即形成团粒结构。

2）有机胶体的胶结作用

土壤有机胶体的胶结物质种类虽然很多，但其中最重要的是具胶结作用的腐殖质。腐殖质中的胡敏酸缩合和聚合程度较高，相对分子质量大，与钙离子结合生成不可逆的凝胶，因此，它是形成水稳性团粒结构的重要胶结剂。

2. 土壤结构成型的外力作用

1）生物的作用

生物作用中，植物根系是成型动力中最重要的作用，植物根群除供给有机质外，根系在生长过程中对土体进行分割和挤压，促使土体形成破碎的结构体。草本植物的根系以须根为多，其穿插挤压、粉碎土体的作用更为显著，同时根系分泌物及其死亡后分解形成的腐殖质，又能胶结土粒形成团粒结构。此外，土壤中的掘土动物，如蚯蚓、鼠类等的活动，也会破碎土体形成土壤结构体，而且蚯蚓的排泄物也是一种团粒结构。

2）干湿交替作用

当土壤潮湿发生膨胀时，对土体产生挤压力，当土壤变干时又会发生干缩，使土体沿黏结力弱的部位裂开，干湿交替反复进行，使土体破碎成为许多大小不等的结构单元。

3）冻融交替作用

土壤孔隙内的水分，因结冰而体积增大，对周围的土壤产生压力使其崩裂；当冰融化时，这类压力又减小，土壤就会沿裂痕散碎。冻融交替不断进行，使土壤酥散成许多大小不等的结构体，以利于团粒结构的形成。

4）耕作的作用

适宜的耕作如耙地、锄地、碎土、平整地面等，均有利于形成一定的土壤结构。

3. 土壤结构的肥力意义

在农业生产上最有价值的土壤结构型是团粒状的水稳性团聚体。它之所以能成为农业生产上最优良的结构，其原因如下。

（1）具有团粒状结构的土壤的总孔隙度大（约占 55％），其中，毛管孔隙占 40％，非毛管孔隙占 60％，孔隙的比例较为适宜，而且分布均匀，大小相间分布。因而较好地解决了土壤透水与蓄水性的矛盾。

（2）较好地解决了蓄水性与透气性的矛盾，水气并存。在有团粒结构的土壤中，团粒内部充满着毛管孔隙，而在团粒之间存在着较大的非毛管孔隙，当降雨或灌溉时，水分经过非毛管孔隙顺利地渗入土体，被毛管吸力吸入团粒内部，使其保存不致流失；当水量过多时，多余的水分可以随着非毛管孔隙渗入下层，让位给空气。

（3）水气协调，较好地调节了土壤的导热性和热容量状况，相应地使热量也得到了较好的调节，使温度变化比较稳定适度。

（4）在团粒结构土壤中，有机质和各种养分的含量都比较丰富。水、气、热协调的同时，对土壤养分的调节释放亦有很大的影响，由于团粒结构的表面通气性强，好气微生物活动旺盛，养分易于分解，使养分不断供植物吸收利用；团粒内部水分多空气少，以嫌气微生物活动为主，养分分解缓慢，有利于养分的储存，所以保肥与供肥的情况比较理想。

（5）此外，由于团粒结构土壤中，团粒之间接触点小，黏结性、可塑性均较弱，所以耕作性能较好。由于具有团粒结构的土壤，能够比较好地协调水、肥、气、热的状况，而且耕性良好，因此，团粒结构是土壤肥力高的一种表征。

4. 土壤结构的改良措施

创造和提高土壤结构的质量是农业生产的重要增产措施。改善土壤结构的途径和措施很多，主要是增加土壤有机质含量，多施有机肥料，合理耕作和合理轮作、间作、套作或施加土壤结构改良剂，如糊精、聚丙烯酸钠等。

三、土壤的一般物理性质

土壤质地和土壤结构是决定土壤许多重要物理特性的物质基础，而土壤的比重、容重和孔隙度则是反映土壤组成（特别是质地）、结构和土壤孔隙的比例等物理性质的重要指标。不同的土壤类型或土层，这些物理指标是不同的。它们是我们研究土壤生态系统的重要方面。

1. 土壤的比重

单位体积土壤固相颗粒的质量（不包括土壤孔隙体积）和同体积水的质量之比（无量纲），称为土壤的比重（specific weight of soil）（也称真比重）。可按公式：$d = m/M$ 确定。式中，m 为土壤固相的质量（g/cm^3），M 为同体积水的质量（g/cm^3）。

有机质多的土壤比重小，轻质矿物质多的土壤比重也小，一般土壤的比重为 2.4（黑土）～2.7（红壤），在同一土壤中，表层含腐殖质较多，所以其比重常小于其下土层。

2. 土壤容重

单位体积的原状土体（包括固体和孔隙）的干土重，称为土壤容重（bulk density）（假比重），以 g/cm^3 表示。土壤重矿物增多，容重随之增大；有机质含量高，疏松多孔的土壤容重就小；有机质含量低，比较紧实的土壤容重就高。一般土壤容重变动为 $1.0～1.8g/cm^3$。根据土壤容重可以计算出任何单位体积土壤的质量，土壤质量＝体积×容重。

3. 土壤孔隙度

土粒与土粒、结构体与结构体之间，通过点、面接触关系，形成大小不等的空间，土壤中的这些空间称为土壤孔隙。把土壤这种多孔的性质称为土壤的孔隙性。土壤的孔隙性决定着土壤的水分和空气状况，并对热量交换有一定的影响。单位体积土壤内孔隙所占体积的百分比，称为土壤孔隙度（soil porosity）。测得土壤的比重和容重之后，可依据式（3.1）计算土壤的孔隙度，即

$$土壤孔隙度(\%) = 100 - \frac{容重}{比重} \times 100 = \left(1 - \frac{容重}{比重}\right) \times 100 \qquad (3.1)$$

有结构土壤的孔隙度为 $55\%～65\%$，有时可达 70%，有机质含量多的泥炭土孔隙度可达 85%，一般作物适宜的孔隙度为 50% 左右。

土壤孔隙根据其大小和性能分为两种：一种是土壤孔隙直径 $<0.1mm$ 的孔隙，称毛管孔隙，它具有明显的毛管作用。毛管孔隙所占土壤体积的百分比称为毛管孔隙度，毛管孔隙使土壤具有储水性能。另一种是土壤孔隙直径 $>0.1mm$ 的孔隙，称为非毛管孔隙，非毛管孔隙所占土壤体积的百分比称为非毛管孔隙度，非毛管孔隙不具有持水能力，但能使土壤具有透水性。一般来说，非毛管孔隙度的大小，取决于团聚体的大小，团聚体越大，非毛管孔隙度也越大。毛管孔隙度则随着土壤分散度或结构破坏程度的增加而增加。

四、土壤的物理机械性

土壤的物理机械性是指土壤在各种含水状况下，受到外力作用时显示出一系列的动力学的性质，包括土壤的黏结性、黏着性、膨胀性和收缩性、可塑性等。

1. 土壤黏结性

土粒与土粒之间互相吸引而结合在一起的性能称为土壤黏结性（soil coherence）。土壤含黏粒越多，黏结力越强。土壤有机质对黏结性有良好影响，因为腐殖质能包裹黏粒，并促进土壤团粒的形成，减低土壤分散度。土壤胶体表面所吸附的阳离子如以钠为主时，可增加土壤的黏结性，而以钙为主时，则可降低黏结性。

2. 土壤黏着性

土壤黏着性（soil stickiness）是指土粒黏附于外物的性能。土粒越小，土壤黏着性越强，黏粒和黏土的黏着性大于砂粒和砂土，因为细粒活性表面积大，与耕作机具接触面大。

3. 土壤的可塑性

土壤的可塑性（soil plasticity）是指土壤在湿润状态下，能被塑造并保持其所取得形状的性能。土壤只有在一定的含水量条件下，才表现出可塑性。当土壤开始呈现可塑状态时的水分含量，称为可塑下限；当可塑状态开始消失时的含水量，称为可塑上限。在上塑和下塑之间，是土壤的塑性范围，称为塑性值。塑性值越大，可塑性越强。土壤黏粒越多，土粒越细，土壤可塑性越强，砂土可塑性较弱。土壤中吸收性钠离子可以增加土壤的可塑性，而吸收性钙离子则能抑制土壤的可塑性。

4. 土壤的膨胀性和收缩性

土壤的膨胀性和收缩性（swell-shrink capacity）是指土壤因吸水而膨胀，脱水干燥而收缩的性质。这种性质与土壤的胶体含量和种类以及吸收性阳离子的种类有关。胶体含量少，质地粗的砂土表现不出胀缩性，而黏土或有机质含量多的土壤，则胀缩性较大。黏土矿物中，含蒙脱石多的黏土胀缩性最大，含高岭石多的黏土胀缩性较小。被吸收性钠离子所饱和的胶体，具有强烈的胀缩性，被钙饱和的胶体则胀缩性很小。

5. 土壤耕性

土壤耕性（soil tilth）是指土壤在耕作时所表现的性状，包括耕作难易、宜耕期长短及耕作质量等，它是土壤各种理化特性在耕作上的综合表现。

第二节　土壤胶体的性质

土壤胶体是土壤中最活跃的部分，对土壤的物理性质、化学性质和土壤发生过程都有重要的影响，如对土壤保肥能力、土壤缓冲能力、土壤自净能力、养分循环等都有影响，土壤化学性质也深刻影响着土壤的形成与发育过程。本节主要介绍土壤的胶体性质、阳离子交换反应、酸碱反应、缓冲性、氧化还原反应等。

一、土壤胶体的种类和构造

土壤胶体（soil colloid）是指土壤中颗粒直径为 $1\sim100nm$（在长、宽、高三个方向上，至少有一个方向在此范围内）的土壤固体颗粒。一般将小于 $1\mu m$ 的土壤颗粒称为土壤胶体，这比一般胶体颗粒的上限大 10 倍，因为 $1\mu m$ 的土壤颗粒已经表现出强烈的胶体性质。土壤胶体一般可以分为无机胶体、有机胶体和有机-无机复合胶体三类。下面我们简单地介绍一下这三类土壤胶体的特性。

（1）土壤无机胶体：包括次生铝硅酸盐（伊利石、蒙脱石、高岭石等）、简单的铁、铝氧化物、二氧化硅等。其中次生铝硅酸盐黏土矿物是组成土壤无机胶体的主要成分。

（2）有机胶体：包括腐殖质、有机酸、蛋白质及其衍生物等大分子有机化合物。

（3）有机-无机复合胶体：土壤中无机胶体和有机胶体往往很少单独存在，而是相互结合在一起。有机胶体与矿质胶体通过表面分子缩聚、阳离子桥接等作用联结在一起的复合体称为土壤有机-无机复合体。其吸附性是三种胶体中最强的，所以又称为吸收性复合体。

二、土壤胶体的性质

1. 巨大的比表面和表面能

一般说的土壤胶体表面积是指内表面积和外表面积的总和，而内表面和外表面一般很难严格地区分，故目前土壤学上通常用比表面积来表示土壤胶体的表面积大小。所谓比表面积是指单位质量土壤颗粒所具有的表面，单位为 m^2/g。物体分割得越细小，单体数越多，总面积越大，比表面也越大。

由物体表面的存在而产生的能量，称为表面能。物体的比表面越大，表面能就越大，吸收性能也就越强。

2. 土壤胶体的带电性

土壤胶体的内表面和外表面带有大量的负/正电荷，这是土壤胶体化学性质活跃的重要原因。绝大多数胶体带负电，少数带正电（氧化铁、铝）。$Al(OH)_3$ 在酸性条件下解离 OH^- 或吸附 H^+，本身带正电荷者，是酸胶基；在碱性条件下解离 H^+ 或吸附 OH^-，本身带负电荷者，称为碱胶基。由于它的电性随酸碱条件变化，既可带正电又可带负电，因而把这种胶体称为两性胶体。

3. 土壤胶体的分散和凝聚

胶体有两种存在状态：溶胶与凝胶。当胶体固相颗粒均匀分散在溶液中时为溶胶状态；反之，当胶体固相颗粒相互凝聚呈絮状或沉淀时，则成为凝聚状态。胶体的凝聚与分散主要取决于胶体颗粒之间的吸引力和静电斥力的大小。土壤胶体由溶胶转为凝胶称为凝聚作用；相反由凝胶分散为溶胶称为消散作用。

影响土壤胶体凝聚与分散的因素主要有两个。

（1）补偿离子的特性。不同种类的离子对土壤胶体的凝聚作用有很大的影响。价数高的离子、水化半径小的离子，其对土壤胶体电荷的补偿能力强，往往使土壤胶体的扩散层变薄，因而对土壤胶体的凝聚能力较强。土壤溶液中常见阳离子的凝胶能力大小顺序如下：

$$Fe^{3+} > Al^{3+} > Ca^{2+} > Mg^{2+} > H^+ > K^+ > Na^+$$

阳离子对土壤胶体的分散作用则与上述顺序完全相反。

（2）离子浓度。离子浓度对胶体凝聚也有很大的影响。凝聚力随着离子浓度的增大而增强，即使凝聚力弱的一价阳离子，在高浓度时也可使土壤胶体凝胶。反之，即使是三价阳离子，在浓度很低时，也不能使分散的溶胶凝聚下来。农业上常用烤田、晒垡、冻垡等措施来增加土壤溶液中的电解质浓度，以促使土壤胶体的凝聚，改善土壤结构。一价阳离子对土壤胶体的凝聚往往是可逆的，当电解质浓度降低后又分散成溶胶。这样的凝胶形成的土壤结构是不稳定的。例如，盐土表面的粒状结构是由于土壤中含有大量的盐分，使土壤胶体凝聚而形成的，湿润后又分散成无结构的土壤。而二价、三价阳离子引起的凝聚作用往往往是不可逆的，可形成水稳性团聚体。

三、土壤的离子交换

土壤胶体表面吸收的离子与溶液介质中其电荷符号相同的离子相交换，称为土壤的离子吸收和土壤的离子交换作用。根据土壤胶体吸收与交换的离子不同，可分为阳离子的吸收和交换作用与阴离子的吸收和交换作用，统称为土壤的离子交换，其中主要是土壤阳离子的交换。土壤胶体上可以被交换的阳离子称为交换性阳离子。交换性阳离子是土壤胶体吸附的阳离子的一部分。

土壤吸附的交换性阳离子可分为两类：①致酸离子（酸基离子）。主要指 H^+ 和 Al^{3+} 类，这是因为 H^+ 和 Al^{3+} 往往导致土壤呈酸性反应；②盐基离子。指 K^+、Na^+、Ca^{2+}、Mg^{2+}、NH_4^+ 等阳离子。

当土壤胶体上吸附的阳离子全部是盐基离子时，称为盐基饱和土壤。反之则为盐基不饱和土壤。在土壤吸收复合体中，交换性阳离子均为盐基者，称为盐基饱和。若含有 H^+ 和 Al^{3+} 者，则为盐基不饱和，但在实际划分饱和、不饱和土壤时，一般以盐基饱和度 70％ 或 50％ 为界线。

盐基饱和度（base saturation percentage，BSP）：指土壤中交换性盐基占全部交换性阳离子数量的比例。其可按公式计算，即

$$盐基饱和度（\%）= \frac{交换性盐基（cmol(+)/kg）}{交换量（cmol(+)/kg）} \times 100$$

或

$$盐基饱和度（\%）= \frac{交换量 -（交换性 H^+ + 交换性 Al^{3+}）}{交换量} \times 100 \qquad (3.2)$$

我国土壤的盐基饱和度的分布规律是由北向南逐渐降低。一般随着降雨量的增加而减小，因为降雨量越大，土壤盐基的淋失程度越大。在干旱、半干旱地区的土壤盐基多是饱和的；在南方多雨地区土壤盐基不饱和。盐基饱和度常常被作为判断土壤肥力水平的重要指标，盐基饱和度 ≥80％ 的土壤，一般认为是很肥沃的土壤。

盐基饱和度为 $50\%\sim80\%$ 的土壤为中等肥力水平,而饱和度低于 50% 的土壤肥力较低(盐渍土和荒漠土除外)。

(一)土壤中阳离子交换作用

1. 阳离子交换作用

土壤中带负电荷的胶粒吸附的阳离子与土壤溶液中的阳离子进行交换,称为阳离子交换(吸收)作用(cation exchange)。阳离子交换作用具有以下几个特点。

1)可逆反应并能迅速达到平衡

$$\boxed{胶粒}_{-aCa^{2+}} + bKCl \Longrightarrow \boxed{胶粒}_{-2xK^+}^{-(a-x)Ca^{2+}} + (b-2x)KCl + xCaCl_2$$

阳离子交换反应是土壤溶液中的离子与胶体表面上的离子之间的离子吸附和离子解吸反应,吸附与解吸之间是动态平衡。但溶液中的离子组成或浓度发生改变时,胶体上的交换性阳离子就和溶液中的离子发生交换,达到新的平衡。离子可以被吸附在胶体上,也可以被交换下来,进入溶液。在农业生产上,向土壤中加入阳离子养分时,溶液中的养分离子浓度提高,使部分养分离子被吸附到土壤胶体上保存起来,而不会随水流失;当土壤溶液中该养分离子浓度降低时,吸附在胶体上的养分离子就逐渐地进入溶液供植物吸收利用。因此,阳离子交换作用是土壤施肥的理论基础之一。

2)阳离子交换按当量关系进行

离子间的相互交换以离子价为依据做等价交换,即等量电荷对等量电荷的反应。一个二价的钙离子可以交换两个一价的钾离子。

3)阳离子代换力

阳离子代换力是指一种阳离子将其他阳离子从胶粒上代换下来的能力。各种阳离子代换力的大小顺序与它们对溶胶凝固能力的大小顺序基本一致。影响土壤阳离子交换能力大小的因素主要有以下几个方面。

(1)阳离子的价数。价数越高的阳离子,受胶体的静电吸附力越大,其交换能力也越强。因此,阳离子的交换能力一般是 $M^{3+} > M^{2+} > M^+$。阳离子代换能力随离子价数增加而增大,因为价高的阳离子电荷量大、电性强,所以代换能力也大。

(2)等价离子代换能力的大小,随原子序数的增加而增大。

$$Li^+ < Na^+ < K^+ < NH_4^+ < Rb^+ < Cs^+$$
$$Mg^{2+} < Ca^{2+} < Sr^{2+} < Ba^{2+} < Ra^{2+}$$

(3)离子运动速度越大,交换力越强。例如,H^+ 运动速度大,因而代换力强,它不仅大于一价的阳离子,而且大于二价的阳离子 Ca^{2+} 和 Mg^{2+}。

(4)阳离子代换能力受质量作用定律的支配,即离子浓度越大,交换能力越强。因此,对交换能力较弱的低价阳离子而言,在其浓度足够高的情况下,也可以交换那些交换能力较强的高价阳离子。例如,铵态氮肥施入到土壤中后,NH_4^+ 可以与土壤胶体上的 Ca^{2+} 发生交换而吸附在土壤胶体上。

各种阳离子代换力的大小顺序,与它们对溶胶凝固能力的大小顺序相一致,即

$$Na^+ < K^+ < NH_4^+ < Mg^{2+} < Ca^{2+} < H^+ < Al^{3+} < Fe^{3+}$$

2. 阳离子交换量

每千克土中所含全部阳离子总量，称阳离子交换量（cation exchange capacity, CEC），或称交换性阳离子总量，也可简称交换量。土壤阳离子交换量是土壤交换性阳离子的容量，代表土壤有效养分库容。不同土壤的交换量不同，受下列因素的影响。

（1）胶体的种类。有机胶体（腐殖质）的最大，2∶1 型黏土矿物比 1∶1 型黏土矿物的大，氧化物的 CEC（阳离子交换量）很小，蒙脱石＞水化云母＞高岭土；含水氧化铁、铝的交换量极微；

（2）溶液的 pH。这是影响胶体负电荷的主要因素。一般随 pH 的增加，土壤负电荷量随之增大，交换量增大；

（3）土壤质地。阳离子交换量也与土壤质地的粗细有关，质地越细，交换量越高。

CEC 是土壤的重要化学性质，它直接反映了土壤的保肥、供肥性能和缓冲能力的大小。一般认为的 CEC 小于 0.1mol（＋）/kg 的土壤保肥力较低；0.1～0.2mol（＋）/kg 的土壤保肥力中等；大于 0.2mol（＋）/kg 的土壤保肥力高。在 CEC 大的土壤上（黏质土类），一次施肥量可以大些；在保肥力小的土壤（砂质土类）上施肥要少量多次。

我国土壤阳离子代换量的分布规律：由北向南呈逐渐减少趋势。这主要是由土壤中的黏土矿物类型的差异造成的。

（二）土壤中阴离子交换作用

土壤中带正电荷的胶粒所吸附的阴离子与土壤溶液中阴离子的交换作用，称为阴离子交换作用。土壤中阴离子的交换吸收作用往往和化学固定作用同时发生，很难区分两者的差异。由于被吸收的阴离子往往转而固定在土壤中，所以常把阴离子交换吸收和其后的化学固定作用混称为阴离子的吸收作用。

（三）土壤的其他吸收作用

根据原苏联土壤学家 K. K. 盖德罗伊茨对土壤吸收作用的分类，土壤除具有上述物理化学吸收作用外，还有机械、物理、化学和生物吸收作用。

1. 土壤机械吸收作用

土壤是一个多孔体，里面具有大小不同的孔隙，好像过滤器一样，它能把大于孔隙的物质留下来，这种作用称为土壤的机械吸收作用。某些土壤淀积层（或心土层）的发育是与土壤的机械吸收作用密切相关的。

2. 土壤物理吸收作用

土壤的物理吸收作用又称为非极性吸收，或分子吸收作用，主要是指胶体借表面能从溶液和空气吸附和保持一些分子态物质（如 CO_2、H_2O、H_2、NH_3 等）的作用。物理吸收可吸收一部分养分免于淋失，同时使土壤溶液的浓度不均，有利于植物根系的选择性吸收。

3. 土壤化学吸收

土壤溶液中可溶性物质生成难溶性物质的沉淀过程，称为化学吸收作用。例如，施磷肥，常发生下列反应，即

$$Fe(OH)_3 + H_3PO_4 \longrightarrow FePO_4 \downarrow + 3H_2O$$
$$3Ca(OH)_2 + 2H_3PO_4 \longrightarrow Ca_3(PO_4)_2 \downarrow + 6H_2O$$

化学吸收作用的实质是养分的固定作用。它虽能使养分固定在土壤中免于淋失，但对植物有效性养分的供应不利。

4. 生物吸收作用

生物吸收作用实际是指生物有机体对土壤养分的选择性吸收，并以有机质形式在土壤中积累的过程。这种作用的效应是，使土壤中积累的灰分元素和含氮的有机质，再通过微生物的分解，重新释放出来，以供植物利用。它对土壤肥力是很重要的：①生物对养分的选择性吸收；②随着生物的进化，养分在土壤中累积；③植物根系是一个分散集中系统。所以说，土壤的生物吸收作用的肥力意义最大。

第三节　土　壤　溶　液

土壤水溶解土壤中各种可溶性物质，便成为土壤溶液。土壤溶液的组成主要有自然降水中所带的可溶物，如 CO_2、O_2、HNO_3、HNO_2 及微量的 NH_3 等和土壤中存在的其他可溶性物质，如钾盐、钠盐、硝酸盐、氯化物、硫化物以及腐殖质中的胡敏酸、富里酸等。由于环境污染的影响，土壤溶液中也含有一些污染物质。

土壤溶液的成分和浓度经常在变化之中。土壤溶液的成分和浓度取决于土壤水分、土壤固体物质和土壤微生物三者之间的相互作用，依其作用性质而使溶液的成分、浓度不断地改变。

一、土壤溶液的组成和浓度

1. 组成

（1）无机盐类：碳酸盐、硫酸盐、氯化物等。

（2）有机化合物：主要是可溶性糖类、蛋白质、氨基酸等。

（3）胶体：大部分为有机胶体；另外一少部分为铁铝氧化物等无机胶体。

（4）溶解气体：二氧化碳、氧气、氮气等。

（5）部分络合物。

2. 土壤溶液的浓度

在潮湿多雨地区，由于水分多，土壤溶液浓度较稀薄，土壤溶液中有机化合物所

占比例大,养分多呈离子状态,易于被植物和微生物利用,从而促使溶液浓度降低。在干旱和半干旱区,由于干旱少水,矿物质风化淋溶作用弱,矿物质含量多,土壤溶液浓度大,溶液中的物质多呈分子态,甚至是胶体状态。严重干旱缺水时,甚至有某些物质从溶液中析出而沉淀。首先沉淀的是碳酸钙,其次是石膏,最后是易溶性盐类,如硫酸盐和氯化物等。

土壤溶液的浓度一般为 200～1000ppm(mg/kg),很少超过 0.1%。一般情况下,土壤溶液是不饱和溶液,其渗透压为 $2 \times 10^4 \sim 1 \times 10^5 Pa$,并且具有酸碱反应、氧化还原作用和缓冲性能。

二、土壤的酸碱反应

土壤酸碱度对土壤肥力及植物生长影响很大,我国西北、北方不少土壤 pH 大,南方红壤 pH 小。因此可以种植和土壤酸碱度相适应的作物和植物,如红壤地区可种植喜酸的茶树,而苜蓿的抗碱能力强等。土壤酸碱度对养分的有效性影响也很大,如中性土壤中磷的有效性大;碱性土壤中微量元素(锰、铜、锌等)有效性差。而高等植物和土壤微生物对土壤酸碱度都有一定的要求。

我国土壤的 pH 大多数为 4～9,在地理分布上有"东南酸而西北碱"的规律性,即由北向南,pH 逐渐减小。大致可以长江为界(北纬 33°),以南的土壤多为酸性或强酸性,长江以北的土壤多为中性或碱性。

自然界里,一些植物对土壤酸碱条件要求严格,它们只能在某一特定的酸碱范围内生长,这些植物就可以为土壤酸碱度起指示作用,故称指示植物。例如,映山红只在酸性土壤上生长,称为酸性土的指示植物;柏木是石灰性土的指示植物,而碱蓬是碱土的指示植物。在农业生产中应该注意土壤的酸碱度,积极采取措施,加以调节。

土壤中氢离子以两种形式存在,一种是存在于土壤溶液中,另一种是吸附在土壤胶体表面。据此,土壤酸度分为两个基本类型。

1. 活性酸度

存在于土壤溶液中氢离子引起的酸度,称为活性酸度(activity acidity),或有效酸度,通常用 pH 表示。所谓 pH 是土壤溶液中氢离子的负对数,即

$$pH = \lg \frac{1}{[H^+]} = -\lg[H^+]$$

根据 pH 的大小,可将土壤划分为酸性土、中性土和碱性土三种土壤(表 3.7)。

表 3.7　按 pH 划分的土壤类型(李天杰等,1983)

pH	土类	pH	土类
<4.5	强酸性土	7.6～8.5	碱性土
4.6～6.5	酸性土	>8.5	强碱性土
6.6～7.5	中性土		

2. 潜在酸度

吸附在土壤胶体表面的 H^+ 和 Al^{3+} 所引起的酸度，称为潜在酸度（potential acidity）。在一般情况下，它并不显示其酸度，只有在被其他阳离子交换而转入土壤溶液后才显示其酸度。潜在酸度单位一般用 cmol/kg 表示，依据测定方法不同可进一步分为代换性酸度和水解性酸度。

（1）代换性酸度（exchange acidity）：潜在酸度中有一部分要用中性盐类，如氯化钾（KCl）溶液，才能把土壤吸附的氢离子交换出来，形成土壤的代换性酸度。其反应过程如下，即

$$土壤胶体\Big]^{-H^+} + KCl \longrightarrow 土壤胶体\Big]^{-K^+} + HCl$$

$$土壤胶体\Big]^{-Al^{3+}} + 3KCl \longrightarrow 土壤胶体\Big]^{-3K^+} + AlCl_3$$

$$AlCl_3 + H_2O \longrightarrow Al(OH)_3 + 3HCl$$

（2）水解性酸度（hydrolytic acidity）：潜在酸度中另一部分与土壤结合较牢固的氢离子，只有用基性盐，如弱酸强碱盐的醋酸钠（NaAc）溶液，以水解的方法把土壤吸附的氢离子取代出来，形成土壤的水解性酸度。其反应过程如下，即

$$NaAc + H_2O \longrightarrow HAc + NaOH$$

$$土壤胶体\Big]^{-Al^{3+}}_{-H^+} + 4NaOH \longrightarrow 土壤胶体\Big]^{-4Na^+} + H_2O + Al(OH)_3$$

活性酸度和潜在酸度是经常处于动态平衡状态的。

$$土壤胶体]Ca^{2+} + 2H^+（活性酸）\Longleftrightarrow 土壤胶体\Big]^{H^+}_{H^+}（潜在酸）+ Ca^{2+}$$

三、土壤的氧化还原作用

氧化还原（oxidation-reduction）反应的实质是原子的电子得与失的过程。失去电子的过程称为氧化作用，易失掉电子的物质称为还原剂；得到电子的过程称还原作用，易得到电子的物质称为氧化剂。其式为：

$$氧化剂^{m+} + n\text{ 电子} \Longleftrightarrow 还原剂^{m-n}$$

氧化还原能力常用氧化还原电位（Eh）表示。Eh 值是由氧化剂和还原剂活度比所决定，Eh 值越大，则表示氧化剂所占比例越大，也就是氧化强度越大。氧化还原电位（Eh）高于 700mV 时，土壤接近完全好气性，即氧化状态，有机质迅速分解，营养物质易于流失；如果低于 200mV，土壤处于嫌气性，则 Fe^{2+}、Mn^{2+} 和有机质大量累积和出现反硝化作用，对植物生长不利。因此，调节土壤氧化还原状况，搞好排灌和施肥是重要的农业措施。

四、土壤的缓冲性

土壤的缓冲性（buffering power of soil）是指当加酸或碱于土壤时，土壤具有缓和酸碱度改变的能力。土壤缓冲性主要来自土壤胶体及其吸附的阳离子，其次是土壤所含的弱酸及其盐类。

土壤胶体数量大，吸附的盐基离子多，其缓冲酸的能力就强，如加入盐酸，通过胶体上的离子代换，将土壤中的活性酸度转化为潜在酸度，从而起着稳定土壤 pH 的作用，其反应式如下，即

$$\text{土壤胶体}\begin{bmatrix} Ca^{2+} \\ 2K^+ \end{bmatrix} + 4HCl \Longleftrightarrow \text{土壤胶体}] \cdot 4H^+ + 2KCl + CaCl_2$$

如果土壤胶体吸附的主要是氢离子，则缓冲碱的能力强。例如，加氢氧化钠于土壤，使土壤的潜在酸转化为活性酸，而与溶液中的氢氧离子中和，使土壤的 pH 不因加入碱性物质而变化过剧，其反应式如下，即

$$\text{土壤胶体}] \cdot 4H^+ + 4NaOH \Longleftrightarrow \text{土壤胶体}] \cdot 4Na^+ + 4H_2O$$

土壤溶液中所含各种弱酸如碳酸、重碳酸、磷酸、硅酸和各种有机酸及其弱酸盐，都具有缓冲能力。以碳酸及其钠盐为例，当加入盐酸时，碳酸钠与其发生作用，生成中性盐和碳酸，大大缓和了土壤酸性的提高。

$$Na_2CO_3 + 2HCl = H_2CO_3 + 2NaCl$$

当遇到碱时，碳酸和它反应，生成溶解度低的碳酸钙，使土壤不会显著地提高碱性。

$$H_2CO_3 + Ca(OH)_2 \Longleftrightarrow CaCO_3 + 2H_2O$$

土壤的缓冲性可使土壤避免因施肥、微生物和根系的呼吸、有机质的分解等引起土壤酸碱度的剧烈变化，这对植物的正常生长和微生物的生命活动都有重要的意义。

五、土壤的热学性质

（一）土壤热量的来源

土壤热量的主要来源是太阳辐射能。其他如地球内部向地表输送的热量和土壤微生物分解有机质所产生的热量，虽然也都是土壤热量的来源，但与太阳辐射能相比较则是微不足道的。

（二）土壤的热学性质

土壤的热学性质包括土壤的吸热性、散热性、热容量及导热性等。同一地区到达地表的太阳辐射能相同，但不同的土壤却具有不同的热状况。这是由各种土壤热学性质的差异引起的。

1. 土壤热容量

土壤热容量分为重量热容量和容积热容量两种。

质量热容量是使 1g 土壤增温 1℃所需的热量（J/g·℃），又称比热。容积热容量是使 1cm³ 土壤增温 1℃所需的热量（J/cm³·℃），或称热容量。

如果质量热容量以 C 表示，容积热容量以 C_v 表示，土壤容重以 W 表示，则三者关系可表示为

$$C_v = C \cdot W \qquad (3.3)$$

在一定地区的土壤中，其矿物质与有机质含量的变幅一般不会很大，含水量的差异则相当大，且时常变化，同时与土壤空气含量互为消长。因此土壤热容量主要决定于土壤含水量。土壤热容量越大，土壤温度越稳定。

2. 土壤导热率

土壤的导热性是指土壤传导热量的性能。通常用导热率（λ）表示，即 1cm 厚的土层，温度差 1℃时，每秒钟经断面 1cm² 通过的热量的焦耳数，其单位是 J/(cm·s·℃)。

土壤三相物质的导热率相差很大，固体的导热率最大，约为 $8.4 \times 10^{-3} \sim 2.5 \times 10^{-2}$ J/(cm·s·℃)，而不同固体物质导热率还有差异；土壤空气导热率最小，约为 $2.343 \times 10^{-4} \sim 3.301 \times 10^{-4}$ J/(cm·s·℃)；土壤水的导热率大于空气，约为 $5.439 \times 10^{-3} \sim 5.858 \times 10^{-3}$ J/(cm·s·℃)。

土壤中热传导过程是很复杂的，主要包括两个交错进行的过程：一是通过孔隙中空气或水分进行传导；二是通过固相之间接触点直接传导。因此，土壤导热率与土壤紧实度和土壤湿度有着密切的关系。土壤越紧实，通过固相之间接触点直接传导的热量越多，导热率越大。在紧实度相同的条件下，湿土的导热率比干土大。

土壤导热率表明土壤内部热传导的难易：土壤导热率大，土壤热量易于传导，表层与底层的土温差较小，表层土温日变幅小；土壤导热率小，表层与底层的土温差较大，表层土温日变幅较大。

3. 土壤导温性

土壤传递温度变化及消除土壤不同部分之间温差的快慢和难易的性质，称为土壤的导温性。通常用导温率表示，以公式表示为

$$D = \frac{K}{C_v} \qquad (3.4)$$

式中，D 为土壤导温率，单位为 cm²/s；K 为导热率；C_v 为容积热容量。

由式（3.4）可知，土壤导温率与导热率成正比，与容积热容量成反比。当容积热容量不变时，导温率与导热率的增高是呈正相关的。倘若土壤热容量发生变化，土壤导热率与导温率的表现就不会一致。例如，当干土的湿度开始增加时，土壤导温率因导热率增大而增大，但当土壤湿度过大时，由于热容量大为增加，导温率反而降低。所以保持适当水分含量，有利于土温提高；如果土壤水分经常处于过多状态，则土壤增温就很缓慢。

思考题

1. 土壤粒级、质地的含义是什么？具有代表性的质地分类有哪些？比较它们的异同。

2. 土壤质地对土壤性质有哪些影响？其生产意义如何？

3. 土壤结构的概念？土壤结构有哪些类型？

4. 土壤结构的形成过程如何？土壤结构在肥力上有何意义？

5. 土壤胶体的概念？土壤胶体包括哪些种类？

6. 土壤胶体的构造和性质如何？

7. 土壤离子交换的概念？什么叫阳离子交换？阳离子交换有何特点？

8. 土壤中阳离子交换量的概念，影响阳离子交换量的因素有哪些？

9. 盐基饱和度是什么？它是怎样计算的？

10. 土壤中阴离子交换作用的概念？影响阴离子交换的因素有哪些？

11. 比较阴离子和阳离子交换性质的差异。

12. K. K. 盖德罗伊茨把土壤吸收作用分为哪些类型？各类型的基本特点是什么？

13. 土壤溶液的概念。土壤溶液由哪些成分组成？它在土壤中的变化规律如何？

14. 土壤酸度分为哪些类型？各类型之间的关系如何？

15. 土壤酸度对土壤养分有何影响？

16. 土壤氧化还原作用的概念。土壤中主要元素的氧化还原形态变化如何？

17. 土壤中 Eh 和 pH 相互关系如何？

18. 土壤缓冲性能的概念及其在土壤中的作用、意义。

19. 简述土壤热量的来源。

20. 土壤主要的热学性质有哪些？它们在土壤中的作用如何？

21. 土壤温度变化规律如何？

第四章 土壤发生

第一节 土壤发生与地理环境的关系

19世纪后半叶，西欧出现了农业化学土壤学派和农业地质土壤学派。农业化学土壤学派以J. von. 李比希（Liebig）为代表，以纯化学的观点来对待复杂的土壤肥力问题，忽视了植物对土壤养料的积聚和提高肥力的作用。农业地质土壤学派以德国地质学家F. A. 法鲁（Fellou）为代表，混淆了土壤与母质的本质区别，忽视了生物在土壤形成中的作用。1883年，俄国著名学者、现代土壤地理学奠基人、土壤发生学派的创始人B. B. 道库恰耶夫，出版了著名的《俄国的黑钙土》，指出土壤的形成与环境条件之间有着密切的联系，创立了成土因素学说。

一、土壤形成因素学说

（一）道库恰耶土壤形成因素学说

土壤形成因素学说是19世纪末由俄国著名的土壤学家B. B. 道库恰耶夫建立起来的。道库恰耶夫土壤形成因素学说的基本观点有以下四点。

1. 土壤是成土因素综合作用的产物

道库恰耶夫认为土壤是在各种成土因素综合作用下形成的，离开某一成土因素都不能形成土壤，并提出了如下土壤形成数学函数式，表示土壤与成土因素之间的发生关系。即

$$\Pi = f(K, O, \Gamma, Б)$$

式中，Π 表示土壤；К、О、Г、Б分别表示气候、生物、母质和时间因素。

道库恰耶夫认为土壤形成因素包括气候、生物、母质和时间四种因素，它们各自对土壤形成都有一定的作用。土壤是在这四种因素作用下形成的。

2. 成土因素的同等重要性和相互不可代替性

关于这一点，他举例说："我们假定，如果医生提出水、空气和食物对人的机体哪个比较重要，那么这个问题是空洞而无用的。因为缺乏任何一个，生物都不能单独生存，提出这样的问题是无益的。提出土壤形成因素中哪一个因素起着最重要的作用，同样也是无益的。"

3. 成土因素的发展变化制约着土壤的形成和演化

世界上的一切事物都在不停地运动，成土因素也是如此，它们也处于无休止的变

化过程当中。土壤是各种成土因素综合作用的结果，若成土因素发生了变化，土壤本身也必然跟着发生相应的变化。

4. 成土因素是有地理分布规律的

道库恰耶夫在多年研究俄罗斯黑钙土的基础上，1883 年出版了他的经典著作——《俄国的黑钙土》。在这本书中他第一次阐明了土壤的地带性分布规律，同时他指出成土因素有地带性分布规律。

现在看起来，地带性规律已是众所周知的事实，但在当时，这种观点也是史无前例的，它对以后地理科学的发展起到了巨大的推动作用。由于当时的条件限制，道库恰耶夫成土因素学说还存在两个最突出的问题：①没有指出土壤形成过程中的主要因素；②没有指出人类活动在成土中的特殊作用。

（二）威廉斯对土壤形成因素的发展

1. 提出了生物发生学观点

威廉斯认为在所有自然成土因素中，生物因素应为主导因素。因为土壤的本质特性是具有肥力，而肥力的产生是生物在土壤中活动的结果，没有生物活动就没有土壤，因此他认为土壤是在以生物为主导的各种成土因素综合作用下形成的。

2. 提出了土壤是人类劳动对象和劳动产物的观点

这一观点的提出具有极为重要的意义，一方面土壤是人类劳动的对象，强调了土壤对人类的重要性。另一方面土壤又是人类劳动的产物，就是说人类活动也是一个重要的成土因素，特别对农业土壤来说，它是一个主导因素。

（三）美国土壤学者詹尼对土壤形成因素学说的发展

1. 詹尼于 1941 年发表 *Factors of Soil Formation*，对道库恰耶夫的成土因素公式作了补充、发展

詹尼提出的公式为

$$S = f(\mathrm{cl}, \mathrm{o}, \mathrm{r}, \mathrm{p}, \mathrm{t} \cdots)$$

式中，S 代表土壤；cl 代表气候；o 代表生物；r 代表地形；p 代表母质；t 代表时间；点号代表尚未确定的其他因素。

他将地形列入了公式，同时还可能有一些未知的其他成土因素。

2. 补充发展了土壤形成过程中生物起主导作用的学说

詹尼认为生物作为主导因素，不是千篇一律的，在不同地区、不同类型的土壤上往往起主导作用的因素不同。这五大自然成土因素都可以成为主导因素，相应出现五大函数式，即

$$S = f(cl, o, r, p, t\cdots)\text{——气候函数式}$$
$$S = f(o, cl, r, p, t\cdots)\text{——生物函数式}$$
$$S = f(r, cl, o, p, t\cdots)\text{——地形函数式}$$
$$S = f(p, cl, o, r, t\cdots)\text{——岩石函数式}$$
$$S = f(t, cl, o, r, p\cdots)\text{——年代函数式}$$

式中，优势因素放在右侧括弧内的首位。

在詹尼成土因素公式中有其他成土因素的位置，到底其他因素指什么呢？据近代研究，原苏联学者 B. A. 柯夫达提出了地球深层因素，如火山、地震等对土壤形成也有重大影响。

（四）原苏联土壤学者 B. A. 柯夫达对土壤形成因素学说的发展

B. A. 柯夫达提出，除上述成土因素外，还有深层因素的作用，他认为，地壳深部的地质现象，如火山、地震、新构造运动、地球化学的物质富集、深层地下水等对土壤形成过程亦产生影响。例如，受火山作用影响的土壤自然肥力比较高。地震带的土壤土层往往混乱，地下水位急剧上升，易引起沼泽化、盐碱化等现象。新构造运动使原生土壤发生变化（强烈上升区，土壤侵蚀和淋溶过程增强，下沉区引起沉积物累积），从而改变了原有土壤形成过程。

（五）A. N. 惠铁海德对土壤形成因素学说的发展

此外，根据 A. N. 惠铁海德的"科学有机体"观念，有人认为，土壤是一个"科学有机体"，在一定程度上有它自己的动力机制。这种动力机制并非仅由外界因素所赋予。例如，一种热带黑色变性土，好似一种多阀门组成的复合体，可交替地打开或关闭阀门以控制渗透水的流动。就是说，这种土壤干时裂缝很深，地表水迅速渗入土层，但该土的上层又易自动破碎、碎块坠入裂缝、把裂缝封闭起来，从而阻止地表水的渗入。这样，周而复始，土壤出于有它自己的动力机制，在成土过程中，土壤本身就成了一个成土因素，并对环境发生影响。

二、土壤与成土因素的关系

（一）土壤发育与母质的关系

土壤母质（parent material）是土壤形成的物质基础，母质为土壤发育提供了矿物质，母质的某些性质往往被土壤继承下来。二者之间存在"血缘"关系。母质是指与土壤直接发生联系的母岩风化物，母岩是指与土壤形成有关的块状岩体。

1. 母质的机械组成直接影响土壤的机械组成

例如，砂岩风化后形成的母质，石英颗粒较多，质地较粗，那么一般来说，在砂岩风化物上发育的土壤，质地也较粗。在泥页岩风化物上形成的土壤，质地必然偏细。

2. 母质的化学组成影响着土壤的化学组成

不同类型的母质其矿物化学组成不同，那么它必然影响土壤的矿物化学组成。例如，在基性岩风化物上形成的土壤，盐基含量就高于酸性岩石风化物上形成的土壤。又如，有些母质含有较丰富的养分，在此母质上形成的土壤同样也含有较丰富的相应的养分，如四川盆地广泛分布的紫色土，它发育在紫红色砂岩风化母质上，该岩石富含钾，表层含钾可达 2% 以上。

3. 母质可影响土壤形成过程的速度

岩石矿物风化一般要经过三个阶段：脱盐基阶段、脱硅阶段、富铝化阶段。我国南方水热条件好，矿物风化进入第三个阶段，即富铝化阶段；北方水热条件较好，一般处于脱盐基阶段或脱硅阶段，如果矿物的盐基离子不脱完就不能进入第二阶段，硅脱不完就不能进入第三阶段。在石灰岩风化物上形成的土壤，Ca^{2+}、Mg^{2+} 含量很高。在大量 Ca^{2+}、Mg^{2+} 淋失的同时，又有大量的 Ca^{2+} 从岩石中溶解出来，补充到土壤溶液中，土壤溶液中 Ca^{2+} 始终保持有较高的浓度。这样就会延缓土壤中盐基成分的淋失过程，即延缓脱盐基过程。如果脱盐基过程不彻底，富铝化过程就不能进行。其结果就延缓了土壤的形成过程，使土壤长期处于幼年期，表现出土层薄、pH 高等特点。

4. 母质对土壤形成的影响程度随着成土年龄的增长而减弱

尽管母质对土壤形成有重大影响，但它不能决定土壤形成过程的方向，决定土壤形成方向的是生物气候因素。在同一气候带，无论是什么母质类型，最终应该形成同一个地带性土壤。目前，在一个生物气候带内有不同类型的土壤，是由于土壤发育一般处于幼年期，随着土壤进一步发展，各种母质上发育的土壤性质趋向一致。

（二）土壤发育与气候的关系

气候因素直接影响土壤的水、热状况，而土壤水、热状况又直接或间接地影响风化过程，影响植物生长、微生物活动以及有机质的合成与分解。可以说，土壤的水、热状况决定了土壤中所有的物理、化学和生物的变化作用，影响土壤形成过程的方向和强度。在一定的气候条件下，产生一定性质和类型的土壤，因此，气候是影响土壤地理分布的基本因素。在美国土壤系统分类学中，把土壤温度和湿度作为诊断分类的一项重要指标。

1. 气候影响岩石矿物的风化强度

矿物的风化有物理作用和化学作用，其速度和温度有关。一般来说，温度增加 10℃，化学反应速度平均增长 2～3 倍。温度从 0℃增长到 5℃时，土壤水中化合物的解离度增加 7 倍。热带的风化强度比寒带高 10 倍，比温带约高 3 倍（表 4.1）。这就说明了在热带地区岩石风化和土壤形成的速度、风化壳和土壤厚度比温带和寒带地区都要大得多的原因（图 4.1）。

表 4.1　温度和风化强度的关系（Bridges，1978）

自然带	平均土温/℃	水的相对离解度	风化日数/d	风化系数	
				绝对	相对
寒带	10	1.7	100	170	1
温带	18	2.4	200	480	2.8
热带	34	4.5	360	1620	9.5

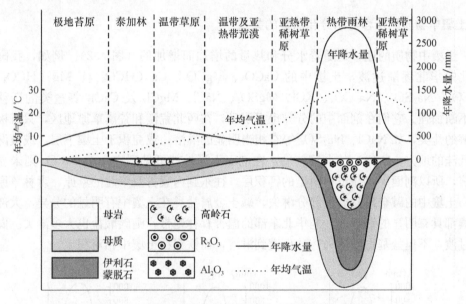

图 4.1　不同气候带风化壳分异图（李天杰等，2003）

2. 气候对次生矿物形成的影响

一般情况是，降水量增加，土壤黏粒含量增多。土温高，岩石矿物的风化作用加强。因此，不同气候带的土壤中具有不同的次生黏土矿物。干冷地区的土壤，风化程度低，处于脱盐基初期阶段，只有微弱的脱钾作用，多形成含水云母次生矿物。在温暖湿润或半湿润气候条件下，脱盐基作用增强，多形成蒙脱石和蛭石。在湿热地区，除脱钾作用外，还有脱硅作用，多形成高岭石类次生矿物，高度湿热地区的土壤则因强烈脱硅作用而含较多的铁、铝氧化物。

3. 气候对土壤有机质的积累和分解起重要作用

过度湿润和长期冰冻有利于有机质的积累，而干旱和高温下，好气微生物比较活跃，有机质易于矿化，不利于有机质积累。例如，黑土地区冷湿，腐殖质含量高，栗钙土地区干旱，腐殖质含量低。在腐殖质组成上，不同生物气候条件下的土壤也有所不同。黑土的腐殖质以胡敏酸为主，胡敏酸与富里酸之比约为 2，胡敏酸相对分子质量和芳构化程度高，大部分与土壤矿物质紧密结合，活性胡敏酸含量在 25% 以下，由黑土经栗钙土到灰钙土，随着气候逐渐干燥，胡敏酸含量逐渐降低，芳构化程度依次变小。灰钙土胡敏酸与富里酸的比值只有 0.6～0.8，活性胡敏酸逐渐减少，甚至没有。由黑土经棕壤、黄棕壤到红壤、砖红壤，气候逐渐转向暖湿，胡敏酸含量逐渐减少，胡敏酸相对分子质量和芳构化程度也逐渐降低，活性胡敏酸则急剧增高。胡敏酸与富里酸的比值黄棕壤为 0.4～0.6，砖红壤则小于 0.4，腐殖质成分中以富里酸为主。

4. 土壤中物质的迁移与水分和热量的关系

土壤中物质的迁移是随着水分和热量的增加而增加的（图 4.2）。例如，我国自西北向华北逐渐过渡，土壤中的 $CaCO_3$、$MgCO_3$、$Ca(HCO_3)_2$、$Mg(HCO_3)_2$、$CaSO_4$、Na_2SO_4、Na_2CO_3、KCl、$MgSO_4$、$NaCl$、$MgCl_2$ 及 $CaCl_2$ 等盐类的迁移能力不断加强。它们在剖面中的分异也很明显，在西北荒漠和荒漠草原地区，只有极易溶解的盐类，如 $NaCl$、Na_2SO_4 等有相当明显的淋溶，或淀积于土壤下层，或被淋溶到低洼的地方。$CaSO_4$ 的淋溶较弱，在剖面不深处就可见到它，而 $CaCO_3$ 则未受到淋溶，所以剖面中往往没有明显的钙积层。往东到内蒙古及华北的草原、森林草原地区，土壤中的碱金属盐类大部分淋失，碱土金属盐类在土壤中有明显的分异，大部分土壤都具有明显的钙积层。至华北东部的温带森林地带，则碳酸盐也大多淋失。向华南过渡，不但盐基物质淋失，硅也遭到淋溶，而铁铝在土壤中相对积累。

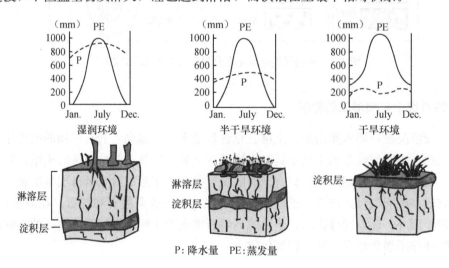

P：降水量　　PE：蒸发量

图 4.2　土壤剖面发育与气候湿润度的关系示意图（李天杰等，2003）

气候影响着土壤的分布规律，尤其是地带性分布规律。不同气候带分布着不同的地带性土壤类型，如寒温带分布着灰化土，温带分布着暗棕壤，暖温带分布着棕壤，亚热带和热带分布着红壤、黄壤、砖红壤等。同时由于气候干湿程度的差异，各气候带分布有相应的土壤类型，如温带湿润气候区分布有淋溶土，温带半湿润半干旱区分布有弱淋溶土，温带干旱区分布有荒漠土。

（三）土壤发育与生物的关系

土壤形成的生物因素包括植物、土壤微生物和土壤动物，它们是土壤有机质的制造者，同时又是土壤有机质的分解者。它是促进土壤发生发展的最活跃因素。其中植物，特别是高等绿色植物及其相应的土壤微生物类群，对土壤的作用最为显著。绿色植物对分散在母质、水体和大气中的营养元素有选择地加以吸收，利用太阳辐射能进行光合作用，制造成活体有机质，并把太阳能转变为化学能，再以有机残体的形式，聚积在母质表层，然后，经过微生物的分解、合成作用，或进一步转化，使母质表层的营养物质和能量逐渐丰富起来，产生了土壤肥力特性，改造了母质，推动了土壤的形成和演化。据统计，陆地上植物每年生成的生物量约有 5.3×10^{10} t，相当于 8.92×10^{20} J 的热能（表 4.2）。

表 4.2　每年合成的植物体的可能数量（朱鹤健和何宜庚，1992）

自然区域	面积/10^6km²	占陆地面积/%	有机质		能量/10^{20}J
			t/(hm²・a)	总量/10^{10}t/a	
森林	40.6	28	7	2.84	4.77
耕地	14.5	10	6	0.87	1.47
草原、草甸	26.0	17	4	1.04	1.76
荒漠	54.2	36	1	0.54	0.92
极地	12.7	9	0	0	0
总计	148.0	100	18	5.29	8.92

1. 植物对土壤的作用最为显著

1) 有生物才有土壤的发生

（1）植物的光合作用使大量的太阳能得以储存于地表和地层中。植物与土壤微生物共同作用产生了土壤所特有的土壤腐殖质。这体现了生物在成土过程中的创造性。

（2）植物具有使分散在岩石圈、水圈和大气圈中的元素向土壤表层聚集的作用，表现出植物的集中性。

（3）植物通过世代更替和从低级向高级的演化，使有关的营养元素与腐殖质在土壤中逐渐由少而多地积累起来，土壤的肥力得以不断提高，这就是生物的累积性。

2) 不同植被类型对成土过程的影响不同

不同的植被类型所形成的有机质的性质、数量和积累的方式各不相同，因而对成土过程所产生的影响也不同。一般说来，热带常绿阔叶林的有机残体的数量多于温带夏绿阔叶林,温带夏绿阔叶林又多于寒温带针叶林,寒温带针叶林多于寒带苔原;草甸植物多于草甸草原植物,草甸草原植物多于干草原植物,干草原植物又多于半荒漠和荒漠植物。

木本植物的枝叶以凋落物的形式堆积于土壤表层,因而剖面中腐殖质是自表层向下急剧减少。而草本植物的根系占很大比例,因而剖面中自表层向下腐殖质逐渐减少(图 4.3)。

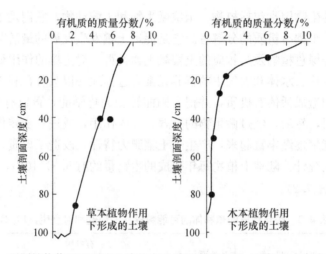

图 4.3　不同植物作用下形成土壤的有机质垂直分布图(熊毅和李庆逵,1987)

草本植物每年进入土壤的有机残体绝对数量虽不如木本植物多,但其灰分含量则超过木本植物,半荒漠和荒漠的猪毛菜为 $200 \sim 300g/kg$,干草原为 $120 \sim 200g/kg$,草甸草原为 $50 \sim 120g/kg$,草甸为 $20 \sim 40g/kg$,从干旱的荒漠向湿润的草甸过渡,草本植物的灰分含量有规律地减少。在比较干旱的气候条件下,草本植物残体分解后,形成中性或微碱性环境,钙质丰富,有利于腐殖质的形成和积累,加之草本植被有很发达的须根穿插、挤压和胡敏酸钙为主的胶结作用,有利于形成团粒结构。木本植物的灰分含量一般比草本植物低,针叶林的针叶灰分含量为 $30 \sim 70g/kg$,阔叶林的阔叶灰分含量 $90 \sim 100g/kg$。针叶枯枝落叶所形成的土壤腐殖质以富里酸为主,呈酸性或强酸性,使土壤产生强烈的酸性淋溶,阔叶林因其灰分含量比针叶林多,其枯枝落叶所形成的腐殖质以胡敏酸为主,酸度较低,淋溶较弱,盐基饱和度较高。

2. 土壤动物对土壤的作用

土壤动物中的原生动物,如各种土栖昆虫、蚯蚓和鼠类等,它们的残体也是土壤有机质的一种来源,同时它们以特定的生活方式参与土壤有机残体的分解、破碎,以及翻动、搅拌、疏松和搬运土壤。蚯蚓还能通过其肠道将土壤分解,造成独特的胶状有机-矿质混合体,在草甸土中,蚯蚓能在一年内将 $80 \sim 90t/hm^2$ 的排泄物搬到地表,而在热带地区,每年搬运量可达 $250t/hm^2$。

3. 土壤微生物对土壤的作用

土壤微生物在成土过程中的作用也是很重要的，并且是多方面的。它最主要的作用是分解动植物有机残体，使其中潜藏着的能量和养分释放出来，供生物再吸收利用，使生物能世代延续下去。土壤物质的生物循环不断反复进行，土壤肥力也不断地演化和发展。微生物在分解有机质的同时，还参与土壤腐殖质的形成。此外，某些特种微生物，如固氮菌能增加土壤氮素养分。各种自养性细菌对矿物质的分解等，都对土壤的形成和发展起一定的作用。

（四）土壤发育与地形的关系

地形对土壤的影响不同于母质、气候、生物因素，它没有给土壤提供任何新的物质，它的作用只是引起地表物质与能量的再分配，它和土壤之间并未进行物质与能量的交换，而只是影响土壤和环境之间进行物质和能量交换的一个条件。它是通过其他成土因素对土壤起作用的。

1. 不同地形影响地表水热条件的重新分配

不同高度、坡度和方向等对太阳辐射的吸收和地面辐射是不同的。据测定，北纬 40°处，坡度为 15°的阳坡地、平地、坡度为 15°的阴坡地所接受的太阳辐射能之比为 118：100：75。随着海拔的增加，气温逐渐下降，而在一定的高度范围内，湿度逐渐增大，因而自然植被也随之发生变化，相应地形成不同的土壤类型，出现土壤垂直分布的规律。在北半球，南坡接受光热比北坡强，但南坡土温及湿度的变化较大，北坡则常较阴湿，平均土温低于南坡，因而影响土壤中的生物过程和物理化学过程。在一般情况下，南坡和北坡的土壤发育甚至土壤发育类型均有所不同。

2. 地形支配着地表径流，水从高处流向低处，高地和低地之间表现为共轭关系

斜坡排水快，土壤物质易遭淋溶，常见砾质薄层土壤；在低洼处，易积水，细土粒和腐殖质易积累，土色较暗，土层深厚。由于地形影响着水、热条件的再分配，从而也影响物质的机械组成和地球化学分异过程，使土壤形成过程表现出区域性分布规律，高地和低地之间表现为共轭关系（图 4.4）。在相同的降水条件下，平原、岗丘、洼地等不同地形接受降水的状况不同。平原地形接受降水均匀，湿度比较稳定；岗丘的背部，呈局部干旱，且干湿情况多变；洼地则呈过湿现象，甚至出现地表水和地下水位相接的现象，因此，这些不同地形部位的成土过程是不相同的。

3. 不同的地形部位的母质分配是不同的

山地上部或台地上其母质主要是残积母质，从上部质地较细的土层到较粗的碎屑物，过渡到基岩。坡地和山麓的母质多坡积物，粗碎屑和粗颗粒分布在地形高处，越

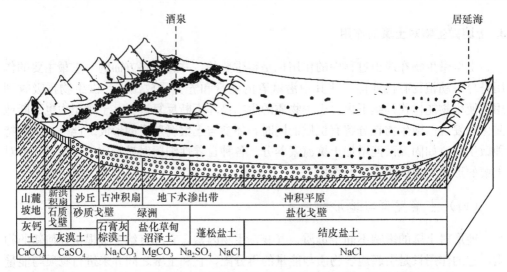

山麓坡地	新洪积扇	沙丘	古冲积扇	地下水渗出带	冲积平原		
	石质戈壁	砂质戈壁	绿洲		盐化戈壁		
灰钙土	灰漠土		石膏灰棕漠土	盐化草甸沼泽土	蓬松盐土	结皮盐土	
CaCO₃	CaSO₄		Na₂CO₃	MgCO₃	Na₂SO₄	NaCl	NaCl

图 4.4　祁连山、居延海间含盐风化壳盐分地球化学分异图（李天杰等，1983）

远则颗粒越细小，多由细砂和黏性物质组成。在山前洪积扇地区，成土母质为洪积物，从地形部位较高处向低平处，土壤质地由粗逐渐变黏。土壤分布的特点是砾质土→砂土→壤土→黏土。

4. 地形发育深刻影响土壤发育

　　地壳的上升和下降，或局部侵蚀基准面的变化，不仅影响土壤的侵蚀与堆积过程，而且还要引起水文、植被等一系列变化，从而使土壤形成过程逐渐转变，使土壤类型依次发生演替。例如，河谷地貌的演化，可由河漫滩向不同阶地演化成地带性土壤（图 4.5）。

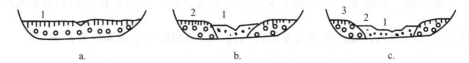

图 4.5　不同河谷阶地与土壤发育程度之间的关系（李天杰等，1983）
a. 河漫滩　b. 河漫滩变成低阶地　c. 低阶地变成高阶地
1. 水成土　2. 半水成土　3. 地带性土壤

　　由此可见，在各种土壤带或地区的不同地形部位上所分布的不同土壤类型之间，是有规律联系的，并形成一定的空间构型。这种有规律的土壤组合被称为土被结构，也有人称之为土链（catena）。

　　（五）土壤发育与时间的关系

　　时间和空间是一切事物存在的基本形式。当我们肯定了土壤是上述母质、气候、生物和地形等综合作用的产物，就必须承认它们对土壤形成的综合作用的效果是随着时间的增长而加强的。土壤是处于永恒的物质运动和发展之中的。具备不同年龄、不同发生历史的土壤，在其他因素相同的条件下，必定属于不同类型的土壤。

关于土壤形成的时间因素，威廉斯曾提出土壤的绝对年龄与相对年龄的概念。就一个具体土壤而言，有绝对年龄和相对年龄之分。从开始形成土壤时起直至现在，这段时间称为土壤的绝对年龄。土壤的相对年龄，则是指土壤的发育阶段或土壤的发育程度。

道库恰耶夫和威廉斯根据原苏联欧洲部分曾为大陆冰川所覆盖，因而提出土壤的绝对年龄的计算是自冰川退却后算起。从这个观点出发，高纬度地区的土壤比较年轻，该地区冰碛物上形成的土壤不超过一万年，甚至可能不到 5000 年，因为这里的古土壤遭破坏，只是在全新世时期冰川退却以后才有可能发育新的土壤。中纬度地区的土壤比较老，该处最新的冰期主要在山区和山前区，在山间盆地和平原都长时间继续存在着堆积，并反映长期的地球化学堆积史。低纬度地区的土壤最为古老，它们没有受第四纪冰川影响，土壤年龄为数十万年或者百万年。人们发现许多国家大片土地未经历冰川作用或者冰川有过多次进退，在此情况下，土壤的绝对年龄不能笼统地都从冰川退却后算起，而应当从该土壤实际在当地新风化层或其他新鲜母质上开始发育的时间算起。由于原来的土壤可能遭到破坏，而又在新的母质上重新开始发育，因而即使是同一地区属于同一发生类型的土壤，它们的绝对年龄也可能是不相同的。例如，河流阶地和河漫滩，同属草甸土，阶地上的土壤比河漫滩上的土壤绝对年龄要大些。

土壤的相对年龄是指土壤的发育阶段或发育程度，而不是指年数，即通常所说的土壤年龄是指相对年龄。一般地说，发育程度高的土壤所经历的时间大多比发育程度低的土壤长。但是，有些土壤所经历的时间很长，然而由于某种原因，其发育程度仍然停留在比较低的阶段。

（六）成土因素的相互作用

土壤发育过程中，不只是各成土因素对土壤形成在起作用，事实上各种成土因素之间也是相互作用、相互影响的，正是由于这种相互作用的关系，土壤的发育条件更趋于多样性和复杂性，使一些大的土壤类别产生了某些重要属性的分异，形成各式各样的土壤。各成土因素的相互作用及其影响是普遍而长期存在的。成土因素中任何一种因素发生了变化，势必引起其他因素亦发生相应的变化，土壤的发生及其类型也会相应变化。不同成土因素不仅对土壤形成具有同等重要性，而且作为一个成土因素，它不可能在相同的水平上作用于土壤，它和其他因素之间是呈动态平衡的。并且，成土因素和土壤形成的关系是各个动态因素作用的总和，也就是成土因素综合作用的结果。

三、土壤发育与人类活动的关系

土壤的发育除了与上述五大自然成土因素有密切关系外，人类的生产活动对土壤的形成和性质的影响也十分重要。由于人类活动对土壤的影响是有目的的，是在长期农业生产实践中，逐渐认识土壤发生发展客观规律的基础上，利用和改良土壤，定向地培育土壤，使原来的自然土壤经人工种植朝向肥沃土壤发育。人类活动作为一个成土因素，对土壤形成影响的性质与其他自然因素有着本质的不同。

（1）人类的活动是具社会性的，它受社会制度、社会生产力和科学技术水平的影响，在不同的社会制度、不同的社会生产力和科学技术的发展水平下，人类活动对土壤的影响及其效果是有很大差别的。

（2）人类活动对土壤的作用较之其他自然因素更迅速、更强大。人类对土壤的影响是广泛而深刻的。人类活动不仅改变自然环境条件，还可以改变土壤内在组成，加速土壤形成过程，同时亦可改变其发展方向。

（3）人类活动对土壤形成与演化的作用可分为两个方面：一方面是直接作用于土壤本身，另一方面是通过改变成土因素间接作用于土壤的形成与演化。

（4）人类活动对土壤的影响有其有利的一面，也有其不利的一面。例如，精耕细作、施肥、灌溉排水、施用有机物质、石灰、石膏以及化学肥料等直接向土壤添加物质，而平整土地、修筑梯田、灌排工程、植树造林等农业技术措施，都在改变着土壤的环境条件，通过内因和外因的作用使土壤性质发生变化，使土壤这个历史自然体改造成人类劳动的产物。当然，如果人们的耕作利用措施不合理，也可破坏土壤肥力，使土壤肥力的演变向相反的方向发展。例如，由于灌溉不当，抬高地下水位返盐，形成次生盐渍土，或由于重用轻养，忽视种植绿肥或施有机肥料，也可使肥沃的土壤变为瘠薄土壤。

第二节　土壤的发生过程

一、土壤形成的基本规律

土壤形成的基本规律是物质的地质大循环过程与生物小循环过程矛盾的统一（图 4.6）。

（一）物质的地质大循环过程

坚硬块状结晶岩出露地表，受太阳辐射能及大气降水作用而风化，形成疏松多孔体的母质，把大量矿质养分释放出来。它们经受大气降水的淋洗，或渗入地下水或受地表径流的搬运作用，直至成为各种海洋沉积物，露出海面再次经受风化，以致成为新的风化壳——母质。

（二）物质的生物小循环过程

岩石矿物风化结果形成疏松多孔的成土母质，为植物生长提供了基础。它们能利用太阳能把二氧化碳和水合成大量有机质，植物死亡后以有机残体状态积累在土壤表层，在微生物作用下，一部分进行分解，另一部分有机质转化为特殊的腐殖质，根本地改变了母质的面貌，使母质转化成土壤。

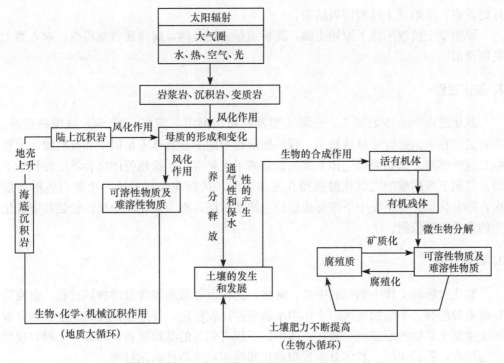

图 4.6 地质大循环过程与生物小循环过程示意图

（三）地质大循环和生物小循环的关系

1. 地质大循环是基础

物质的生物小循环是在地质大循环基础上发展起来的，没有地质大循环就不可能有生物小循环，没有生物小循环也就没有土壤。在土壤形成过程中，这两个循环过程是同时并存、互相联系、相互作用的，推动土壤不停地运动和发展。

2. 两种循环方向相反

从物质养料动态的关系可以看出，地质大循环过程总的趋势是植物养分元素的释放、淋失过程，而生物小循环则是植物养分元素的积累过程，它使有限营养元素纳入无穷利用的途径。

二、土壤主要发生过程

1. 原始成土过程

在裸露的岩石表面或薄层的岩石风化物上着生自养微生物，接着各种异养型微生物也可着生于岩石表面与细小空隙中，随后岩石上出现低等植物。在低等植物和微生物的作用下，有机质开始累积，并为高等植物的生长发育创造了条件，一旦高等植物开始着生，原始成土过程即告结束。

　　原始成土过程形成了原始土壤，其特点是土层极薄，腐殖质含量很少，对人类无利用价值。

2. 灰化过程

　　灰化过程是土体表层二、三氧化物及腐殖质淋溶、淀积，而 SiO_2 残留的过程。主要发生在寒温带针叶林植被下，森林残落物中的少量盐基不足以中和有机酸，导致强烈酸性淋溶。其结果是土体上部的盐基离子大量淋失，铁铝胶体络合淋溶淀积于下部，只剩下极耐酸的二氧化硅残留在土体上部，从而在表层形成一个灰白色淋溶层次，称灰化层。在土壤中下部形成红棕色的淀积层，称为灰化淀积层，也是鉴定灰化土的重要诊断依据。

3. 黏化过程

　　黏化过程即土体中黏粒的生成、淋溶、淀积而导致黏粒含量增加的过程。在温带和暖温带湿润、半湿润地区，土体中水热条件比较稳定，发生较强烈的原生矿物分解和次生黏土矿物的形成。一般在土体中、下层有明显的黏粒聚积，形成一个相对较黏重的层次，称黏化层。具体分为残积黏化和淀积黏化两种黏化过程。

4. 富铝化过程

　　在湿热气候条件下，土壤形成过程中原生矿物强烈分解，盐基离子和硅酸大量淋失，铝、铁（锰）在次生黏土矿物中不断形成氧化物而相对积累，这种铁、铝的富集称富铝化过程。由于伴随着硅以硅酸形式淋失，亦称为脱硅富铝化过程。由于铁的氧化染色作用，土体呈红色、黄色、砖红色，甚至出现大量铁结核或铁磐层。

5. 钙化过程

　　钙化过程是碳酸盐在土体中淋溶、淀积的过程。在半干旱气候条件下，季节性淋溶使矿物风化过程中释放出的易溶性盐类大部分被淋失，而硅铁铝等氧化物在土体中基本上不发生移动，而最活跃的元素如钙、镁，则在土体中发生淋溶、淀积，并在土体的中、下部形成一个钙积层。

6. 盐渍化过程

　　盐渍化过程是易溶性盐类在土体上部的聚积过程。这是干旱少雨气候带及高山寒漠带常见的现象，特别是在暖温带漠境，土壤盐类积聚最为严重。成土母质中的易溶性盐类，富集在排水不畅的低平地区或凹地，在蒸发作用下，使盐分向土体表层聚集，形成盐化层。其中硫酸盐和氯化物是突出的盐类，硝酸盐出现很少。

7. 碱化过程

土壤碱化过程是指土壤吸收复合体上钠的饱和度很高，交换性钠占阳离子交换量的20%以上，水解后，释出碱质，其pH可高达9以上，呈强碱性反应，并引起土壤物理性质恶化的过程。从土壤吸收复合体上除去Na^+，称为脱碱化。

8. 潜育化过程

潜育化过程是指终年积水的土壤发生的还原过程。由于土层长期被水浸润，空气缺乏，处于缺氧状态，由嫌气微生物进行分解有机质的同时，高价铁、锰被还原为低价铁、锰。由于铁、锰还原的脱色作用，使土层颜色变为蓝灰色或青灰色，这个过程称为潜育化过程，这个还原层次称为潜育层或青泥层。

9. 潴育化过程

潴育化过程是指土壤形成中的氧化-还原过程。由于地下水在雨季升高，旱季下降，使土层干湿交替，从而使土壤的铁、锰化合物处于还原和氧化的交替过程，在渍水中铁、锰被还原迁移；土体内水位下降时，铁、锰又被氧化而产生淀积。在这种干湿交替下，土体中形成锈纹、锈点、黑色铁锰斑或结核、红色胶膜等新生体层次，称为潴育层。

10. 白浆化过程

白浆化过程是指土壤表层由于上层滞水而发生的潴育漂洗过程。土壤表层经常处于周期性滞水状态，在有机质参与的还原条件下，加上侧渗水和直渗水活动，而带走被还原的铁、锰，与此同时，土壤黏粒也发生机械淋洗。因此，腐殖质层之下出现白色土层，称为白浆层。这是白浆化过程的主要特征，多发生在质地黏重或冻层顶托水分较多的地区。

11. 腐殖化过程

在草原及草甸植被条件下，土层上部积累大量有机质，由于气候、母质等因素作用，大量累积的有机质不能彻底分解，在微生物的作用下，进行强烈的腐殖质化过程，形成了大量的腐殖质，在土壤表层累积为腐殖质层。这种土壤的腐殖质化过程广泛分布于自然界，又叫生草化过程。

12. 泥炭化过程

泥炭化过程是指排水不良地方的有机物质的厚层聚集过程。这些有机物在过湿条件下，不被矿化或腐殖质化，而大部分形成了泥炭，有时可保留有机体的组织原状。

13. 土壤的人工熟化过程

土壤人工熟化过程是在人类的合理利用和定向培育下，土壤向着肥力提高的方向发展的过程。通常分为旱耕熟化过程和水耕熟化过程，通过人工熟化作用，肥力不断发展，由生土变熟土，由熟土变肥土，所以，随着熟化时间的延长，土壤理化性状和熟化度是不断得到提高的。

一种土壤的形成并非一种过程，而是有一种主要的成土过程，同时还存在着其他若干次要的附加过程。大多数情况下，自然界中的各种土壤是某种主要成土过程和某些附加成土过程共同作用的结果。

思考题

1. 比较两种成土因素学说有何异同？
2. 分析各种成土因素在土壤形成过程中的作用？
3. 各成土因素之间的关系如何？举例说明之。
4. 物质的地质大循环和物质的生物小循环的本质是什么？
5. 土壤是怎样形成的？土壤形成的实质是什么？
6. 主要成土过程有哪些？各过程有无规律性？

第五章　土　壤　分　类

土壤分类是根据土壤自身的发生发展规律，在系统地认识土壤的基础上对土壤所作的科学区分。土壤分类和调查是认识土壤的基础，是研究土壤的一种基本方法，也是进行土壤调查、土地评价、土地利用规划和农业生产的依据。随着土壤科学的发展，土壤分类也在不断发展。

从古至今，土壤分类发展大致经历了三个重要阶段：①古代朴素的土壤分类阶段；②近代土壤发生学分类发展阶段；③定量化的土壤系统分类（或诊断分类）阶段。

19 世纪末俄国 B. B. 道库恰耶夫创立了土壤地理发生分类，奠定了现代土壤分类的科学基础，到 20 世纪中叶已形成了地理发生、形态发生和历史发生三大学派；定量化土壤分类的研究起始于 20 世纪中期，以 1975 年发表的美国《土壤系统分类》(*Soil Taxonomy*) 为代表，在国际土壤科学界掀起一场土壤分类的重大变革。目前国际上主要土壤分类体系有：美国土壤系统分类（ST）、联合国世界土壤图图例单元（FAO/Unesco）、国际土壤分类参比基础（IRB）、世界土壤资源参比基础（WRB）和以俄罗斯为代表的土壤地理发生分类等，形成了多种土壤分类并存的局面。每个土壤分类体系都有其自身的分类特点。但随着土壤科学的发展，人们对土壤分类的看法也会逐渐趋向一致。

第一节　世界土壤分类概述

一、以原苏联的土壤分类系统为代表的发生学分类

原苏联土壤分类中影响最大的是地理发生学派，又称生态发生学派。E. H. 伊万诺娃在 1976 年出版了《苏联土壤分类》一书，该书中所拟的分类系统代表了原苏联地理发生学派的思想，并已逐步成为全苏联统一的土壤分类系统。该分类系统强调土壤与成土因素和地理景观之间的相互关系，以成土因素及其对土壤的影响作为土壤分类的理论基础，同时也结合成土过程和土壤属性作为土壤分类的依据。

（一）分类的基本原则

伊万诺娃的分类系统以土壤发生学为理论基础，以土壤形成条件、过程和属性（包括土壤形态和微形态特征、土壤物理、化学、物理化学、矿物以及生物特征等）相结合作为土壤分类的依据。

（二）分类单元及其划分原则

伊万诺娃的分类系统中共分土类、亚类、土属、土种、亚种、变种、土系和土相8个等级，各分类单元的划分原则如下。

（1）土类。大的土壤组合。同一土类是发育在相同类型生物、气候和水文地质条件下，具有明显一致的土壤形成过程。同一土类具有以下的共同特征：①进入土壤的有机质及其转化与分解过程同属一种类型；②矿物质的分解和合成以及有机-无机复合体有相同的特征；③具有同一类型的物质移动和聚积的特征；④具有同一类型的土壤剖面构型；⑤在土壤肥力培育方向和农业利用上是相同的。

（2）亚类。土类范围内的土壤组合，是土类间的过渡级别。不同亚类在土壤形成的主要和附加过程上有质的区别，在每亚类中提高与保持土壤肥力的措施更为一致。亚类划分主要是考虑成土过程以及与亚地带或自然条件过渡相关的情况。

（3）土属。亚类范围内的土壤组合。其形成特点取决于地方因素的综合影响，如基岩和成土母质的化学特性和地下水的化学特性等，同时也包括土壤形成的继承性，这些特性是在过去自然历史时期的风化和土壤形成过程中造成的，故与现代的土壤形成不一致，如某些残留的层次（腐殖质层、灰化层和片状层等）。

（4）土种。土属范围内的土壤组合。它是按主要成土过程发展的程度，如灰化过程、腐殖化的深度和过程等划分的。

（5）亚种。土种范围内的土壤组合。根据土种发育的数量程度划分，如弱碱化、中碱化、强碱化；弱盐化、中盐化、强盐化等。

（6）变种。按土壤机械组成划分。

（7）土系。根据母质特性、盐分积累特性或泥炭积累特性等划分。

（8）土相。根据水蚀、风蚀和残积和冲积等划分的土壤组合。

（三）分类系统的编排

《苏联土壤分类》中所拟分类系统的安排，首先是按水热条件、风化作用和生物循环特征，把原苏联的土壤类型归入9个主要的生物气候（带）省，在每个生物气候省中又按自成土、半水成土、水成土和冲积土的顺序分别排列各有关的土类（表5.1）。第一，在每一土类内都作了直至土相的各级划分；第二，耕作土壤和自然土壤的分类同置于统一分类系统中，其中受耕作影响大的都列为独立的土类，受耕作影响小的则在土种的划分中反映出来；第三，为了便于今后土壤分类逐步走向定量化和标准化，在分类表之后，附有12个附表，在这些附表中，对土壤的水热条件、形态特征、机械组成和盐基状况等，都提出了数量指标和划分标准。该分类系统在9个生物气候省之下，共分出118土类、424亚类、478土层、460土种等。

表 5.1 伊万诺娃分类系统土类排列举例（朱鹤健和何宜庚，1992）

（亚北方带半荒漠及荒漠省的土类）

自成型土	半水成土	水成土	冲积土
1. 棕色半荒漠土	9. 草甸-棕色半荒漠土	13. 草甸半荒漠土	16. 冲积草甸半荒漠及荒漠土
2. 灰棕色荒漠土	10. 龟裂性草甸荒漠土	14. 水成荒漠及半荒漠盐土	17. 冲积湿草甸半荒漠及荒漠土
3. 龟裂性荒漠土	11. 草甸棕色碱土	15. 灌溉草甸荒漠及半荒漠土	18. 冲积草甸-沼泽半荒漠及荒漠土
4. 砂质荒漠土	12. 灌溉草甸荒漠土		19. 灌溉冲积半荒漠及荒漠土
5. 龟裂土			
6. 半荒漠碱土			
7. 半荒漠及荒漠盐土			
8. 灌溉荒漠及半荒漠土			

（四）土壤命名

伊万诺娃分类系统的命名原则仍然采用道库恰耶夫建议的连续命名法，即在土类名称的前面加上亚类的形容词，亚类名称之前冠以土属或土种的形容词，依次逐级连续拼接。

由上述可见，原苏联土壤分类贯彻发生学原则，各级分类单元，特别是高级的分类单元，按土壤的发生演变规律来划分，采用演绎法逐级细分，其间的关系清楚，系统明确。但本分类制虽是以成土因素、成土过程和土壤属性三方面为依据，然而侧重于成土因素，尤其是生物气候因素，而对土壤本身属性注意不够，分类指标不具体。同时侧重研究中心地带的典型土壤类型，而对过渡带土壤类型注意不够。有些土类间的指标界限不很严格，定量化程度不高。因此本分类制只停留在定性描述或半定量阶段，不能适应当前土壤分类向计量化方向发展的要求。而且由于过分强调地带性因素作用的结果，导致非地带性土壤从属于地带性土壤的偏向，造成土壤带与自然带混同的后果。对耕作土壤虽然有所注意，但重点仍放在自然土壤上。土壤命名采用连续命名法，虽然从名称上可以把各级分类单元的基本特征反映出来，但有冗长之弊，不便应用。

二、以美国系统分类为代表的土壤诊断学分类

（一）土壤分类单元及其划分原则

美国前期的土壤分类系统接受了道库恰耶夫的土壤发生学分类思想，由于传统的土壤分类只有中心概念而无明确的边界，缺乏定量指标，不适于生产发展的需要。于是从 20 世纪 50 年代早期开始，美国土壤工作者着手研究制订一项以诊断特征为依据的土壤分类制（G. D. Smith，1958），1960 年刊出第七次修订稿，又在 1964 年和 1967 年加以补充，1975 年正式出版《土壤系统分类》（*Soil Taxonomy*）一书，这是土壤分类史上的一次革命。这一分类系统集中了世界各国土壤学家的智慧，着眼于全世界。该系统分类也遵循了土壤发生学思想，但其最大的特点是将过去惯用的发生学

土层和土壤特性给予了定量化，建立了一系列的定量化的诊断层和诊断特性。美国土壤分类制的核心思想是在继承土壤发生学思想的基础上，以可测定的土壤性质为分类标准，对分类标准进行定量化，以定量化的诊断层和诊断特征为依据进行土壤分类。美国土壤分类系统是一个典型的诊断定量分类系统。由于土壤成土过程是看不见摸不着的，土壤的环境条件对土壤的影响也是一个漫长的过程，以成土条件和成土过程来分类土壤必然存在着不确定性。只有以看得见测得出的土壤性质为分类依据，才具有可比性和通用性。表 5.2 为美国《土壤系统分类》（1992）中的诊断层和诊断特性。

表 5.2　美国《土壤系统分类》（1992）中的诊断层和诊断特性（吕贻忠和李保国，2006）

诊断层	诊断表下层	诊断特性
人为松软表层 (Anthropic epipedon)	耕作淀积层 (Agric horizon)	质地突变 (Abrupt textural)
水分饱和型有机表层 (Histic epipedon)	漂白层 (Albic horizon)	火山灰土壤特性 (Andic soil properties)
水分不饱和型有机表层 (Folistic epipedon)	淀积黏化层 (Argillic horizon)	线性延伸系数 (Coefficient of linear extensibility)
松软表层 (Mollic epipedon)	钙积层 (Calcic horizon)	硬结核 (Durinedes)
淡色表层 (Ochric epipedon)	雏形层 (Cambic horizon)	黏土微地形 (Gilgai)
黑色表层 (Melanic epipedon)	硬盘 (Duripan)	石质接触面 (Lithic contact)
堆垫表层 (Plaggen epipedon)	脆盘 (Fragipan)	准石质接触面 (Paralithic contact)
暗色表层 (Umbric epipedon)	石膏层 (Gypsic horizon)	彩度≤2 的斑纹 (Mottles chroma≤2)
	高岭层 (Kandic horizon)	n 值 (n value)
	碱化层 (Natric horizon)	永冻层 (Permafrost)
	氧化层 (Oxic horizon)	石化铁质接触界面 (Petroferric contact)
	石化钙积层 (Petrocalcic horizon)	聚铁网纹体 (Plinthite)
	石化石膏层 (Petrogypsic horizon)	线性延伸势 (Potential linear extensibility)
	薄铁磐层 (Palcic horizon)	层序 (Sequum)
	积盐层 (Salic horizon)	滑擦面 (Slickensides)
	腐殖质淀积层 (Sombric horizon)	可鉴别次生石灰 (Identifiable secondary carbonates)
	灰化淀积层 (Spodic horizon)	土壤水分状况 (Soil moisture regimes)

续表

诊断层	诊断表下层	诊断特性
	含硫层 (Sulfuric horizon)	土壤温度状况 (Soil temperature regimes)
	舌状延伸层 (Glossic horizon)	干寒状况 (Anhydrous conditions)
	灰化铁盘层 (Ortstem horizon)	可风化矿物 (Wetherable minerals)
		漂白物质层 (Albic materials)
		脆盘物质 (Fragic soil materials)
		漂白物质指状延伸 (Interfingening albic materials)
		薄片层 (Lamellae)
		灰化淀积层 (Spodic materials)
		抗风化矿物 (Resistant materials)

　　美国 1999 年发表的《土壤系统分类》（第二版）中共定义了 8 个诊断表层和 20 个诊断表下层。该分类制共分六级：土纲、亚纲、土类、亚类、土族和土系。

　　土纲（order）：主要反映成土过程，依据诊断层或诊断特征划分。原有 10 个土纲，美国新近又增设了火山灰土纲。

　　亚纲（suborder）：反映现代成土过程的成土因素，主要根据土壤水热状况、土层特征、土壤矿物质组成和风化程度等划分。

　　土类（great group）：主要依据在一定成土条件下，成土过程的组合作用结果，并根据诊断层的种类、排列和发育程度以及其他诊断特征划分。同一土类具有相同的剖面层次、土壤盐基状况和土壤水热状况。

　　亚类（subgroup）：主要反映次要的或附加的成土过程的结果，是土类的辅助级别，主要依据是否偏离中心概念，是否有附加过程的特性和是否有母质残留的特性划分。代表中心概念的亚类为普通亚类；具有附加过程特性的亚类为过渡性亚类，如灰化、黏化、碱化、表蚀和耕淀等。

　　土族（family）：是在一个亚类中归并具有类似的物理和矿物化学性质的土壤。

　　土系（series）：为了反映和土壤利用关系更为密切的土壤物理、化学性质，在土族以下分出性质更为均一的分类单元。土系的划分主要是利用在以上分类级别中没有利用过的土壤性质如质地、pH、结构和耕性等。土族和土系划分的主要目的是反映土壤的生产性状。

　　美国土壤系统分类共分 10 土纲、47 亚纲、185 土类、970 亚类、4500 多土族及 17 500 多土系。

　　美国土壤系统分类的命名方法采用拉丁文及希腊文词根拼缀法。实际上也是一种连续命名法。该分类系统还设计了一个土壤分类检索系统。检索系统采取了排除分类法，避免了由于土壤具有多种诊断层或诊断特征时不好确定土壤的分类位置问题。

（二）土壤命名

美国土壤系统分类中各分类单元的名称都是几个音节的组合。高级分类单元（土纲、亚纲和土类）的命名采用拉丁文及希腊文等字根拼缀法，如 Ultisol（老成土纲）、udult（湿润老成土亚纲）和 Paleudult（强发育湿润老成土土类）。亚类和土族的名称是分别在土类和亚类名称前冠以特定形容词而构成的，例如 Aquic paleudult（潮湿的强发育湿润老成土）为亚类名称，Clayed、Mixed、Thermic、Aquic paleudult（黏质、混合矿物、热性、潮湿的强发育湿润老成土）为土族名称。土系的名称是最初研究该土壤所在地的地方名称。对高级分类单元命名所用的字根和亚类、土族命名所采用的形容词都赋予一定含义，在美国《土壤系统分类》一书中有详细介绍。这种用字根拼接的命名法，词汇简练，只要熟悉各字根含义，对各级土壤的名称顾名思义，便于记忆。

（三）土壤类型的检索

美国土壤系统分类以诊断层和诊断特性为依据，定量指标明确，它设有根据土壤特性确定一个未知土壤在分类系统中位置的检索表。其 10 大土纲可简明检索如下。

（1）有机土：土壤表层直至 40cm 深处的有机质含量在 300g/kg 土以上。

（2）灰土：在其余土壤中，2m 内有灰化淀积层。

（3）氧化土：在其余土壤中，2m 内有氧化层，且无淀积黏化层。

（4）变性土：在其余土壤中，地表下 50cm 土层的黏粒含量在 30％以上，干时，有某些裂隙。

（5）干旱土：在其余土壤中，一年中有一半以上时间干燥，且无松软表层。

（6）老成土：在其余土壤中，有淀积黏化层，在地表下 1.8m 处土壤盐基饱和度小于 35％。

（7）软土：在其余土壤中，有松软表层。

（8）淋溶土：在其余土壤中，有淀积黏化层。

（9）始成土：在其余土壤中，有暗色表层、松软表层、草垫表层或雏形层。

（10）新成土：其余土壤。

本分类系统中的亚纲、土类和亚类等也可逐级检索。

美国土壤系统分类侧重于以土壤本身属性进行分类，但仍试图建立在土壤发生学基础上，选择能反映土壤发生特点和在土壤利用上有意义的诊断层和诊断特性，其中包括以土壤水分和温度状况作为分类的依据，这些指标具体可以观察和量测，而基层单元土系的分类指标统一，不因土壤分类系统的变化而变化。本系统便于定量分类。美国已把近 5000 个土系的有关属性输入计算机储存，并可按一定的程序进行自动分类。同时本分类制采用拼音命名，简单明了，可顾名思义。但本分类制也存在一些缺陷，表现在未能完全贯穿发生学的原则，指标过于烦琐分散，有些高级分类单元概括过广，如美国土壤系统分类中的淋溶土包括脱石灰、脱碱化、黏粒移淀和漂洗等多种土壤。干旱土的主要依据是，干旱气候条件下的干旱土壤水分状况，它不仅包括干旱地区某些有钙积层的土壤，而且也包括未发育或发育程度低的土壤，甚至把土壤盐分引起的植物生理干旱的土壤也包括在内，这就使干旱土纲内的土壤差异太大。美国土壤系统分类制不重视耕作土壤，水稻土等重要耕作土壤在分类上没有位置。土系不反映与根系生长密切相关的表土层变化，土系之间也缺乏必要的联系。此外，在诊断层、诊断特性的具体含义和划分上还存在混淆不清和有争议的地方，总之，本分类制仍然存在不少具体问题有待解决。

三、土壤形态发生学分类

形态发生学分类是土壤形态学和发生学相结合的土壤分类，以西欧的库比恩纳和莫根浩森分类为代表，这一分类系统在西欧影响很大。他们的基本观点是：①土壤是一系列环境的产物，土壤分类应根据自然体的全部性状，并需与自然环境联系考虑；②土类之间的差异是由形态（层次）发生发展的阶段性决定的，剖面层序可分为(A)—C、A—C、A—(B)—C、A—B—C 和 B/A—B—C 型等土体构型；③莫根浩森还提出按土壤水分渗透方向与程度、母质类型、土壤中物质特定动态等进行分类，分为水下土壤门、半陆上或淹水和地下水土壤门、陆上土壤门。

第二节　中国的土壤分类

中国土壤分类有着悠久的历史和丰富的经验。早在公元前二三世纪出现的《禹贡》和《管子·地员篇》等著作中就有最早的土壤分类的内容。中国近代土壤分类始于 20 世纪 30 年代。当时，吸取了美国土壤分类的经验，结合我国情况，引进了大土类的概念，并建立了 2000 多个土系。1949 年以后，我国土壤分类不论是在理论基础上，还是在研究手段上，以及在土壤分类的应用等方面都取得了很大成绩。大致可分为三个时期：1949～1953 年基本上是继承先前所建立的土壤分类系统；从 1954 年开始采用土壤发生学分类系统，以后陆续提出了一些新土类，如黄棕壤、黑土、白浆土和砖红壤性红壤等，接着由于对耕作土壤的普查，充实了水稻土，明确了潮土和灌淤土等的独立土类位置，并提出了磷质石灰土等许多新土类；20 世纪 80 年代开始以诊断层和诊断特性为基础，结合我国丰富土壤类型的实际，在已有基础上，建立具有我国特色和定量指标的土壤系统分类。随着土壤科学水平的提高，我国土壤分类也将不断改进。

土壤发生学分类制对我国影响深远，得到广泛应用，第二次全国土壤普查汇总的中国土壤分类系统（1988）就属于发生学分类体系。土壤系统分类在我国的发展情况，首先由中国科学院南京土壤研究所牵头，18 个单位参加的中国土壤系统分类协作组，先后提出了中国土壤系统分类一、二、三稿（1985 年，1987 年，1989 年），在此基础上，1991 年出版《中国土壤系统分类（首次方案）》，这一分类系统属诊断学分类体系。下面将对这两个分类系统分别予以介绍。

一、中国土壤发生学分类

（一）分类的基本原则

1. 发生学原则

土壤是客观存在的历史自然体。土壤分类必须贯彻发生学原则，即必须坚持成土因素、成土过程和土壤属性（较稳定的性态特征）三结合作为土壤发生学分类的基本依据，但应以土壤属性为基础，因为土壤属性是成土条件和成土过程的综合反映，只有这样才能最大限度地体现土壤分类的客观性和真实性。

2. 统一性原则

在土壤分类中，必须将耕种土壤和自然土壤作为统一的整体进行土壤类型的划分，具体分析自然因素和人为因素对土壤的影响，力求揭示自然土壤与耕种土壤在发生上的联系及其演变规律。

（二）分类单元及其划分原则

第二次全国土壤普查汇总的中国土壤分类系统，采用土纲、亚纲、土类、亚类、土属、土种和变种7级分类，是以土类和土种为基本分类单元的分级分类制。土类以下细分亚类，土种以下细分变种。土属为土类和土种间的过渡单元，具有承上启下作用。土类以上归纳为土纲、亚纲，以概括土类间的某些共性。

1. 土纲

土纲是根据土类间的发生和性状的共性加以概括的。全国土壤共分铁铝土、淋溶土、半淋溶土、钙层土、干旱土、漠土、半水成土、水成土、盐碱土、人为土、高山土和初育土12土纲。

2. 亚纲

亚纲是根据土壤形成过程的主要控制因素的差异划分的。土壤水分状况和土壤温度状况的差异常用作亚纲的划分依据，如铁铝土纲根据温度状况不同划分为湿热铁铝土和湿暖铁铝土两个亚纲。

3. 土类——分类的基本单元

它是在一定的综合自然条件或人为因素作用下，具有独特的形成过程和土体构型，具有一定相似的发生层次，土类间在性质上有明显的差异。划分土类的依据有以下四条。

（1）地带性土壤类型和当地的生物、气候条件相吻合；非地带性土壤类型（如岩成土、水成土）可由特殊的母质或过多的地表水或地下水的影响而形成。

（2）在自然因素与人为因素（如耕作、施肥、灌溉和排水等）作用下，具有一定特征的成土过程，如灰化过程或潜育化过程、黏化过程、富铝化过程、水耕熟化过程等。

（3）每一个土类具有独特的剖面形态及相应的土壤属性，特别是具有作为鉴定该土壤类型特征的诊断层，如灰化土的灰化层、棕壤的黏化层、红壤的富铝化层。

（4）由于成土条件和成土过程的综合影响，在同一土类内，必定有其相似的肥力特征和改良利用的方向与途径，如红壤的酸性、盐土的盐分、褐土的干旱问题。

4. 亚类

亚类是在土类范围内的进一步划分。亚类划分的主要依据有以下两条。

（1）同一土类的不同发育阶段，表现为成土过程和剖面形态上的差异。例如，把褐土划分为淋溶褐土和石灰性褐土，就是反映了褐土中碳酸盐的积聚与淋溶的不同发育阶段。

（2）不同土类之间的相互过渡，表现为主要成土过程中同时产生附加的次要成土过程。例如，盐土和草甸土之间的过渡类型有草甸盐土亚类和盐化草甸土亚类。

5. 土属

土属具有承上启下的特点，是土壤在地方性因素的影响下所表现出的区域性变异，这些区域性变异因素主要有以下五种。

（1）成土母质类型：如残积的、洪积的、冲积的母质，酸性岩类及基性岩类等母岩风化物。

（2）地形部位特征：是岗坡地——燥性的、暖性的，洼地或阴坡——凉性的、冷性的，以及某些以地形为主体的综合表现，如塝田、冲田、峒田和洋田等概念。

（3）水文地质条件：主要指区域水文地质条件及地下水或土壤的化学组成。例如，平原区不同矿化度的地下水引起盐分组成上所发生的差异，山麓钙质水对土体中砂姜形成的影响等。

（4）古土壤形成过程的残留特征：如残余盐土和残余沼泽土等。

（5）耕种影响：某些农业土壤，如黄垆土（耕种褐土）、耕种草甸土、黄刚土（耕种黄棕壤）等，尚未形成独特的土类及亚类，则均可列入土属。

6. 土种

土种是基层分类的基本单元。同一土种发育在相同的母质上，并且有相似的发育程度和剖面层次排列。表现为主要层次的排列顺序、厚度、质地、结构、颜色、有机质含量和 pH 等基本相似，只在量上有些差异。至于具体反映变异的指标，应根据各地区、各土种的特点而进行具体规定。

7. 变种

变种是范围内的细分，划分的依据是土种在某些性状上的差异，如表层或表层以下某些质地的变化，冲积平原表土层以下某些较次要的质地层次的出现，某些质地层位、厚度的变异，地面覆盖程度的变异，新修梯田、其他新形成的田地土壤中所表现出的不十分稳定的熟化特征等。第二次全国土壤普查汇总的中国土壤分类系统（1988）共分为 12 土纲，27 亚纲，60 土类，234 亚类（表 5.3）。

表 5.3　中国土壤分类系统表（全国土壤普查办公室，1988）（吕贻忠和李保国，2006）

土 纲	亚 纲	土 类	亚 类
铁铝土	湿热铁铝土	砖红壤	砖红壤、黄色砖红壤
		赤红壤	赤红壤、黄色赤红壤、赤红壤性土
		红壤	红壤、黄红壤、棕红壤、山原红壤、红壤性土
	湿暖铁铝土	黄壤	黄壤、漂洗黄壤、表潜黄壤、黄壤性土
淋溶土	温暖淋溶土	黄棕壤	黄棕壤、暗黄棕壤、黄棕壤性土
		黄褐土	黄褐土、黏盘黄褐土、白浆化黄褐土、黄褐土性土
	湿温暖淋溶土	棕壤	棕壤、白浆化棕壤、潮棕壤、棕壤性土
	湿温淋溶土	暗棕壤	暗棕壤、白浆化暗棕壤、草甸暗棕壤、潜育暗棕壤、暗棕壤性土
		白浆土	白浆土、草甸白浆土、潜育白浆土
	湿寒温淋溶土	棕色针叶林土	棕色针叶林土、灰化棕色针叶林土、暗漂灰土、表潜棕色针叶林土
		漂灰土	漂灰土，暗漂灰土
		灰化土	灰化土
半淋溶土	半湿热半淋溶土	燥红土	燥红土、褐红土
	半湿温暖半淋溶土	褐土	褐土、石灰性褐土、淋溶褐土、潮褐土、塿土、燥褐土、褐土性土
	半湿温半淋溶土	灰褐土	灰褐土、暗灰褐土、淋溶灰褐土、石灰性灰褐土、灰褐土性土
		黑土	黑土、草甸黑土、白浆化黑土、表潜黑土
		灰色森林土	灰色森林土、暗灰色森林土
钙层土	半湿温钙层土	黑钙土	黑钙土、淋溶黑钙土、石灰性黑钙土、草甸黑钙土、盐化黑钙土、碱化黑钙土
	半干温钙层土	栗钙土	暗栗钙土、栗钙土、淡栗钙土、草甸栗钙土、盐化栗钙土、碱化栗钙土、栗钙土性土
	半干温暖钙层土	栗褐土	栗褐土、淡栗褐土、潮栗褐土
		黑垆土	黑垆土、黏化黑垆土、潮黑垆土、黑麻土
干旱土	温土旱土	棕钙土	棕钙土、淡棕钙土、草甸棕钙土、盐化棕钙土、碱化棕钙土、棕钙土性土
	温暖干旱土	灰钙土	灰钙土、淡灰钙土、草甸灰钙土、盐化灰钙土
漠土	温漠土	灰漠土	灰漠土、钙质灰漠土、草甸灰漠土、盐化灰漠土、碱化灰漠土、灌溉灰漠土
	温暖漠土	灰棕漠土	灰棕漠土、石膏灰棕漠土、石膏盐磐灰棕漠土、碱化灰棕漠土
		棕漠土	棕漠土、草甸棕漠土、盐化棕漠土、石膏棕漠土、石膏盐磐棕漠土、灌溉棕漠土

续表

土纲	亚纲	土类	亚类
初育土	土质初育土	石灰（岩）土	红色石灰土、黑色石灰土、棕色石灰土、黄色石灰土
		黄锦土	黄锦土
		红黏土	红黏土、积钙红黏土、复盐基红黏土
		新积土	新积土、冲积土、珊瑚砂土
		龟裂土	龟裂土
	石质初育土	风沙土	风沙土、荒漠风沙土、草原风沙土、草甸风沙土、滨海风沙土
		火山灰土	火山灰土、暗火山灰土、基性岩火山灰土
		紫色土	酸性紫色土、中性紫色土、石灰性紫色土
		磷质石灰土	磷质石灰土、硬磐磷质石灰土、盐渍磷质石灰土
		石质土	酸性石质土、中性石质土、钙质石质土、含盐石质土
		粗骨土	酸性粗骨土、中性粗骨土、钙质粗骨土、硅质粗骨土
半水成土	暗半水成土	草甸土	草甸土、石灰性草甸土、白浆化草甸土、潜育草甸土、盐化草甸土、碱化草甸土
	浅半水成土	潮土	潮土、灰潮土、脱潮土、湿潮土、盐化潮土、碱化潮土
		砂姜黑土	砂姜黑土、石灰性砂姜黑土、盐化砂姜黑土、碱化砂姜黑土
		山地草甸土	山地草甸土、山地草原草甸土、山地灌丛草甸土
水成土	矿质水成土	沼泽土	沼泽土、腐泥沼泽土、泥炭沼泽土、草甸沼泽土、盐化沼泽土
	有机水成土	泥炭土	低位泥炭土、中位泥炭土、高位泥炭土
盐碱土	盐土	草甸盐土	草甸盐土、结壳盐土、沼泽盐土、碱化盐土
		滨海盐土	滨海盐土、滨海沼泽盐土、滨海潮滩盐土
		酸性硫酸盐土	酸性硫酸盐土、含盐酸性硫酸盐土
		漠境盐土	漠境盐土、干旱盐土、残余盐土
		寒原盐土	寒原盐土、寒原草甸盐土、寒原硼酸盐土、寒原碱化盐土
	碱土	碱土	草甸碱土、草原碱土、龟裂碱土、盐化碱土、荒漠碱土
人为土	人为水成土	水稻土	潴育水稻土、淹育水稻土、渗育水稻土、潜育水稻土、脱潜育水稻土、漂洗水稻土、盐渍水稻土、咸酸水稻土
	灌耕土	灌淤土	灌淤土、潮灌淤土、表锈灌淤土、盐化灌淤土
		灌漠土	灌漠土、灰灌漠土、潮灌漠土、盐化灌漠土
高山土	湿寒高山土	高山草甸土	高山草甸土、高山草原草甸土、高山灌丛草甸土、高山湿草甸土
		亚高山草甸土	亚高山草甸土、亚高山草原草甸土、亚高山灌丛草甸土、亚高山湿草甸土
	半湿寒高山土	高山草原土	高山草原土、高山草甸草原土、高山荒漠草原土、高山盐渍草原土
		亚高山草原土	亚高山草原土、亚高山草甸草原土、亚高山荒漠草原土、亚高山盐渍草原土
		山地灌丛草原土	山地灌丛草原土、山地淋溶灌丛草原土
	干寒高山土	高山漠土	高山漠土
		亚高山漠土	亚高山漠土
	寒冻高山土	高山寒漠土	高山寒漠土

（三）土壤命名

一个好的土壤分类系统也必须有一个好的命名系统。在目前情况下，建立土壤命名系统应注意以下各点：①土壤命名的字数和结构尽量简明和系统化；②尽量从群众中提炼；③与生产紧密联系，群众便于使用；④已习用的名称不宜轻易改动，以免造成混乱。中华人民共和国成立后土壤命名系统采用以土类为基础的连续命名法（图 5.1）。

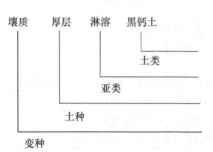

图 5.1　以土类为基础的连续命名法

这种连续命名法虽具有能够反映成土过程和主要特性的优点，但名词过繁，缺乏群众基础。显然，上述两种命名法都难以满足需要。《中国土壤分类暂行草案》采用分级命名法，即土类、土属和土种等都可以单独命名，习惯名称与群众名称并用。高级分类单元（土类、亚类）以习惯名称为主，如黑钙土和褐土等；有的是从群众名称中加以提炼的，如黑垆土和白浆土等。在基层分类单元中，尤其是耕种土壤的基层分类单元（土种、变种），主要是选用群众的名称。这一命名方法比较恰当地解决了土壤命名系统的科学性、生产性和群众性的矛盾。但也应看到，目前采用的分级命名系统并不完全理想，随着土壤分类系统的不断完善，也应创建新的土壤命名法。最后还应该指出，土壤分类系统表排列的格式，也是分类体系严密性和逻辑性的体现。分类表排列的格式，也应严格遵循发生学原则，按土壤发生和成土过程的阶段性进行安排。如首先应依次排列地带性土壤，然后安排非地带性土壤等。由于耕种土壤具有泛域性特点，故应穿插安排在相应的自然土壤之后，以反映它与某些自然土壤间发生上的联系。

二、中国土壤系统分类

在美国土壤系统分类的影响下，我国从 1984 年开始进行了中国土壤系统分类的研究。通过研究和不断修改补充，提出了《中国土壤系统分类》（1995）。中国土壤系统分类也是以诊断层和诊断特性为基础的系统化、定量化的土壤分类。该系统分类中共设立了 11 个诊断表层、20 个诊断表下层、2 个其他诊断层和 25 个诊断特性。

中国土壤系统分类也分为六级，即土纲、亚纲、土类、亚类、土族和土系。前三级为高级分类级别，后三级为基层分类级别。中国土壤系统分类与我国以前的土壤分类相比，具有以下几方面的特点。

（1）该分类以诊断层和诊断特性为基础，有严格的定量指标和明确的边界，还有一个完整的检索系统，反映了当前国际土壤分类的潮流和方向（定量化），也便于土壤分类的自动检索。

（2）面向世界与国际接轨。中国土壤系统分类中土纲名称大多为当今世界上土壤分类中常用的名称，在土壤命名上采用了连续命名法，也便于国际交流。

（3）具有中国特色。该系统根据我国的实际情况，提出了灌淤表层、堆垫表层、肥熟表层和水耕层等具我国特色的诊断层，建立了包括灌淤土、堆垫土、肥熟土和水稻土在内的人为土纲；对热带、亚热带土壤划分出了铁铝层和低活性富铁层，提出了铁铝土纲和富铁土纲；对干旱土划出了干旱表层和盐磐，这对干旱土纲的分类具有重要的意义。

表 5.4 列出了中国土壤系统分类与其他几个分类体系的分类单元的大致对应关系，供参考。

表 5.4　中国土壤系统分类与其他分类系统分类单元的对应关系（吕贻忠和李保国，2006）

中国土壤地理发生分类（1988）	联合国世界土壤图例系统（1974）	美国土壤系统分类（1999）	原苏联土壤地理发生分类（1977）	中国土壤系统分类（2001）
砖红壤	正常酸性土 铁质酸性土	高岭湿润老成土 高岭弱发育湿润老成土		暗红湿润铁铝土 简育湿润铁铝土 富铝湿润富铁土 氧化湿润铁铝土 铝质湿润雏形土 铁质湿润雏形土
赤红壤	正常酸性土 铁质酸性土	高岭弱发育湿润老成土 高岭湿润老成土	红壤	强育湿润富铁土 富铝湿润富铁土 简育湿润铁铝土
红壤	正常酸性土 艳色淋溶土	高岭湿润老成土 高岭弱发育湿润老成土 强发育湿润老成土 高岭湿润淋溶土	红壤	富铝湿润富铁土 黏化湿润富铁土 铝质湿润淋溶土 铝质湿润雏形土
黄壤	正常酸性土 腐殖质酸性土	高岭腐殖质老成土 高岭弱发育湿润老成土 弱发育腐殖质老成土	红壤	铝质常湿淋溶土 铝质常湿雏形土 富铝常湿富铁
黄棕壤	艳色淋溶土 饱和强风化黏盘土	强发育湿润淋溶土 弱发育湿润淋溶土	黄壤	铁质湿润淋溶土 铁质湿润雏形土 铝质常湿雏形土
黄褐土	艳色淋溶土 艳色始成土	弱发育湿润淋溶土 湿润始成土	黄壤	黏盘湿润淋溶土 铁质湿润淋溶土
棕壤	艳色始成土 艳色淋溶土	弱发育湿润淋溶土 饱和湿润始成土 弱发育半干润始成土 不饱和半干润始成土	棕色森林土	简育湿润淋溶土 简育湿润雏形土
栗褐土	石灰性始成土	弱发育半干润始成土	灰褐土	简育干润雏形土
褐土	艳色始成土 钙积始成土 艳色淋溶土	弱发育半干润始成土 弱发育半干润淋溶土	褐土	简育湿润雏形土 简育干润淋溶土 简育干润雏形土
暗棕壤	艳色始成土 饱和始成土	冷凉淋溶土 冷凉软土 饱和湿润始成土	棕色森林土	冷凉湿润雏形土 暗沃冷凉淋溶土

中国土壤地理发生分类（1988）	联合国世界土壤图例系统（1974）	美国土壤系统分类（1999）	原苏联土壤地理发生分类（1977）	中国土壤系统分类（2001）
棕色针叶林土	不饱和始成土 永冻始成土	饱和冷凉始成土 不饱和冷凉始成土	生草灰化土	漂白滞水湿润均腐土 漂白冷凉淋溶土
黑土	淋溶湿草原土 典型湿草原土	黏淀冷凉软土 弱发育冷凉软土	草甸黑钙土	简育湿润均腐土 黏化湿润均腐土
黑钙土	钙积黑钙土 典型黑钙土	钙积冷凉软土	黑钙土	暗厚干润均腐土 钙积干润均腐土
栗钙土	栗钙土 钙积始成土	钙积半干润软土 钙积半干润始成土	栗钙土	简育干润均腐土 钙积干润均腐土 简育干润雏形土
棕钙土	干旱土	钙积干旱土 始成干旱土	半荒漠棕钙土	钙积正常干旱土 简育正常干旱土
灰钙土	干旱土	钙积干旱土 始成干旱土	灰钙土	钙积正常干旱土 黏化正常干旱土
灰漠土	漠境土	始成干旱土	灰棕色荒漠土	钙积正常干旱土 简育正常干旱土 灌淤干润雏形土
棕漠土	漠境土	始成干旱土	棕色荒漠土	正常干旱土
冲积土	冲积土	冲积新成土	浅色草甸土	冷积新成土
潮土	饱和始成土 潜育始成土	弱发育半干润始成土 盐化潮湿始成土	—	淡色潮湿雏形土 底锈干润雏形土
砂姜黑土	变性土 变性始成土	弱发育湿润变性土 始成土中的变性亚类	—	砂姜钙积潮湿变性土 砂姜潮湿雏形土
草甸土	潜育湿草原土	泞湿软土	草甸土	暗色潮湿雏形土 潮湿寒冻雏形土
沼泽土	潜育土	泞湿始成土 泞湿新成土 泞湿软土	草甸沼泽土	有机正常潜育土 暗沃正常潜育土 简育正常潜育土
泥炭土	有机土	有机土	低位沼泽土	正常有机土
白浆土	饱和黏盘土 松软黏盘土	黏淀漂白软土		漂白滞水湿润均腐土 漂白冷凉湿溶土
盐土	正常盐土	积盐干旱土 盐化潮湿始成土	白成型盐土	干旱正常盐成土 潮湿正常盐成土
碱土	碱土	碱化黏淀干旱土 碱化半干润淋溶土	草原柱状碱土	潮湿碱积盐成土 简育碱积盐成土 龟裂碱积盐成土
滨海盐土	潜育盐土	积盐干旱土	水成型盐土	潮湿正常盐成土
脱碱土	—	—	草甸脱碱土	—

中国土壤地理发生分类（1988）	联合国世界土壤图例系统（1974）	美国土壤系统分类（1999）	原苏联土壤地理发生分类（1977）	中国土壤系统分类（2001）
水稻土	一	一	一	水耕人为土 除水耕人为土以外其他类别中的水耕亚类
灌淤土	冲积土	冲积新成土	一	灌淤旱耕人为土 灌淤干润雏形土 灌淤湿润砂质新成土 灌淤人为新成土
菜园土	人为土	各土类的人为松软亚类	一	肥熟旱耕人为土 肥熟土垫旱耕人为土 肥熟富磷岩性均腐土
高山草甸土	黑钙土 栗钙土	冷凉软土	高山草甸土	草毡寒冻雏形土 暗沃寒冻雏形土
亚高山草甸土	黑钙土，栗钙土	冷凉软土	亚高山草甸土	草毡寒冻雏形土 暗沃寒冻雏形土
高山草原土	栗钙土	冷凉软土 冷凉始成土	一	寒性干旱土
亚高山草原土	栗钙土	冷凉软土 冷凉始成土	一	寒性干旱土
山地灌丛草原土	栗钙土	冷凉软土 冷凉始成土		
高山寒漠土	漠境土	冷冻正常始成土	一	寒冻正常始成土
风沙土	沙成土	砂质新成土	一	干旱砂质新成土 干润砂质新成土
黄绵土	饱和始成土	弱发育半干润始成土	一	黄土正常新成土 简育干润雏形土
红色石灰土	艳色淋溶土	弱发育湿润淋溶土	一	钙质湿润淋溶土 钙质湿润雏形土 钙质湿润富铁土
黑色石灰土	艳色石灰软土	黑色石灰软土	一	黑色岩性均腐土 腐殖钙质湿润淋溶土
紫色土	艳色始成土 饱和始成土 粗骨土	饱和湿润始成土 正常新成土	一	紫色湿润雏形土 紫色正常新成土
石质土	石质土	正常新成土	一	石质正常新成土
粗骨土	粗骨土	正常新成土	一	石质湿润正常新成土 石质干润正常新成土
火山灰土	火山灰土	火山灰土	一	简育湿润火山灰土 火山渣湿润正常新成土

三、土壤分类的发展趋势

国际土壤分类的发展趋势主要是以发生学原则为基础，以诊断层和诊断特性为依据，走定量化、标准化和统一化的途径，对人为土的形成过程、性状和分类的研究日益受到重视，并将在 21 世纪可能形成一个为各国土壤学家普遍接受的统一土壤分类方案。

思考题

1. 世界上有哪几大土壤分类体系？试比较分析各土壤分类体系的特点。
2. 结合自然地理学的有关内容，试分析土壤地理发生学在地理学研究中的意义。
3. 什么是诊断层和诊断特性？试举例说明在土壤系统分类中如何使用它们。
4. 结合你的地理调查与实践，运用中国土壤系统分类、土壤地理分类体系试划分你所熟悉的土壤。

第二篇　植物基础知识

第六章　植物生活的环境条件

植物都是生活在一定的环境中，环境是指植物生活空间的所有外界条件的总和。各种自然环境条件都对植物的生长有影响，生物对环境也有一定的作用。种子植物主要通过根、茎、叶的变化来不断适应环境的变化，通过开花、结果以产生种子繁育后代，完成种群的延续。

第一节　植物学的基本知识介绍

植物界中能开花并产生种子的植物称种子植物，种子植物能产生种子并用种子繁殖。种子成熟后，在适宜的环境条件下，萌发形成幼苗，一株完整的幼苗主要由根、茎、叶组成，根、茎、叶三种器官主要保证植物体的营养生长，这一类器官统称为营养器官；随着植物的生长，逐渐开花、产生种子，这些保证植物繁殖的器官称为生殖器官。种子由果皮包被的植物称为种子植物，是地球上最进化和分布最广的优势植物。

一、根

植物的根主要生长在地下，并不断产生侧根，形成庞大的根系，起到固定的作用，同时能够吸收土壤内的水分和矿质，进入植株的各个部分。

1. 根的类型

主根：种子萌发后，胚根细胞进行分裂、伸长所形成的向下垂直生长的根，称为主根。

侧根：主根生长到一定长度，在一定部位上又从内部侧生出许多根，称为侧根。在侧根上又长出的根称为一级侧根，在一级侧根上又长出的根称为二级侧根，以此类推，不断产生分支。

不定根：在主根和侧根以外的部分，如老根、茎、叶和节等处生出的根称为不定根。

2. 根系的类型

根系是一株植物全部根的总称。

根系分为直根系和须根系两种类型（图6.1）。有些植物的根具有明显的主根和侧根区别，这样的根系称为直根系，如松树、柏树、油菜、棉花和大豆等植物的根系。有些植物的根没有明显的主根和侧根的区别，粗细相近，呈须状分布，这样的根系称为须根系，如小麦、水稻、大葱和韭菜等植物的根系。

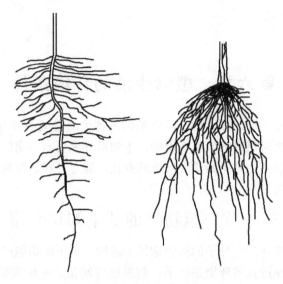

图 6.1　根系的类型（李正理等，1983）

二、茎

（一）茎的概念

茎是植物地上部分的轴状结构，下面与根相连，上面生长有叶、花和果实，主要功能是支持和输导。

大多数种子植物的茎的外形为圆柱形，也有少数植物的茎为其他形状，如莎草科植物的茎呈三角柱形，唇形科植物茎为方柱形，有些仙人掌科植物的茎为扁圆形或多角柱形。

在茎上着生有许多叶片，着生叶的位置叫节，两节之间的部分叫节间。当叶子脱落后，节上留有痕迹叫做叶痕（图 6.2）。

茎的顶端和节的叶腋处都生有芽，位于顶端的芽叫顶芽，位于叶腋处的芽叫腋芽，芽实际上是未伸展枝、花或花序的幼态，随着芽的生长，芽开展后形成枝、花或花序。

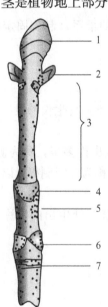

图 6.2　茎的外形
（高信曾等，1987）
1. 顶芽　2. 腋芽　3. 节间　4. 节
5. 皮孔　6. 叶痕　7. 芽鳞痕

（二）茎的类型

根据茎的生长习性，可将茎分为以下几种类型。

直立茎：茎垂直立地，如银杏、杨树等。

平卧茎：茎平卧地面，如地锦、蒺藜等。

匍匐茎：茎平卧地面，节上生根，如甘薯、草莓等。

攀缘茎：借助于茎、叶等的变态器官攀缘于其他物体上，如丝瓜、黄瓜等。

缠绕茎：茎缠绕于其他物体上，如圆叶牵牛等。

（三）茎的分枝方式

植物的顶芽和侧芽存在着一定的生长相关性。当顶芽生长活跃时，侧芽的生长则受到一定的抑制。植物的遗传特性决定了不同植物有不同的分枝方式。

高等植物茎的分枝有单轴分枝、合轴分枝以及假二叉分枝三种方式（图 6.3）。

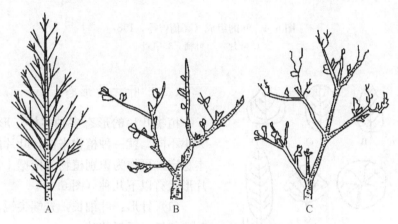

图 6.3　茎的分枝（高信曾等，1987）
A. 单轴分枝　B. 合轴分枝　C. 假二叉分枝

1. 单轴分枝

茎顶端的顶芽不断向上生长，成为主干，由腋芽产生的各级分枝由下向上依次细短，树冠呈宝塔形，如杨树、水杉和银杉等。

2. 合轴分枝

茎的顶芽生长迟缓或枯萎，顶芽下面的腋芽迅速开展，代替顶芽的作用，如此反复交替进行，成为主干，称为合轴分枝，如桃、苹果、李和无花果等。

3. 假二叉分枝

植株叶对生，顶芽很早停止生长，顶芽下面的两个侧芽同时迅速发育成两个侧枝，像两个叉状的分枝，称为假二叉分枝，如丁香、茉莉和石竹等。

三、叶

（一）叶的组成

植物的叶一般由叶片、叶柄和托叶三部分组成（图 6.4）。

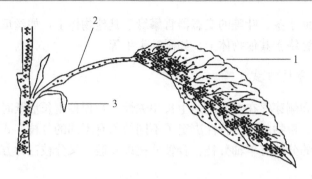

图 6.4　叶的组成（高信曾等，1987）

1. 叶片　2. 叶柄　3. 托叶

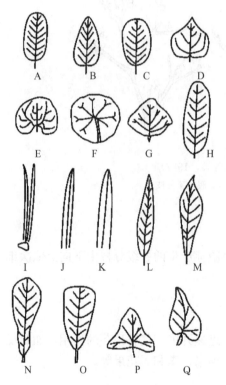

图 6.5　叶的形状（陆时万等，1991）

A. 椭圆形　B. 卵形　C. 倒卵形　D. 心形
E. 肾形　F. 圆形（盾形）　G. 菱形　H. 长椭
圆形　I. 针形　J. 线形　K. 剑形　L. 披针形
M. 倒披针形　N. 匙形　O. 楔形　P. 三角形
Q. 斜形

（二）叶片的形态

植物叶片的形态多种多样，形状各异，大小不同。就一种植物来讲，叶片的形态基本稳定，可作为识别植物的依据。常见的叶片形状有以下几种（图 6.5）。

（1）针形：叶细长，先端尖锐，称为针叶，如松、云杉的叶。

（2）线形：叶片狭长，两侧叶缘近平行，全部的宽度约略相等，称为线形叶，如小麦、韭菜的叶。

（3）披针形：叶片较线形为宽，由下部至先端渐次狭尖，称为披针形叶，如桃、柳的叶。

（4）椭圆形：叶片中部宽，两端较狭，两侧叶缘成弧形，如樟树的叶。

（5）卵形：叶片下部圆阔，上部稍狭，称为卵形叶，如向日葵的叶。

（6）菱形：叶片成菱形，等边斜方形，称菱形叶，如乌桕的叶。

（7）心形：叶片下部较卵形更为广阔，基部凹入成尖形，似心形，称为心形叶，如紫荆的叶。

（8）肾形：叶片基部成钝形，先端钝圆，横向较宽，似肾形，称为肾形叶，如冬葵的叶。

（三）叶的类型

1. 完全叶和不完全叶

（1）完全叶：具有叶片、叶柄和托叶三部分的叶称为完全叶，如杨树、桃树和棉花的叶片。

（2）不完全叶：叶缺少叶柄、叶片或托叶其中任一部分或两部分，称为不完全叶，如丁香叶。

2. 单叶与复叶

（1）单叶：在一个叶柄上只长一片叶的叶片，称为单叶。

（2）复叶：在一个叶柄上有两片以上的叶叫复叶。复叶的叶柄称为总叶柄，总叶柄上着生的叶称为小叶，着生小叶的轴状部分称为叶轴。

根据小叶在总叶柄上的排列，可将复叶分为羽状复叶和掌状复叶、三出复叶、单身复叶（图 6.6）。

奇数羽状复叶　　偶数羽状复叶　　二回羽状复叶　　掌状复叶

掌状三出复叶　　羽状三出复叶　　羽状三出复叶　　单身复叶

图 6.6　复叶的类型（高信曾等，1987）

四、花

（一）花的组成

在自然界，植物多种多样，花也千奇百怪。花的形态各异，种类很多，被子植物的花由花柄、花托、花萼、花冠、雄蕊群和雌蕊群六部分组成（图 6.7）。

1. 花柄

花柄指着生花的小枝，又称花梗。

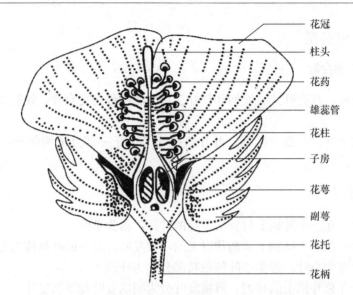

花冠

柱头

花药

雄蕊管

花柱

子房

花萼

副萼

花托

花柄

图 6.7　棉花花的纵切面，示花的组成（李扬汉等，1984）

2. 花托

花托是花梗顶端稍膨大的部分。花托一般呈平坦或凸起的圆顶状，也有的呈圆柱状，圆锥状，杯状，瓶状，倒锥状或盘状等。

3. 花萼

多数植物的花分化成内外两轮，外轮为绿色的花萼，少数花有副萼。

4. 花冠

花瓣组成花冠，位于花萼内轮。

5. 雄蕊群

雄蕊群指一朵花中雄蕊的总称。雄蕊可分化成花药与花丝两部分。

6. 雌蕊群

雌蕊由心皮构成，心皮是为适应生殖形成的变态叶，心皮在形成雌蕊时，常向内卷合或数个心皮互相连合形成一个雌蕊，心皮卷合成雌蕊后，其上端为柱头，中间为花柱，下部为子房。

一些花如棉花还有副萼、雄蕊管等结构。

（二）花序

许多花按一定的规律排列在一总花柄上，称为花序。花序可分为无限花序和有限花序。

1. 无限花序

开花期间花序轴可继续生长，并不断产生新的花芽，开花的顺序是花序轴基部的花或边缘的花先开，顶部花或中间的花后开。常见的几种无限花序见图 6.8。

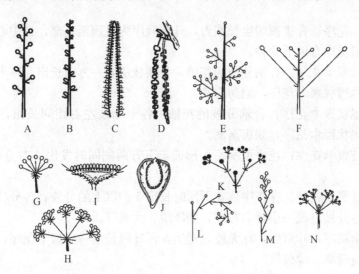

图 6.8　无限花序的类型（高信曾等，1987）

A. 总状花序　B. 穗状花序　C. 肉穗花序　D. 柔荑花序　E. 圆锥花序　F. 伞房花序　G. 伞形花序　H. 复伞形花序　I. 头状花序　J. 隐头花序　K. 二歧聚伞花序　L. 螺状聚伞花序　M. 蝎尾状聚伞花序　N. 多歧聚伞花序

（1）总状花序：花轴较长，花柄较长，花为两性花，如油菜。

（2）伞房花序：花轴较长，上层花柄短，下层花柄长，花为两性花，花排列在一平面上，如苹果、梨。

（3）伞形花序：花轴缩短，花柄等长，花为两性花，大部分花着生在花轴顶端，排列呈圆顶形，如人参。

（4）穗状花序：花轴较长，直立，无花柄，花为两性花，如车前。

（5）肉穗花序：花轴粗短、肥厚，直立，肉质化，花单性，无花柄，如玉米。

（6）柔荑花序：花轴下垂或直立，柔软，花单性，花柄无或具短柄，花后整个花序一起脱落，如杨、柳。

（7）头状花序：花轴极度缩短膨大，扁平，具有苞叶，常集成总苞，花多为两性花，无花柄，如向日葵。

（8）隐头花序：花轴膨大，呈凹陷状，花单性，生于凹陷的花序轴内壁上，无花柄，如无花果。

还有一些无限花序的花轴分枝，每一分枝也是以上所述的一种无限花序，这类花序称为复合花序。常见有下面四种类型。

（1）圆锥花序：又称复总状花序，每一分枝是一个总状花序，如女贞。

（2）复穗状花序：花序有许多分枝，每一分枝是一个穗状花序，如小麦、水稻。

（3）复伞形花序：花序有许多分枝，每一分枝是一个伞状花序，如小茴香、芹菜、胡萝卜。

（4）复伞房花序：花序有许多分枝，每一分枝是一个伞房花序，如花楸、石榴。

2. 有限花序

花开后，花序轴丧失顶端生长能力，开花顺序为自顶至基部，自中心向外圈。常见的几种有限花序有以下 5 种。

（1）螺状聚伞花序：合轴分枝的花轴，各侧枝从同一方向长出，整个花轴呈螺旋状、弯曲，称螺状聚伞花序，如勿忘我。

（2）蝎尾状聚伞花序：合轴分枝的花轴，各个分枝左右相间长出，花序左右对称，称为蝎尾状聚伞花序，如唐菖蒲。

（3）二歧聚伞花序：花序顶端花先形成，下方两侧同时发出一对分枝，如繁缕、大叶黄杨等。

（4）多歧聚伞花序：在花序顶花下同时长出 3 个以上的分枝，各分枝再以同样的方式分枝，各分枝自成一小聚伞花序，如泽漆、大戟等。

（5）轮伞花序：叶对生，花无梗，对生，每叶腋长出一个聚伞花序，在枝条上成轮排列，如益母草、薄荷等。

五、果　　实

根据果实的形态结构可分为三大类，即单果、聚合果和聚花果。

（一）单果

单果：由一朵花中的一枚雌蕊发育而成。根据果皮等成熟时的质地和结构，可分为干果和肉质果两类。

1. 干果

干果：成熟时果皮干燥，根据果皮是否开裂，分为裂果和闭果。

1）裂果

成熟后果皮开裂，根据心皮数目和开裂方式，分为以下 4 种（图 6.9）。

（1）蓇葖果：由单心皮或离生心皮雌蕊发育而成，成熟时沿背缝线或腹缝线开裂，如八角、玉兰的果实。

（2）荚果：由单心皮子房发育而成，成熟果实多沿背缝线和腹缝线两边开裂，如大豆，但少数植物的荚果不开裂，如花生等。

（3）角果：由两个心皮的雌蕊发育而成，两心皮中央由侧膜胎座向内延伸形成一片假隔膜，成熟时果皮由下而上两边开裂，如萝卜、白菜和荠菜的果实。其中，根据果实长短不同，如萝卜和白菜的果实，又叫长角果，如荠菜的果实，又叫短角果。

（4）蒴果：由两个或两个以上心皮的雌蕊形成，成熟时以多种方式开裂，如百合、棉花的果实。

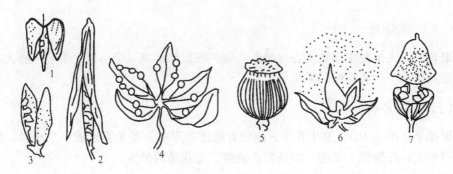

图 6.9　裂果的类型（仿李扬汉等，1984）

1. 短角果（荠菜）　2. 长角果（油菜）　3. 荚果（豌豆）　4. 聚合蓇葖果（梧桐）　5. 蒴果（虞美人）
6. 蒴果（棉）　7. 蒴果（车前）

2）闭果

成熟后果皮不开裂称为闭果，又分以下几种。

（1）瘦果：由一个心皮或 2～3 个心皮合生，组成一室的子房发育而成，内含一粒种子，果皮与种皮分离，如向日葵、荞麦的果实。

（2）颖果：果皮与种皮愈合，一室，内含一粒种子，如小麦、玉米和水稻等禾本科植物的果实。

（3）坚果：果皮木质坚硬，一室，内含一粒种子，果皮与种皮分离，有的包藏于总苞内，如板栗、榛子的果实。

（4）翅果：果皮沿一侧、两侧或周围延伸成翅状，其他部分实际上与坚果或瘦果相似，如臭椿、榆、白蜡树的果实。

（5）分果：多心皮子房发育而成，成熟后各心皮分离，形成分离的小果，如苘麻、蜀葵的果实。

（6）双悬果：由两心皮的子房发育而成，成熟后心皮分离成两瓣，悬挂在中央果柄的上端，种子仍包在心皮中，如胡萝卜的果实。

2. 肉果

肉果：果实成熟后，肉质多汁，常见的有以下几种。

（1）浆果：果实外果皮薄，中果皮和内果皮均为肉质而多汁，如葡萄、番茄的果实。

（2）柑果：由多心皮子房发育而成，外果皮和中果皮无明显分界，内果皮形成若干室，向内生有许多肉质的表皮毛，如柑橘、柚的果实。

（3）核果：由单心皮子房发育而成，外果皮薄，中果皮肉质，内果皮木质化，形成坚硬的壳，内有一粒种子，如桃、枣的果实。

（4）梨果：花托增大并肉质化，与果皮愈合，外果皮、中果皮肉质化，内果皮革质，如梨、苹果的果实。

（5）瓠果：花托与果皮愈合，无明显的外、中、内果皮之分，如西瓜、黄瓜的果实。

（二）聚合果

聚合果：一朵花中多数离心皮雌蕊，每一雌蕊都形成一个小果，集生在膨大花托上，如八角、玉兰和草莓的果实。

（三）聚花果

聚花果（图 6.10）：整个花序一起发育而成的果实。每朵花形成一个小果，聚集在花序轴上，外形似一果实，如桑葚、菠萝、无花果的果实。

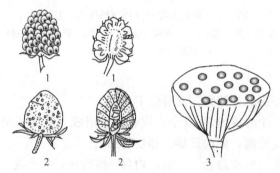

图 6.10　聚花果（仿陆时万等，1991）

1. 聚合核果（悬钩子）　2. 聚合瘦果（草莓）　3. 聚合坚果（莲）

六、种　子

种子的结构：植物种子在颜色、大小和形态等方面有很大不同，但基本结构都是一致的。都由胚、胚乳和种皮三部分组成。

1. 种皮

种子外面的保护结构，一般含有有色物质而呈现出不同的颜色，种皮上常常可以见到种脐、种孔，种脐是种子脱离果实时留下的痕迹，种孔是原来胚珠的珠孔留下的痕迹，有的种皮上可以明显见到种脊和种阜，如蓖麻（图 6.11）。

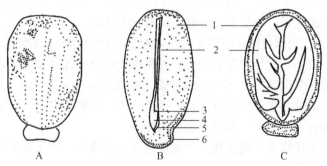

图 6.11　蓖麻种子结构（戴伦焰，1962）

A. 种子外形　B. 与子叶垂直的正中纵切　C. 与子叶面平行的正中纵切

1. 胚乳　2. 子叶　3. 胚芽　4. 胚轴　5. 胚根　6. 种阜

2. 胚

胚是种子内最重要的部分，由胚根、胚芽、胚轴和子叶四部分组成，胚生长发育形成新的植物体。

3. 胚芽

植物胚的组成部分之一。位于胚轴的顶端，生长后突破种皮发育成叶和茎。

4. 胚根

胚的下部未发育的根。种子萌发时，胚根首先突破种皮，以后发育成幼苗的主根。

5. 胚轴

胚轴位于胚根和胚芽之间，并与子叶相连，子叶着生点至第一片真叶之间，称上胚轴，而子叶着生点至胚根之间，称下胚轴。

6. 子叶

子叶是种子的一个组成部分，主要储藏和转化营养物质，根据种子内子叶的数目，把植物分为单子叶和双子叶植物。例如，玉米是单子叶植物，花生是双子叶植物。

7. 胚乳

胚乳是种子储藏营养物质的地方，供种子萌发时胚的生长。有些种子胚乳体积较大，占种子的大部分，这类种子叫有胚乳种子，如玉米、蓖麻种子。而有些植物的种子，成熟时不具有胚乳，这类种子叫无胚乳种子，如花生、豆类种子。

第二节　植物生活的环境条件概述

地球上生活着各种各样的植物，植物生长与当地的环境密切有关，植物以自身的变异适应不断变化的环境，同时，植物群体也对环境起到改造作用。

植物与环境之间的关系十分密切，植物生活空间的外界条件的总和就是植物的环境。同一种植物在不同的环境中，表现出不同的形态，如大麻在沙质土壤中根是直根系，在细质土壤中是须根系。植物的环境分为小环境和内环境，小环境是指接触植物个体表面，或植物个体表面不同部位的环境，如植物根系接触的土壤局部根际环境，叶片表面接触的叶片局部大气环境，是指植物体内部的环境，主要影响细胞的生命活动，进而影响植物的生长和发育。

一、环境和生态因子

植物的环境是植物生长外界空间的总和。组成环境的每个因子称为环境因子，如气候因子、土壤因子、地形因子和生物因子等。在环境因子中，对某植物有直接作用的因子叫生态因子。

二、生态因子类型

在研究植物与环境之间的关系时，常根据因子的性质，把其划分为以下五类。

1. 气候因子

气候因子指光、温度、水分、空气和雷电等，对植物形态、结构、生理发育等都有不同的作用。

2. 土壤因子

土壤因子包括土壤结构和理化性质等，土壤的肥力、类型都对生长在上面的植物产生影响，形成不同的植被类型。

3. 地理因子

地理因子指海拔高低、坡度、坡向和地面的起伏等，地理位置的变化造成其他因子的变化，影响植物的生活与分布。

4. 生物因子

生物因子指与植物发生相互关系的植物、动物、微生物及其群体之间的相互影响，如动物的采食、授粉、传播种子，植物与植物之间、植物与微生物之间的竞争、寄生等，影响植物的生长与发育。

5. 人为因子

人为因子指对植物资源的利用等过程中产生影响，继而对植物的生存、发育和群落造成有害或有利的影响。

五类因子在很大程度上对植物起综合作用，生态因子作用是综合性的、非等价性的、不可替代性的，也是互补性的。

三、限 制 因 子

植物在生长发育的不同阶段，需要不同的生态因子及其不同强度，那些对植物的生长、发育、繁殖、数量和分布起限制作用的关键性因子叫限制因子。例如，在干旱地区，水分是限制因子；在寒冷地区，温度是限制因子。

第三节　水 分 条 件

植物体的含水量一般为 $60\%\sim80\%$，一些水生植物如凤眼莲甚至可达 90% 以上，植物生活的细胞都必须含有一定的水分，才能进行各种生理活动。植物在长期的进化过程中形成了自身的许多特征。

一、水因子的生态作用

(一) 水对植物的意义

水分是植物生存的必需因子，水能维持细胞的形态，使植物保持挺拔直立状况，有利于生理代谢的正常进行。水是多种物质的溶剂，土壤环境中的矿物质必须溶于水后，才能被植物根系吸收。水是植物生理活动的原料，参加植物体内很多生物化学反应。如果植物生长的环境缺水，植物的正常生命活动就要受到影响，严重时，可能导致植物死亡。

植物需水量是相当大的，一方面，植物要不断吸水，另一方面，植物的水分在体内运输，并有一部分不可避免的以水蒸气的形式排出体外，一株玉米一天大约需消耗 2kg 的水，一生需要 200 多千克水。夏季一株树木一天的需水量约等于其全部鲜叶重的 5 倍。因此，水分对植物来说十分重要，水分的多少与植物的生命息息相关。

(二) 植物对水分的吸收

1. 植物细胞对水分的吸收

植物细胞吸水的主要方式是渗透吸水。细胞的渗透吸水取决于水势。水势是一个体系中水的化学势，化学势是指每摩尔物质中的自由能。纯水的水势最高，规定为零，水溶解其他物质变成溶液后，则水势就成负值，并且溶液越浓，水势越低，水总是从水势高的系统通过半透膜向水势低的系统移动。细胞的水势表示为

水势＝渗透势＋压力势＋衬质势，即

$$\psi = \psi_s + \psi_m + \psi_p$$

式中，ψ 为总水势；ψ_s 为渗透势；ψ_m 为衬质势；ψ_p 为压力势。

其中，渗透势是由于溶液中溶质的存在而产生，又叫溶质势。衬质势是植物细胞中含有蛋白、纤维素等物质，对水有吸涨力，成为衬质势。压力势是指植物细胞吸水膨胀，对原生质体产生一定的压力，其作用是使水分从细胞内向外扩散，称为压力势。

当细胞处于不同浓度的溶液中时，在细胞内外就会有水势差，从而发生渗透作用。

2. 植物根系对水分的吸收

根系吸水有两种方式。

(1) 被动的物理过程——被动吸水：由于枝条的蒸腾作用而引起的根部吸水现象，这种吸水是依靠蒸腾失水而产生的蒸腾拉力，由枝叶形成的力量传导到根部而引起的被动吸水。

(2) 主动的生理过程——主动吸水：如根压，即根系的生理活动使液流从根部上升的动力。水分由土壤溶液进入根的表皮、皮层，进而到达木质部导管。此外水分还

可以通过成熟区表皮细胞壁，以及根内层层细胞之间的间隙向里渗入，最终也达到导管。另外，植物吐水和伤流也是主动吸水的表现形式。

影响根系吸水的外界条件主要有土壤中可用水分、土壤通气状况、土壤温度和土壤溶液浓度等。

3. 蒸腾作用

植物通过地上部分的组织，主要是叶以水蒸气状态散失水分的过程称为蒸腾作用。

植物吸收的水分大约99.8%以上的水分通过蒸腾作用而散失，只有0.15%～0.2%用于组成植物体。

蒸腾作用是植物对水分吸收和运输的主要动力，能促进矿质养料在体内的运输，降低叶片的温度。

(1) 蒸腾速率：植物在一定时间内，单位叶面积上散失水分的量，单位为$g/(m^2 \cdot h)$。

(2) 蒸腾效率：蒸腾失水1kg时所形成的干物质的克数。

(3) 蒸腾系数：形成单位重量干物质所消耗的水分。

二、植物对水的生态适应

植物在长期的进化过程中，通过植物体内水分平衡来适应周围的水环境。一般而言，在高温地区和高温季节，植物吸水量和蒸腾量大，生长迅速；反之亦然，根据环境中水的多少和植物对水分的依赖程度，可将植物分为以下几种生态类型。

（一）水生植物

水生植物是指生长在水中的植物。植物体内有发达的通气系统，叶片常呈带状、丝状或极薄，植物体柔软，能够适应水的流动。

根据生境中水的深浅不同，又分为沉水植物、浮水植物、挺水植物。

(1) 沉水植物：植物整株沉没在水下，如金鱼藻、菹草和黑藻等。

(2) 浮水植物：植物叶片漂浮在水面，下面根有的扎根土壤，有的不扎根土壤，前者如睡莲、眼子菜等，后者如凤眼莲、浮萍和槐叶萍等。

(3) 挺水植物：植物大部分挺出水面，根系扎在土壤中，如芦苇、香蒲等。

（二）陆生植物

陆生植物是指在陆地上生长的植物，又分为湿生植物、中生植物、旱生植物。

(1) 湿生植物：生长在潮湿环境中，不能长时间忍受缺水，如水稻、灯心草、秋海棠、毛茛、泽泻和半边莲等。

(2) 中生植物：生长在水分条件适中的环境，大部分植物是中生植物，是种类最多、数量最大、分布最广的陆生植物。

(3) 旱生植物：生长在干旱环境中，能够忍受较长时间干旱仍能维持正常的生长发育，主要分布在荒漠地区以及干热草原。根据旱生植物的形态特征，又可分为少浆液植物和多浆液植物：①少浆液植物：叶小，根系发达，含水量极少，如刺叶石竹、麻黄和骆驼刺等。②多浆液植物：有发达的储水组织，能在极其干旱环境中生存，叶片多退化，绿色茎进行光合作用，如仙人掌、瓶子树等。

第四节　光照条件

万物生长靠太阳，光是植物生长的一个重要生态因子，光的强度、光质和光周期等都对植物的生长发育以及地理分布起到重要的影响，植物叶片对红橙光和蓝紫光的吸收率最高，因此这两部分称为生理有效光；绿光被叶片吸收极少，称为生理无效光。

一、光与光合作用

光是由电磁波所组成，根据波长的不同，分为赤、橙、黄、绿、青、蓝、紫七种颜色的光，植物的生命活动都需要消耗能量，能量的来源就是太阳光。绿色植物吸收太阳能，吸收二氧化碳，分解水，产生有机物质并释放氧气，这一过程就是光合作用。

（一）光合作用过程

光合作用可分为光反应和碳反应两个阶段。

1. 光反应

在光照条件下，在叶绿体的类囊体薄膜上，光合色素、光反应酶反应，生成有机物，主要成分是淀粉，并放出氧气。

2. 碳反应

碳反应的实质是一系列的酶促反应。又称暗反应，碳反应是 CO_2 固定反应，CO_2 被固定后转变成葡萄糖，由于这一过程不需要光所以称为暗反应。

（二）光对光合作用的影响

光合作用的指标是光合速率，光合速率以每小时每平方分米叶面积吸收二氧化碳的毫克数表示，光合作用是一个光生物化学反应，光合速率随着光照强度的增加而加快。

在一定范围内几乎是呈正相关；超过一定范围之后，光合速率的增加转慢；当达到某一光照强度时，光合速率就不再增加，这种现象称为光饱和现象。

（三）二氧化碳对光合作用的影响

二氧化碳是光合作用的原料，对光合速率影响很大。

二氧化碳的浓度增加会使光合作用增加，但当二氧化碳浓度增加到一定程度，光合作用不再增加。

（四）温度对光合作用的影响

光合过程中的碳反应是由酶所催化的化学反应，而温度直接影响酶的活性，因此，温度对光合作用的影响也很大。

植物一般可在 10～35℃下进行光合作用，其中以 25～30℃最为适宜，在 35℃以上时光合作用就开始下降，40～50℃时即完全停止。在低温下，酶促反应下降，因而限制了光合作用的进行；在高温下，破坏叶绿体和细胞质的结构，并使叶绿体的酶钝化，导致光合作用降低。

二、光与植物的生长发育

光照对植物生长有重大的影响，光线不足，容易引起植物的黄化现象。光照的强弱同时也影响植物的生长发育，在开花期结果期，如果光照减弱，会引起结实不良，严重时导致果实发育停止，造成落果。同时，日照长度对植物的开花有重要影响，植物的开花具有光周期现象，而它受着日照长度决定性的作用。日照长度还对植物休眠和地下储藏器官形成有明显的影响。

（一）光照强度与植物类型

根据植物与光照强度的关系，可以把植物分为阳性植物、阴性植物和中性植物三种类型。

1. 阳性植物

阳性植物多生长在光照条件好的地方，在强光环境中才能生长健壮，在弱光条件下则生长发育不良，如杨、柳、槐、松和杉等植物。

2. 阴性植物

阴性植物多生长在潮湿背阳的地方，在较弱的光照条件下比在强光下生长良好，如人参、铁杉、三七和云杉等。

3. 中性植物

中性植物是介于阳性与阴性植物之间的植物。它在光照下生长最好，但也能忍耐适度的弱光，如黄精、肉桂、云杉和桔梗等。

（二）日照长度与植物类型

根据日照长度与植物开花的关系，可以将植物分为三类：长日照植物、短日照植物、中日照植物。

1. 长日照植物

只有当日照长度超过一定数值（每日光照 14 小时以上）时才开花的植物，如冬小麦、大麦、甘蓝、菠菜和甜菜等。

2. 短日照植物

只有当日照长度短于一定数值（8~12 小时）才开花，如水稻、玉米、棉花和大豆等。

3. 中日照植物

需要中等日照时间才能开花，如甘蔗开花需 12.5 小时。

4. 中间性植物

只要其他条件合适，在不同的日照长度下均能开花的植物，如黄瓜、茄子、四季豆和蒲公英等。

第五节　温 度 条 件

温度是植物生长的重要生态因子，直接影响植物的生命活动，在植物生存的环境中，温度条件存在时空的变化，在时间上有一年四季的变化，有昼夜温差的变化；在空间上，随纬度、地形等的变化而变化。温度在时空的变化，对植物的生长带来影响，是植物重要的生存条件。

一、温度条件和植物的生长发育

植物的生长过程，都是在某一温度范围内才能正常进行。植物对温度的要求有三个基本点——最低温度、最适温度和最高温度，每种植物都有它的生长最低温度、最适温度和最高温度。只有温度达到该植物的生长最低温度以上，植物才开始生长发育；在最适温度范围内，植物生长发育良好；达到最高温度以上植物将逐渐死亡。如苹果根系生长的最低温度为 10℃，最适温度为 13~26℃，最高温度为 28℃。

不同植物生长的温度三基点不同，随植物种类、发育状况和具体环境不同而有较显著的差异，这与该植物的原产地气候条件密切有关（表 6.1）。原产热带或亚热带的植物，温度三基点偏高，分别为 10℃、30~35℃、45℃；原产温带的植物，温度三基点偏低，分别为 5℃、25~30℃、35~40℃；原产寒带的植物生长的温度三基点更低，北极或高山上的植物可在 0℃或 0℃以下的温度生长，最适温度一般很少超过 10℃。

表 6.1　常见植物三基点温度

植物名称	最低温度/℃	最适温度/℃	最高温度/℃
小麦	3~4.5	20~22	30~32
油菜	4~5	20~25	30~32
玉米	8~10	30~32	40~44
水稻	10~12	30~32	36~38
棉花	13~14	28	35

各种植物生长要求的温度不同。根在地温 20℃上下的春秋季里生长迅速，不同植物的种子，萌发温度显著差异，如小麦为 1～2℃，甜菜为 3～4℃，玉米为 8～10℃，棉花为 12～14℃，而椰子为 30℃，显示出地理起源不同的植物的适应特征。植物地上部分树冠生长在适温范围内，昼夜温度周期性变化常对生长有利。如喜温作物番茄于昼温 23～26℃、夜温 8～15℃的情况下生长最好，产果最多；相反在昼夜 26℃恒温下生长反倒不好，果实形成也受抑制。

二、极端温度条件对植物的影响

（一）低温胁迫与植物适应特征

植物生长环境中的温度低于一定数值，植物便会受到伤害，这个温度数值便称为临界温度。在临界温度以下，温度越低，植物受害越重。

1. 低温对植物的伤害类型

根据低温对植物的伤害原因，可分为冷害、霜害和冻害三种。

（1）冷害：指温度在零度以上，使喜温植物受害甚至死亡，如南方零度以上的低温对植物柑橘的伤害。

（2）霜害：是指伴随霜而形成的低温冻害。冰晶的形成会使原生质膜发生破裂和使蛋白质失活与变性。

（3）冻害：指冰点以下的低温使植物体内形成冰晶而造成的损害。

此外，在相同条件下降温速度越快，植物受伤害越严重。植物受冻害后，温度急剧回升比缓慢回升受害更重。低温期越长，植物受害也越重。

2. 植物对低温的适应特征

植物受低温伤害的程度主要取决于该种类（品种）抗低温的能力。对同一种植物而言，不同生长发育阶段、不同器官组织的抗低温能力也不同。

植物长期受低温影响后，会产生生态适应特征，主要表现在以下方面。

（1）在植物芽和叶片上产生油脂类保护物质。

（2）在植物器官表面被蜡粉和密毛。

（3）在植物树皮产生发达的木栓组织。

（4）植物生长矮小并常成匍匐状、垫状或莲座状等。

（5）将体内的淀粉转化为葡萄糖，在低温的环境下原生质体不容易凝固，以降低冰点。

（6）低温季节来临时休眠，以适应寒冷的环境。

（二）高温胁迫和植物适应特征

1. 高温危害

高温造成植物代谢紊乱，呼吸作用增强。蛋白质和酶在高温时失去活性。同时，植物的根部靠近地表，高温常导致树苗灼伤，严重时导致全株死亡。

2. 植物对高温的适应特征

植物长期受高温影响后，也会产生生态适应特征，主要表现在以下方面。

（1）植物生有密绒毛和鳞片，能过滤一部分阳光，降低温度。

（2）植物表面呈白色、银白色，叶片发亮，反射大部分阳光，使植物体免受热伤害。

（3）植物叶片垂直排列使叶缘向光或在高温条件下叶片折叠，减少光的吸收面积。

（4）植物树干有很厚的木栓层，具有绝热和保护作用。

（5）植物在高温时，降低细胞含水量，增加糖或盐的浓度，增加原生质的抗凝结力。

（6）通过旺盛的蒸腾作用避免植物体过热受害。

第六节　空气条件和土壤条件

一、碳素营养条件

在组成空气的诸多成分中，以二氧化碳与植物的关系最密切，碳素营养是植物的生命基础。首先，植物体的干物质中 90% 以上是有机化合物，而有机化合物都含有碳素；其次，碳原子还是组成所有有机化合物的主要骨架。植物碳素同化作用主要是以二氧化碳的形式通过植物光合作用吸收固定。

二氧化碳是植物光合作用的重要原料，世界上的森林是二氧化碳的主要消耗者。在一般条件下，每公顷森林一年要消耗 40t 碳，相当于 1800 万 m^3 空气中的二氧化碳含量。也就是说植物每形成 100kg 干有机物约需要 150kg 二氧化碳。同时，植物和其他生物一起，通过呼吸作用放出二氧化碳，特别是人类的活动也释放大量的二氧化碳。

地球上碳素的循环利用是指植物通过光合作用，将大气中的二氧化碳固定在有机物中，合成多糖、脂肪和蛋白质，储存在植物体内。食草动物吃了以后经消化合成，通过逐级食物链营养级，再消化再合成。在这个过程中，部分碳又通过呼吸作用回到大气中；动物体组分、动物排泄物和动植物残体中的碳，则由微生物分解为二氧化碳，再回到大气中，完成整个碳素循环。地球上碳素的循环利用对环境的保护和动植物的生长，具有特别重要的意义。

二、风的生态意义

1. 风的概念

风是空气相对于地面的水平运动，用风向、风速（或风级）表示。

风向是指风吹来的方向，一般用8个方位表示。分别为北、东北、东、东南、南、西南、西、西北，如北风就是指空气自北向南流动。风速是指空气在单位时间内流动的水平距离。一般用m/s表示，指一秒内风移动的距离。植物生长的环境中都有风的存在，观察植物摇摆的幅度，可以粗略判断风的速度（表6.2）。

表6.2　植物与风速的关系

风　级	风的名称	陆地上的风波
0	无风	植物静止不动
1~2	软风	树叶有微响
3	微风	树叶及微枝摆动不息
4	和风	地上的树叶被吹动，树的小枝微动
5	清劲风	有叶的小树枝摇摆
6	强风	大树枝摆动
7	疾风	全树摇动
8	大风	微枝折毁
9	烈风	大树枝折断
10~12	狂风	树木被拔起

2. 风的生态意义

（1）适度的风速有利于近地层热量交换，改善生物的生存环境。

（2）风能使空气中的二氧化碳、氧气和水汽等均匀分布与循环。

（3）风能够加速蒸腾作用，降低叶面温度，加速植物内养分输送。

（4）风可传播植物花粉、种子，帮助植物授粉和繁殖。据统计，约有10%的显花植物靠风力授粉。

3. 极端风对植物的影响

风速过大能造成植物叶片机械擦伤，严重时造成植物倒伏、树木断折、落花落果。由海上吹来含有盐分的海潮风以及内陆形成的干热风都严重影响植物的生长发育，影响开花和坐果，继而影响植物生长发育。

三、土壤营养条件

植物生长的环境中，土壤是一极其复杂的自然体，是生长在上面的植物的立足点和营养库，植物根系生长在土壤之间，在土壤和植物之间进行频繁的物质交换，因而土壤是植物一个非常重要的生态因子。

1. 土壤的性质

土壤可分为砂土、壤土和黏土三大类质地，是由固体、液体和气体组成的三相系统。其中固体颗粒是组成土壤的重要物质基础，含有多种矿物质，土壤水分能够溶解各种营养物质，土壤空气中含有氧、二氧化碳，它们都能被植物根系吸收利用。

2. 土壤的营养成分

土壤是植物生长的营养库，含有植物生长发育所必需的元素。根据其在植物体内的含量可分为三类：①主要成分，如 C、H、O 等，其在体内含量最多，一般不作养分看待；②大量营养元素，包括 N、P、K、Ca、Mg、S 等，主要用于蛋白质的合成和躯体建造；③微量营养元素，包括 Fe、Mn、B、Zn、Cu、Mo、Cl 等，主要用于各种酶的合成，控制体内某些化学反应过程。

3. 土壤矿质元素对植物的主要生理功能

（1）氮：氮是形成生命体蛋白质和核酸不可或缺的物质，故称为生命元素。植物主要从土壤中吸收离子态氮，也可以吸收有机态氮（尿素）。氮素过多，叶色深绿，枝叶徒长，易发生倒伏现象。植物缺氮时，植株矮小，叶片黄化，产量低。

（2）磷：植物主要以磷酸盐的形式从土壤中吸收磷。磷是细胞质、细胞膜和细胞核的主要组分，参与光合作用和呼吸作用，促进糖类的运输。磷素充足时，植株发育良好，抗倒伏性强，发育早。缺磷时，植株矮小，叶呈红色或紫色。基部叶发黄，产量降低。

（3）钾：植物从土壤中以游离态钾离子形式吸收钾。钾作为酶的激活剂参与植物体内代谢，能促进蛋白质、糖类的合成和运输。能促进植物块茎和块根膨大，种子饱满。因此，栽种马铃薯（块茎）和甘薯（块根）时施用钾肥，增产显著。植物缺钾时，植物柔软，容易倒伏，叶色缺绿变黄，生长缓慢，叶缘枯焦，叶片卷缩。

（4）钙：参与植物细胞壁组成，与细胞分裂有关，具有稳定生物膜的作用，中和代谢中产生的有机酸，避免因其过多而引起的伤害。植物缺钙时影响细胞分裂，抑制生长，严重时顶芽死亡，如菠菜黑心病、大白菜干心病等都是缺钙引起的。

（5）硫：硫是蛋白质的组成要素，主要以硫酸根的形式从土壤中吸收。硫与糖类、蛋白质和脂肪的代谢有密切的关系。由于硫在植物体内流动性较差，缺硫的病症在幼叶比老叶表现得更明显。缺硫时，植物叶脉缺绿，生长点开张度差。

（6）镁：主要以镁离子（Mg^{2+}）形式被植物吸收。镁是叶绿素的必要成分，也是许多酶的激活剂。缺镁时，叶片失绿，脉间黄化，严重时形成褐斑坏死，称为缺绿病。

（7）铁：主要以二价铁离子形式被植物吸收利用。铁是一些酶及电子传递体的组成部分，与光合作用、呼吸作用密切相关。植物缺铁时，新叶叶脉间失绿，严重时叶片变白色，如华北果树的"黄叶病"就是缺铁引起的。

（8）锰：是植物多种酶的激活剂，参与光合作用，与碳水化合物的同化及维生素 C 的形成有关。植物缺锰时，会导致叶绿体结构破坏和解体，如生长点新叶黄化、有小的坏死斑点等。

（9）硼：参与植物糖的转运与代谢，有利于花粉形成，能促进花粉萌发和受精。植物缺硼时，嫩叶基部浅绿，叶基部枯死，花药和花丝萎缩。

（10）锌：是多种酶的组分和激活剂，通过 RNA 代谢影响蛋白质生产。植物缺锌时，植株新生枝条节间缩短，产生小叶和丛叶症。

（11）铜：影响植物的氧化还原过程。植物缺铜时，嫩叶萎蔫可产生坏死斑点。

（12）钼：是硝酸还原酶和固氮酶的必需成分，在植物氮代谢中起重要的作用。钼对花生和大豆等豆科植物增产作用显著。缺钼时，植物叶片产生坏死斑点，并向幼叶发展，可造成新叶扭曲。

第七节　生物条件和人类活动影响

地球是生物生存的大环境，地球给生物提供了生存的基本条件，它们都需要光、空气、水、营养物质、还有适宜的温度和一定的生存空间，动植物在生物圈生存，互相依赖，创造了生物多样性。

一、动物对植物的生态作用

动物是直接或间接依赖植物而生存的，通常认为，动物要采食植物，对植物造成破坏，但动物在对植物进行采食的同时，通过交换能量、清除植物垃圾以及控制植物种数量等作用，从而最终实现生态平衡，也起到了保护生态作用。动物对植物的生态作用主要表现在以下四个方面。

1. 通过动物采食植物与植物被采食而维持生态平衡

草食动物以植物为食物，肉食性动物又以草食动物为食物。动物的代谢产物等又变成了无机的矿物营养物，又被新一轮的植物吸收。

2. 植物通过采食动物的活动帮助繁殖后代

例如，各种花卉需要昆虫授粉才能结果。又如，鬼针草种子有倒钩，钩在动物的毛发上，传播到很远的地方。

3. 通过大量繁殖维护生态平衡

植物通过大量繁殖，维持种群不被草食动物消灭，如禾本科植物生长快、繁殖茂盛，才很少遭受牛、羊等草食动物彻底毁灭的危害。草食动物繁殖后代数量加大，保证不被肉食动物吃绝。肉食动物繁殖数量很少，以保证猎物不被过量扑杀。

4. 植物产生刺和毒素等对动物起到防御作用

有些植物用锐利的针、刺和荆棘等作为武器，使食草动物不敢接近。有些植物能分泌具有难闻的气味，使动物不把它们作为食物而放弃采食。有些植物分泌出的毒素使草食动物吃了后会有严重的反应，从而以后不再食用。动物对植物的采食促进了植物的进化。

二、植物之间的生态作用

在一个生态环境中，能够发现许多种植物，植物与植物之间，也存在多种相互作用，共同维持生态平衡。

1. 营养关系

植物的营养方式可分为自养型与异养型。低等植物的异养型种类很多，异养型被子植物却不丰富。这些寄生植物中有的完全依赖寄主的营养物质，已知共有 518 种，分属 9 科。另一些植物如田间杂草菟丝子，本身虽有少量叶绿素却不能满足需要，需利用特殊的管状吸器插入寄主茎内吸取有机营养物质。

2. 机械性相互关系

（1）附生植物全身着生在其他植物（称为支柱植物）的地上器官表面，相互之间并没有营养上的直接联系，属于自养型。附生植物不接触土壤，水分来源依靠雨水、露水乃至直接吸取气态水。由于水分条件的多样性，附生植物包含从湿生到旱生各种类型。其无机营养物质来自雨水、尘土和腐烂的植物表层、树杈等尘土较多处，附生植物较多较大，也有些生长在粗糙树皮上甚至叶片上。

（2）藤本植物：扎根土壤，茎不自立，通过攀援或缠绕支柱植物攀升树冠，分木本和草本两类。

（3）绞杀植物：生活在热带雨林中，如榕树。

3. 化学性相互关系

植物之间还常常通过挥发性分泌物互相产生影响，有些植物（如皂荚、黄栌）分泌刺激素，进入其他种植物体内可以促进其生理机能。

另一些植物如核桃、刺槐和许多唇形科植物，分泌的有机物常抑制其他植物生长。

4. 竞争性关系

在分析植物分布和生态环境关系时，不能忽视其他植物的影响。生境的物理-化学性质的影响是限制植物生长分布的基本条件，但在适宜某种植物生活的生态环境内，有时因受其他植物竞争的影响而实际分布有所改变。

三、人类活动的影响

人类也是生物圈内的一分子，随着人类掌握知识的增多，人类改造自然的能力越来越大，人类的生产活动，改变了自然面貌，在一定程度上强烈干扰着生态系统的平衡。人类对植物资源的合理开发，能促进生态系统的发展和新陈代谢；但如果不合理开发，常导致森林毁灭、物种灭绝、水土流失、草原荒废和土地沙漠化等。同时，人类活动对环境和水质污染，给人类和植物的生存带来危害，人类不慎引种经常造成植物入侵。例如，美国 20 世纪 30 年代引进葛藤，葛藤凭借极强的生长力，侵占了许多农地和沙坡地，到了 50 年代，葛藤大量繁衍，短短二十年间，沦为全美国"通缉"的"绿怪"。又如，中国引进"水葫芦"作为猪饲料，现在繁殖能力极强的水葫芦已经成为我国头号有害植物。在南方许多地方，水葫芦遍布河流，河道被密密层层的水葫芦堵得水泄不通，不仅导致船只无法通行，还导致鱼虾绝迹，河水臭气熏天。

思考题

1. 名词解释：生态因子　蒸腾作用
2. 简述种子植物叶片的常见形态。
3. 简述种子植物花序的类型及其特点。
4. 简述植物对低温的适应特征。
5. 简述植物之间的生态作用。

第七章　植物区系分析

植物区系（flora）是指某一地区，或者是某一时期、某一分类群、某类植被等所有植物种类的总称。例如，中国秦岭山脉生长的全部植物的科、属、种即是秦岭山脉的植物区系，它们是植物界在一定自然环境中长期发展演化的结果。植物区系包括自然植物区系和栽培植物区系，但一般是指自然植物区系。

研究植物区系时通常把一个地区的全部植物进行科、属、种的数量统计，然后再把所有的植物按其分布区类型、种的发生地、迁移路线、历史成分和生态成分等进行分析，分别称为植物区系的地理成分、发生成分、迁移成分、历史成分、生态成分分析等。

在许多情况下，植物分布区的形状和植物区系组成不能用现在的生态因素解释，而只能用地史因素解释，因此，根据一个地区植物区系的历史成分分析判断该地区的地质变迁和认识该区域的地质历史具有重要意义。一般一个地质上古老的地区其植物区系种类比较丰富，而年轻的地区其植物区系种属相对贫乏。

第一节　分　布　区

分布区（areal）是指植物界任何分布单位（种、属、科等）在地球表面的分布区域，种的分布区是基础，是最主要、基本的研究对象，在种的分布区基础上再合并出属、科的分布区。

每一个种（或属、科）都不是在地球表面普遍分布，而只是出现于某种生境，占据地表某一有限范围，分布的地理范围也不断地发生变化。在它所占据的地理范围的不同部分，它的分布多度也是不同的。此外，植物种在自然界通常是与其他种结合形成群落出现的，植物群落也同样具有自己的独特分布格局，植物种和植物群落的分布格局就是植物地理学所研究的对象。

一、种的分布区

一个物种由若干植物个体组成，它们分布在一定的地域上，该种所占有的全部地域构成该种的分布区。例如，油松分布在我国冀、鲁、晋、陕、宁、辽西及内蒙古中南部、甘肃中南部、青海东北部以及川北等地，这些地区就是油松的分布区。

植物分布区内生态环境不均一，生境的差异使得植物种的个体并不是布满该种的分布区的所有空间，而是有选择地分布在适宜的生境，从而引起分布区内部带有不同程度的空间不连续性。把植物种的个体分割成数目不一的若干群体单元，即是种群（population）。植物分布区是一个统一的整体，分布区是动态的，随着环境的变化，植物总是不断位移，扩大或缩小它们的分布区。不同植物的分布区不同，不同植物的分布区之间可能交叉、重叠。

二、属的分布区

属是亲缘关系相近的种的联合，每个属的分布区则是所包含各个种的分布区的总和，如油松的分布区和其他种的分布区合并出松属的分布区。一个属如果只包含一个种叫单型属，单型属的分布区显然与种的分布区一致，只是含意不同。同一属之内彼此很相近的种，或者具有不重合的分布区、或虽有局部重合而其内部结构互有差别（即各自适应不同生境）。假若两个种不仅相似，而且分布区或具体生境也完全一样，此时常认为这不是两个独立的种，而仅是同一种内的不同变种或变型。

据统计，有花植物共有 12 500 属，平均每个属包括 18 种。有的属不仅见于各大陆，甚至热带温带等地均有分布，是世界分布属。有些水生和沼生植物，以及不少由于人为原因而扩大分布的作物和杂草也是世界分布属。加上仅缺失于某大洲的亚世界属，共计 130 属，占总数的 1%。地方特有属则占有花植物总数的 80%（共 10 000 属）。

其他各属分布范围居于中间程度。普遍分布在全球各热带地区的称为泛热带分布，约有 250 属。分布在温带的约有 165 属。有些属的分布区限于一个洲的范围，如仅在亚洲分布的有 370 属，在美洲的有 350 属，在非洲的有 110 属，澳大利亚有 60 属。至于分布更狭小的属亦不罕见，一般为少种属或单型属，如我国特有的银杏（*Ginkgo*）属、水杉属等都是单型属。

三、科的分布区

科的分布区是科内各属分布区的总括。各科和属形成历史久远，其中种间生态特征常有明显差别，所以分布类型多样且原因复杂。被子植物 544 科中，世界分布的科有 67 个，其中禾本科、莎草科、菊科、石竹科、豆科、唇形科、藜科、百合科、眼子菜科等都分布广泛，各科种数最丰富的地区称为该种的分布中心或多样性中心。呈连续分布的科属大多分布范围较小，种类不丰富。不连续分布的超过 100 个，且多为远距离间断分布。

四、植物分布的若干规律

1. 分布区的结构

同一种内的种群之间虽然常不直接相连，但仍可相互迁移（传播繁殖体），并能正常杂交进行基因交流，只是相距过远的种群间这种机会较少。有人认为植物种群的有效杂交范围不是以平方千米计，而仅局限在以平方米为单位的空间内。生境间如出现很大差异，各种群还会分化为若干生态型，但生态型间的分歧未超过种间差异（或为变种），即仍具有某种同质性，只是使种分布区的结构复杂化。

气候生态型是由于分布区内气候条件的差异影响而形成的。一般说气候生态型之间的区别表现在年生长周期、耐寒性、耐旱性、光周期需求、生长速度、开花迟早、繁殖能力等方面。

土壤生态型的分化是由于各种土壤理化性质的地区差异，如酸碱度，含钙量，可溶盐含量，铜、锌等重金属离子含量，土壤质地等都可能产生选择作用。

种的分布区可划分成两部分，一部分具有该种生长发育最适宜的条件，另一部分（常在分布区的边缘）不是所有年份都能保证种子成熟，或不能保证所有生长地点的种子成熟，这样便导致种的个体数目减小，出现频率降低或生长不良。因此，种的分布区既有整体的统一性，这反映种的实际生态幅度，又常常存在着一定程度的生态不均一性，这和种内分异密切有关。

2. 分布区的形状

植物分布区的形状一般归纳成两大类型，即连续分布区和间断分布区（不连续分布区）。

连续分布区内某种植物在适宜它生存的生境重复出现，各部分之间没有被不可逾越的障碍隔断而失去交流繁殖体的可能性。有些种的连续分布区周围有岛状生长地点，但通常距离主分布区不远，表明彼此存在着密切联系。

间断分布区中间被高山、海洋、不适宜气候或土壤等障碍隔开，分裂为相距遥远的两部分或更多部分，各部分的种群间失去基因交流的机会。间隔的距离或跨越大洋、或在洲范围内不同部位。其中没有明显主分布区而呈星散状的，又叫星散分布。

3. 分布区的范围

少数种类植物的分布遍及世界各地，称为世界种（cosmopolitan species）。事实上它们多是盐生植物、淡水水生植物，所在地仅为局部适宜的生境，真正占有的总面积不大。

如果植物的分布限于某一地区范围内，成为特有种（endemic species），这个地区可大可小，可以说某个洲或某大自然区的特有种，也可以说某个山地或海岛的特有种。因此特有种是相对的概念，通常区分为大陆特有、省域（provincial）特有、地方特有和局地（local）特有。

第二节　植物区系分区

一个地区的植物种类总和称为该地区的植物区系。

一个地区的植物种类组成可按它们的地理分布特征划分为若干地理成分。凡是自然分布区大体一致，或现代分布中心相近的所有类群均能合并为一种地理成分。植物区系组成种类中，还可以根据各类群的起源地（起源中心）而划出若干发生成分。例如，对生叶虎耳草和仙女木都是北极-高山式地理分布（成分），但前者起源于高山，第四纪冰期才向北极扩展，应属高山型发生成分，后者则属北极发生成分。划分区系的发生成分需要研究各类群的分化进化和历史植物地理。

植物区系的历史成分根据该组成成分参加当地植物区系的地质时期划分。一个地区内通常有一些较古老的和较年轻的区系成分混合生长，但起源古老的不一定很早就在该地区出现，也可能是后来从其他地区移来。确定历史成分要依靠古植物学资料和孢子花粉分析。

一、世界植物区系的划分

根据植物区系成分、起源和发展历史的相似性将地球表面划分为若干个从属的区域单元，即世界植物区系。

（一）植物（区系）区划的原则

利用各种植物区系分析方法研究有关地区的植物区系，并把那些植物区系成分的性质和发展历史相似的地区合并，按照相似程度、关系密切程度，分成若干等级，便是植物（区系）区划。现代分布区的形成不仅受现代地理环境制约，还深受古地理演变、植物进化特点因素限制，分区单位越高，植物区系独立发展历史越久，特有程度越高。

最高分区单位是植物区（kingdom）。划分区的标准是含有高比例特有种和特有属，此外还有较多特有科。区内根据次要差别可分为亚区、植物地区（region），划分的重要标志是特有属和植物科属的组成特点（分类结构）。再下一级单位即植物省（province）的特有属比例较低，仍含有一定的特有种。最小单位植物小区主要根据区系种类组成的相似性划分。

（二）世界植物区系分区

植物区和亚区的划分情况，各家学者意见大同小异。"大同"表现在德鲁特（1890）与狄尔斯（1908）先后划分的六个植物区被后人承认接受下来。它们是全北区（泛北极区）、新热带区、古热带区、澳大利亚区、好望角区、南极区。"小异"表现在各区具体界线、亚区和地区的划分粗细程度等方面的调整。古德的区划方案包括6个植物区，3个植物亚区、37个植物地区和121个植物省。塔赫他间1978年提出自己的新分区系统，包括6个植物区，8个植物亚区、34个植物地区和142个植物省，其具体内容简述如下。

Ⅰ.泛北极植物区（全北植物区）

大体位于北回归线以北，是面积最大的植物区。特有科30多个，典型的有银杏科、粗榧科、珙桐科、悬铃木科、腊梅科、杜仲科、五福花科、连香树科等，以及桦木科、胡桃科、槭树科、蓼科、毛茛科、十字花科、杨柳科、蔷薇科、报春花科、龙胆科、百合科、石竹科、木兰科、樟科、壳斗科、榆科、茶科等科的许多植物。

A.北方亚区

（1）环北方植物地区：这是受第四纪大陆冰川覆盖和影响强烈的地方，范围包括地中海沿岸以北的欧洲和俄罗斯、加拿大、阿拉斯加的大部分，其总面积是所有植物地区中最大的，却没有特有科，而且特有属也不多。特有种则大多集中在本地区南部山地。

（2）东亚地区：植物种类（尤其是树种）丰富程度居非热带地区首位，有14个特有科和300多个特有属，如杜仲科、云叶科、连香树科、昆栏树科、伯乐树（钟萼木）科、南天竹科、木通属（*Akebia*）、泡桐属（*Paulownia*）、石蒜属（*Lycoris*）、腊梅属（*Chimonanthus*）、青荚叶属等，大量古老（或原始）的单型科属在此保存表明本地区是高等植物发展中心之一，且未受第四纪冰期严寒的强烈摧残。

（3）大西洋-北美地区：有1个特有科和100多个特有属，特有种非常多，保存许多古近纪古老植物，与东亚植物区系极为相似，说明两地植物曾有过密切交流。

（4）落基山地区：这里植物区系很接近环北方地区的植物区系，没有特有科，但有数十个特有属。

B. 古地中海亚区

本亚区植物区系主要是在北方区系和热带区系的交接处——干涸的古地中海由于迁移而发展起来的，但大多具有北方的根源。

（5）马卡罗尼西亚地区：特有属30多个，特有种所占比例极高。

（6）地中海地区：特有科仅1个，特有属可达150个，年轻的特有种数量超过古近纪孑遗植物数量，与环境干旱化有关。

（7）撒哈拉—阿拉伯地区：1969年塔赫他间曾将它划归古热带区，因发现此地1500种植物中以泛北极成分为主而改动，特有种不少于310种。

（8）伊朗—土兰地区：气候干旱，无特有科，特有属和特有种很多，大部来自藜科、伞形科、十字花科、玄参科、石竹科、蒺藜科等。

C. 马德雷亚区

（9）马德雷地区：有5个特有科和许多特有属（如红杉）。加利福尼亚的特有程度高达30%～50%。

Ⅱ. 古热带植物区

由旧大陆各热带地区组成，植物区系种类异常丰富，含40个特有科，如龙脑香科、芭蕉科、猪笼草科、露兜树科、姜科等。

A. 非洲亚区

（10）几内亚—刚果地区：原称西非雨林区，植物区系极为丰富，有6个特有科，几十个特有属。

（11）苏丹—赞比西地区：有特有科3个，特有种很多。

（12）卡罗—纳米布地区：位于西南非洲的干旱区，百岁兰科为单种特有科，特有种百分率很高。

（13）圣赫勒拿岛和阿森松岛地区：为大西洋中两个火山岛，但特有种比例非常高。

B. 马达加斯加亚区

（14）马达加斯加地区：8 个特有科、约 300 个特有属。6500 种有花植物中几乎 90％为特有，特有种约 1/4 与非洲种亲缘较近。

C. 印度—马来西亚亚区

（15）印度地区：约有 100 多个特有属，但缺乏原始科的特有属，表明植物区系发展历史较为晚近。

（16）中南半岛地区：无特有科，特有属超过 250 个。

（17）马来西亚地区：植物区系非常丰富，但特有科很少。几个较大岛屿和马来半岛上各拥有 10～60 个特有属，在新几内亚更多达 150 个。种的特有化很高。引人注目的马来西亚山地区系包含北温带典型属，如毛茛属、悬钩子属和堇菜属，据推测温带类型 800 种分别从马来半岛与台湾南下迁移而来，另一路线则自澳大利亚北上。

（18）斐济地区：有一单型的特有科，15 个特有属。斐济群岛本地约 1250 个自然种中，约 70％是特有，新赫布里底群岛特有种亦达 35％，萨摩亚群岛较少。

D. 波利尼西亚亚区

（19）波利尼西亚地区：无特有科，各群岛约有 25％的特有种。有人认为区系亲缘关系近于美洲。

（20）夏威夷地区：无特有科。自然区系包括 216 属（约 20％特有）1729 种和变种（约 95％特有）。单子叶植物种类不足总数的 1/5，然而灌木特别发达，像堇菜属（*Viola*）、老鹳草属（*Geranium*）、蝇子草属（*Silene*）及菊科、半边莲科等在别处几乎均为草本，在此却为乔木。其区系的发生是由各方面偶然迁来的，主要部分起源于西方的印度—太平洋，与美洲关系较少。

E. 新喀里多尼亚亚区

（21）新喀里多尼亚地区：有 5 个特有科，约 100 个特有属。2600 个种中 90％特有。木本种类占优势，草本种类很少，茜草科、桃金娘科、兰科和五加科最盛，而菊科、禾本科和豆科只有很少几种。所以有人认为从古近纪中期本区就已孤立。

Ⅲ. 新热带植物区

植物种类丰富。特有科 25 个，如美人蕉科、旱金莲科、巴拿马草科、凤梨科（仅一种在西非）等。未分植物亚区。

（22）加勒比地区：2 个特有科、500 以上特有属。特有种比率很高。

（23）圭亚那地区：特有属接近 100 个。在 8000 种植物中一半以上为特有种，起源古老。

（24）亚马孙地区：1 个特有科，500 个特有属，最少有 3000 个特有种。为巴西橡胶、可可（*Theobroma cacao*）、甘薯、木薯、花生等重要经济植物原产地。

（25）巴西地区：约 400 个特有属，但没有特有科。

（26）安第斯地区：1 个特有科，可能有数百个特有属。原产经济植物很多，如金鸡纳树、烟草、番茄、马铃薯、菜豆等。

Ⅳ. 好望角（开普）植物区

（27）开普地区：面积不大却拥有 7 个特有科。为地中海式气候，生有 7000 种以上植物，大多是特有种。美丽花卉超过 1000 种。

Ⅴ. 澳大利亚植物区

拥有许多特有科，570 个特有属，如桉属包括 300 多种。但却没有广布的竹类、山茶科，杜鹃花科、木贼科等。

（28）东北澳大利亚地区：为森林气候，有 4 个特有科，特有属 200 以上，4395种植物里有 29％特有。

（29）西南澳大利亚地区：为地中海式气候，有 4 个特有科，125 个特有属，全部 2841 种中特有种达 2472 个。

（30）中澳地区：为干旱气候，特有属约 85 个。特有种占 90％以上。

Ⅵ. 南极植物区

拥有 10 个小的特有科和较多特有属。

（31）费尔南德斯地区：1 个单型特有科，约 15 个特有属，143 种植物中 70％为特有。

（32）智利、巴塔哥尼亚地区：7 个特有科，许多特有属和特有种。

（33）亚南极群岛地区：仅 2 个特有属。

（34）新西兰地区（古德等划入澳洲区）：无特有科，特有属 45 个。

海洋植物区系以藻类为主，被子植物仅有眼子菜科与水鳖科，共 12 属 30 余种。因水体环境较为均一，故仅分为三个植物区。北方海洋植物区与南方海洋植物区各以一些褐藻为代表，种类较多，热带海洋植物区则多为红藻。

二、中国植物区系

我国现代植物区系的形成和特点是在特定自然地理条件，特别是自然历史条件综合作用下和植物界本身发展演化的结果，植物分布区类型包括世界、热带、温带、古地中海及我国特有属等多种成分，我国这些成分具有明显的热带性。

（一）中国植物区系分布

我国种子植物共有 301 科，2980 属，24 550 种（连同蕨类可达 27 150 种），可划分为 15 个分布区类型。

（1）世界分布 108 属，占属总数的 3.6％。

（2）泛热带分布 372 属，占属总数的 13％。

（3）热带亚洲和热带美洲间断分布 89 属，占属总数的 3.1％。

（4）旧世界热带分布 163 属，占属总数的 5.7％。

(5) 热带亚洲至热带大洋洲分布 150 属，占属总数的 5.2%。

(6) 热带亚洲至热带非洲分布 151 属，占属总数的 5.2%。

(7) 热带亚洲分布 542 属，占属总数的 18.8%。

第 (1)～第 (7) 各类热带成分共约 1460 多属，约占全国属数的 51%（不包括世界分布属）。

(8) 北温带分布 296 属，占属总数的 10.3%。

(9) 东亚和北美洲间断分布 117 属，占属总数的 4.1%。

(10) 旧世界温带分布 175 属，占属总数的 5.5%。

(11) 温带亚洲分布 63 属，占属总数的 2.2%。

(12) 地中海区，西亚至中亚分布 166 属，占属总数的 5.8%。

(13) 中亚分布 112 属，占属总数的 3.9%。

(14) 东亚分布 298 属，占属总数的 10.4%。

第 (1)～第 (11)、第 (14) 共约 930 属，约占全国的数 32.4%，几乎包括世界温带分布的所有木本属，如槭 (*Acer*)、桦木 (*Betula*)、鹅耳枥 (*Carpinus*)、胡桃 (*Juglans*)、栎 (*Quercus*)、杜鹃 (*Rhododendron*) 以及松柏类的冷杉 (*Abies*)、云杉 (*Picea*) 和松 (*Pinus*) 等。

古地中海或泛地中海［第 (12)、第 (13)］的成分约 278 属，占全国属数的 9.7%，包括藜科、菊科、十字花科、紫草科、唇形科、伞形科、柽柳科和蒺藜科等的许多属。此外，我国特有的 190 多属。

(15) 中国特有分布 196 属，占属总数的 6.8%，多分布于热带和亚热带。其中单型属多达 142 个，而云南一省就分布 50 多属，并且将近一半又为云南省特有，且集中在滇西北。在四川、贵州各约 25～30 个特有单种属。特有的少种属共 48 属，亦大部分（约 40 多属）产于西南，其他地区很少。

(二) 中国植物区系的基本特征

中国是国家行政单位，不是自然地理单位，描述植物区系特征肯定十分困难。典型说法一般是：南北过渡，东西交汇，成分复杂，来源多样，具有热带亲缘。

总体说来具有如下几个特征。

1. 种类丰富，体量巨大

据统计，我国现有维管束植物有 353 科，3184 属，27 150 种，在世界植物区系中占重要地位。按我国植物区系所包含种的数目，与世界植物区系丰富的国家相比较，仅次于马来西亚（约 4.5 万种）和巴西（约 4 万种），居世界第三位。是古热带植物区系（以热带亚洲、澳洲为代表，包括高纬度地区）的主体。

　　我国的大科、特大科含有大量种类也是形成我国丰富的植物种类的重要原因。世界种子植物中 4 个含万种或万种以上的特大科，在我国都含千种以上，即兰科 1040 种、菊科 2170 种、豆科 1080 种、禾本科 1160 种。另外还有 50 个大科，在我国各有 100~1000 种，如蔷薇科（912 种）、唇形科（793 种）、杜鹃花科（792 种），毛茛科（687 种）；玄参科（687 种）等。这 54 个科我国共含有 19 700 多种，约占全国种子植物种数的 80%，广布全国，是我国植物区系的基本组成。

2. 起源古老

　　根据古地理研究，我国白垩纪至古近纪时期，大部分地区气候暖热。第四纪冰期，也仅受到寒冷气候影响或一些地方受到山地冰川影响。由于我国地处中低纬度，加之地形复杂，便成为许多古老植物的避难所或新生孤立类群的发源地。因此，我国具有许多古老的孑遗植物及系统演化上原始或孤立的科属。目前的化石证据（中华古果）支持中国可能是被子植物的起源中心。

　　这些古老的特有属包括喜树（*Camptotheca*）、串果藤（*Sinofranchetia*）、珙桐（*Davidia*）、杜仲（*Eucommia*）、青钱柳（*Cyclocarya*）、青檀（*Pteroceltis*）、独叶草（*Kingdonia*）、文冠果（*Xanthoceras*）。我国特有的 190 多属中种类多是古近纪古热带植物区系的孑遗或更古老的成分，如水杉（*Metasequoia glyptostroboides*）、银杏（*Ginkgo biloba*）、鹅掌楸（*Liriodendron chinense*）等号称活化石。此外还有银杉（*Cathaya argyrophylia*）、金钱松（*Pseudolarix amabilis*）、白豆杉（*Pseudotaxus-chienii*）、柳杉（*Cryptomeria*，2 种）、水松（*Glyptostrobus pensilis*）、台湾杉（*Taiwania*，2 种）等古老的裸子植物，以及被子植物中钟萼树（*Brctuhneidera*，1~2 种）、连香树（*Cercidiphyllum japonicum*）、青钱柳（*Cyclocarya paliurus*）、珙桐（*Davidia involucrata*）、金钱槭（*Dipteronia*，2 种）、杜仲（*Eucommia ulmoides*）、马尾树（*Rhoiptelea chiliantha*）、水青树（*Tetracentron siense*）等。

　　我国温带针阔叶混交林也残存着一些古老成分，如木兰（*Magnolia*）、五味子（*Schisandra*）、猕猴桃（*Actinidia*）、南蛇藤（*Celastrus*）、鹅耳枥（*Carpinus*）、梣（*Fraxinus*）、胡桃（*Juglans*）、黄蘗（*Phellodendron*）以及葡萄等属的个别种。西北荒漠植被中，也保存许多古地中海或古南大陆的古老或孑遗成分，如蒺藜科的白刺（*Nitraia*）、骆驼蓬（*Peganum*）、油柴（*Tetraena*）、木霸王（*Zygo-phyllum*）、豆科的沙冬青（*Ammopiptanthus*）、蔷薇科的绵刺（*Potaninia*）等。

3. 地理成分复杂、类型齐全（热带—寒带，湿生—旱生）

　　植物区系的地理成分是根据植物种或科属的现代地理分布而确定的。植物种、属或科分布的区域（即它们分布于一定空间的总和），称为植物分布区。植物分布区是由于植物种（或属科）的发生历史对环境的长期适应，以及许多自然因素对其影响的结果。在植物界中，不同的植物种（属或科）的分布区域是各不相同的，从而表现出不同的分布区类型。虽然植物任何分类单位都有其分布区类型，但从植物地理学观点出发，植物属比科能够更具体地反映植物的系统发育、进化分异情况及地理特征。因为在分类学上同一个属所包含的种常具有同一起源和相似的进化趋势，属的分类学特征也相对稳定，占有比较稳定的分布区，同时在其进化过程中，随着地理环境的变化发生分异，而有比较明显的地区性差异。

全世界分布的科在中国有 47 个，每科种类很多，生态类型丰富，因而适应性广，许多是发生上较年轻的类型。

4. 各种地理成分联系广泛，分布交错混杂

从我国种子植物属分布区类型的划分和统计看，我国植物区系与世界各部分有着广泛的和不同程度的联系。各类地理成分在我国境内的分布，是互相渗透交错的。

一方面，典型的泛热带分布的 326 属中，只约有 60 属限于热带，150 属分布到亚热带，110 多属达到温带。樟科是热带—亚热带森林的主要成分，我国约有 20 属 370 种，广布秦岭淮河以南广大地区，而个别种如木姜子（*Litsea pungens*）、红楠（*Machilus thunbergii*）和三桠乌药（*Lindera obtusiloba*），则分别达到晋南、山东或辽东。芸香科黄檗属（*Phellodendron*）和葡萄科葡萄属（*Vitis*）等的个别属甚至分布到东北。柿树科（Ebenaceae）、大戟科（Euphorbiaceae）、鼠李科（Rhamnacae）和马鞭草科（Verbenaceae）等的一些属更常分布到北方温带地区，如在北京地区，柿树（*Diospyos kaki*）可长成大树，酸枣（*Zizyphus jujuba*）和荆条（*Vitex incisa*）等可形成广大群落。无患子科的文冠果（*Xanthoceras sorbifolia*）且为我国北方特产。

另一方面，许多温带分布的科属在全国南北广泛分布，但往往产于南方山地，如北温带典型的落叶乔灌木槭属（*Acer*）、小蘖属（*Berberis*）、桦属（*Betula*）、鹅耳枥属（*Carpinus*）、榛属（*Corylus*）、胡颓子属（*Elaengnus*）、梣属（*Fraxinua*）、胡桃属（*Juglans*）和壳斗科的栗属（*Cas-tanea*）、水青冈属（*Fagus*）及栎属（*Quercus*）等。槭属和栎属在秦岭以南且含有很多的常绿种类。再如，松科的冷杉、云杉和松属的各个种，也自北而南有规律地分布，前两属且在我国西南山地充分发展含有许多种类。我国松属的多数种产于亚热带山地，思茅属（*Pinus khasya*）和海南松属（*Platteri*）则分别产于滇南或华南热带山地。

此外，分布中心在地中海区的一些科属，虽然在我国主要产于西北干旱地区，但有些属也常分布到华北、东北或西南，甚至广布全国，如柽柳科的柽柳（*Tamarix*）、藜科的滨藜（*Atriplex*）、猪毛菜（*Salsola*）、蒺藜科的骆驼蓬（*Peganum*）、唇形科的糙苏（*Phlomis*）等。

　　上述各类区系成分在我国境内分布相互交错渗透的现象，说明它们彼此在发生和地区上的联系。这种交错渗透或者各类区系成分分布叠置的现象，在我国西南地区表现得特别突出。这主要是由它复杂的自然历史过程和生态条件形成的。

5. 特有植物繁多、单型丰富

　　由于自然地理和历史原因，我国特有植物的种类很丰富，共计约有 190 多属，归72 科。这些属中除 5~6 属为多型属外，其余都是分类上古老或原始的单型属或少型属，如水杉、银杉、青钱柳、蜡梅、杜仲、蚂蚱腿子等。还有通脱木（五加科）、马蹄香（马兜铃科）、牛鼻栓（金缕梅科）等属。我国所有这些特有属的分布是很不平衡的，主要在亚热带和热带地区，尤以西南特别是云南最多。

　　我国植物区系的特有科有 3~5（8）个，特有属 250 个左右，特有种 5000 个左右。

思考题

1. 简述植物分布区的概念及规律。
2. 简述植物区系的概念及区系划分的原则。
3. 了解世界植物区系分区。
4. 掌握中国植物区系的分布及分布特征。

第八章　植　物　群　落

生物群落可定义为特定空间或特定生境下生物种群有规律的组合，它们之间以及它们与环境之间彼此影响，相互作用，具有一定的形态结构与营养结构，执行一定的功能。也可以说，一个生态系统中具生命的部分即生物群落。群落的概念来源于植物生态研究，自然界植物的分布不是零乱无章的，而是遵循一定的规律而集合成群落。在环境相对均一的地段内，有规律地共同生活在一起的各种植物种类的组合即植物群落（plant community），如一片森林、一个生有水草或藻类的水塘等。每一相对稳定的植物群落都有一定的种类组成和结构。一般在环境条件优越的地方，群落的层次结构较复杂，种类也丰富，如热带雨林；在严酷、恶劣的生境条件下，只有少数植物能适应，群落结构简单。

植物群落具有以下基本特征。

（1）具有一定的种类组成。每个植物群落都是由一定的植物种群组成的，因此，种类组成是区别不同群落的首要特征。一个群落中种类成分的多少及每种的个体数量是度量群落多样性的基础。

（2）不同物种之间相互影响。群落中的物种有规律地共处，即在有序状态下生存。植物群落是植物种群的集合体，但不是说一些种的任意组合便是一个群落。一个群落的形成和发展必须经过植物对环境的适应和植物种群之间的相互适应。假定在一块新近形成的裸地上，一个植物群落开始了从无到有的发展过程。绿色植物必为这个群落的先驱者，其中那些最早到达裸地，并可成功定居下来的植物便成为先锋植物。先锋植物适应了各种非生物因子，开始繁衍后代并扩大地盘。随着密度加大，种群内部和种群之间就不可避免地发生相互关系。这种关系主要表现在对生存空间的争夺、光能获取、营养物质利用、排泄物或分泌物的彼此影响。在种间竞争中取胜的植物保存下来，成为最早的群落成员之一。在此过程中不能取胜的种群便开始退出这块地盘。

植物群落并非植物种群的简单集合，种群能够组合在一起构成群落，取决于两个条件：第一，必须共同适应它们所处的无机环境；第二，它们内部的相互关系必须取得协调和平衡。因此，研究群落中不同种群之间的关系是阐明群落形成机制的重要内容。

（3）形成群落环境。植物群落对其居住环境产生重大影响，并形成群落环境。例如，森林中的环境与周围裸地不同，包括光照、温度、湿度与土壤等都经过了植物群落的改造。即使是植物非常稀疏的荒漠群落，对土壤等环境条件也有明显的改造作用。

（4）具有一定的结构。植物群落是生态系统的一个结构单位，它本身除具有一定的种类组成外，还具有一系列结构特点，包括形态结构、生态结构和营养结构，如生活型组成、种的分布格局、成层性、季相、捕食者和被食者的关系等。但其结构常常是松散的，不像一个有机体结构那样清晰，有人称之为松散结构。

（5）具有一定的动态特征。植物群落是生态系统中具有生命的部分，生命的特征是不停地运动，群落也是如此。其运动形式包括季节动态、年际动态、演替与演化等。

（6）具有一定的分布范围。每个群落都分布在特定地段或特定生境上，不同群落的生境和分布范围不同。无论从全球范围看还是从区域角度讲，不同植物群落都是按一定规律分布的。

（7）群落的边界特征。自然条件下，有些群落具有明显边界，可以清楚地加以区分；有的并无明显边界，处于连续变化之中。前者见于环境梯度变化较陡，或者环境梯度突然中断的情形，如地势变化较陡的山地垂直带，断崖上下的植被；陆地环境和水生环境的交界处如池塘、湖泊、岛屿等。此外，火烧、虫害或人为干扰都可造成群落边界。后者见于环境梯度连续缓慢变化的情形。大范围的变化如草甸草原和典型草原的过渡带，典型草原和荒漠草原的过渡带等；小范围的如沿一缓坡而渐次出现的群落替代等。但在多数情况下，不同群落之间都存在过渡带，被称为群落交错区，并导致明显的边缘效应。在群落交错区，两边的群落相互混杂在一起，形成一个逐渐改变的连续体。

第一节　植物群落的外貌与结构

一、植物群落的外貌

群落外貌（physiognomy）是指生物群落的外部形态或表相，是群落中生物与生物间、生物与环境间相互作用的综合反映。植物群落的外貌是认识植物群落的基础，也是区分不同植被类型的主要标志。例如，森林、草原和荒漠等，首先就是根据外貌区别开来的；就森林而言，针叶林、夏绿阔叶林、常绿阔叶林和热带雨林等也是根据外貌区别出来的。

水生群落的外貌主要取决于水的深度和水流特征。陆地群落的外貌主要取决于植被的特征。植被是指覆盖在整个地球表面植物群落的总和，植物群落是植被的基本单元，植物群落的外貌是由组成群落的植物种类形态及其生活型所决定的。

（一）生活型

植物的生活型是指植物对于综合环境条件的长期适应，而在外貌上表现出来的植物类型。自然或半自然的群落中，所有的植物种类不可能都属于同一生活型，而是由多种生活型的植物所组成。通过分析群落中各种植物所属的生活型的类型，每一类生活型中的植物种类及其个体数量，以及它们所占据的空间，无论对植物群落的结构，还是对群落生活与环境的关系的研究都能予以更深入的了解。

　　关于生活型的划分，人们早期习惯用的生活型分类是根据植物的形状、大小、分枝等外貌特征，同时考虑到植物的生命期的长短，把植物分为乔木、灌木、藤本植物、附生植物和草本植物等。目前广泛采用的是丹麦植物学家 Raunkiaer 划分的五级生活型系统（图 8.1），他按休眠芽或复苏芽所处的位置高低和保护方式，把高等植物划分为五个生活型，在各类群之下，根据植物体的高度、芽有无芽鳞保护、落叶或常绿、茎的特点等特征再细分为若干较小的类型。

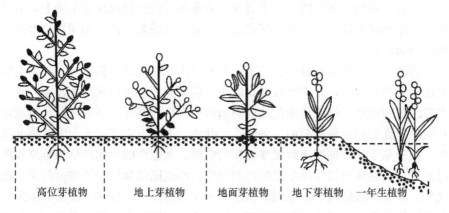

图 8.1　Raunkiaer 生活型图解

　　高位芽植物：度过不利生长季节的芽或顶端嫩枝位于离地面较高处的枝条上，如乔木、灌木和热带潮湿地区的大型草本植物都属此类。根据芽距离地面的高度，又可将其分为大型（30m 以上）、中型（8~30m）、小型（2~8m）和矮小型（0.25~2m）四类。再根据常绿或落叶、芽有无芽鳞保护的特征将其进一步分为 12 个类型，加上肉质多浆汁高芽位植物、多年生草本高芽位植物和附生高芽位植物，合计有 15 个类型。

　　地上芽植物：芽或顶端嫩枝位于地表或接近地表，距地表的高度不超过 20~30cm，在不利于生长的季节中能受到枯枝落叶层或雪被的保护。可分为四个类型，即矮小半灌木地上芽植物、被动地上芽植物（即一些枝条太纤弱而不能直立只能平伏于地面的植物）、主动地上芽植物（这类植物也平伏于地面，但枝条并不纤弱，而是主动地横向伸展）及垫状植物。

　　地面芽植物：在不利季节时地上的枝条枯萎，其地面芽和地下部分在表土和枯枝落叶的保护下仍保持生命力，到条件合适时再度萌芽。可分为原地面芽植物、半莲座状地面芽植物、莲座状地面芽植物三个类型。

　　地下芽植物：亦称隐芽植物，芽埋在土表以下，或位于水体中以度过恶劣环境。可再分七个类型，即根茎地下芽植物（如芦苇、姜等）、块茎地下芽植物（如马铃薯）、块根地下芽植物（如白薯、大丽花等）、鳞茎地下芽植物（如洋葱、百合等）、地下芽植物（没有发达的根茎、块茎、鳞茎）、沼泽植物和水生植物。

　　一年生植物：只能在良好的季节中生长，它们以种子的形式度过不良季节。

统计某地区或某植物的群落内各类生活型的数量对比关系，可得其生活型谱（表8.1）。群落类型的不同，其生活型谱也不同，它可反映出植物和气候的关系：在潮湿温热地区，高位芽植物占优势，其中乔木和灌木占大多数；在干旱炎热的沙漠和草原中，一年生植物居多数；在温带和北极区，地面芽植物占多数。生活型和生活型谱多用于描述植物群落物理结构的特点。

表8.1　几个典型群落的生活型谱

群落类型（地点）	生活型所占比例/%				
	高位芽植物 Ph.	地上芽植物 Ch.	地面芽植物 H.	隐芽植物 Cr.	一年生植物 T.
热带雨林（西双版纳）	94.7	5.3	0.0	0.0	0.0
热带雨林（巴西莫康巴）	95.0	1.0	3.0	1.0	0.0
热带雨林（海南岛）	96.9911.10	0.8	0.4	1.0	0.0
山地雨林（海南岛）	87.6（6.9）	6.0	3.4	2.4	0.0
南亚热带常绿阔叶林（鼎湖山）	84.5（4.1）	5.4	4.1	4.1	0.0
亚热带常绿阔叶林（滇东南）	74.3	7.8	0.0	0.0	0.0
亚热带常绿阔叶林（浙江）	76.7	1.0	7.8	7.8	2.0
暖温带落叶阔叶林（秦岭北坡）	52.0		3.7	3.7	1.3
寒温带暗针叶林（长白山）	25.4	4.4	26.4	26.4	3.2
温带草原（东北）	3.6	2.0	19.0	19.0	33.4
沙漠（利比亚）	12.0	21.0	20.0	5.0	42.0
极地苔原（斯匹次卑根）	1.0	22.0	60.0	15.0	2.0

注：括号中数据为附生植物所占比例（马丹炜和张宏，2008）。

从上表可见，每一类植物群落都是由几种生活型的植物组成，但其中有一类生活型占优势。这种生活型与环境关系密切，高位芽植物占优势是温暖多湿气候地区群落的特征，如热带群落；地面芽植物占优势的群落反映了该地区具有较长的严寒季节，如寒温带针叶林群落；地上芽植物占优势反映了该地区环境比较冷湿；一年生植物占优势则是干旱气候的荒漠和草原地区群落的特征，如温带草原群落。相同的环境条件具有相似的生活型。世界各大洲环境相似地区，如草原或荒漠，由于趋同进化而具有相同生长型的植物，可以称为生态等值种。

热量和降水是影响植物生活型以及陆地植物群落类型的重要气候条件。我国东部和南部为森林分布区，向西北依次出现了草原区和荒漠区，其主要原因是由水因子所致。

（二）季相

光、温度和湿度等许多环境因子有明显的时间节律（如昼夜节律、季节节律），群落外貌常常随时间的推移而发生周期性的变化，这是群落结构的另一重要特征，也称为群落的时间格局。在群落的时间格局中，季相非常重要，它是指随着气候季节性交替，群落呈现不同的外貌的现象。

温热地区四季分明，群落的季相变化十分显著，如在温带草原群落中，一年可有四或五个季相。早春，气温回升，植物开始发芽、生长，草原出现春季返青季相。盛夏秋初，水热充沛，植物繁茂生长，百花盛开，色彩丰富，出现华丽的夏季季相。秋末，植物开始干枯休眠，呈红黄相间的秋季季相。冬季季相则是一片枯黄。无明显季节变化的地区则无群落的季相变化，如热带雨林，全年表现出绿色而无季相。

二、植物群落的种类组成和种群

（一）植物群落的种类组成

任何植物群落都是由一定的种类所组成的，其个体的形状、大小及其对周围生境的要求和反应均不同，在群落中的地位和作用也不同，各种类成分是形成群落结构的基础。种类组成是决定群落性质最重要的因素，也是鉴别不同群落类型的基本特征。群落学研究一般都从分析种类组成开始。对群落的种类组成进行逐一登记后，得到一份所研究群落的生物种类名录，一个区域内所有植物种类的组合叫做植物区系，群落的种类组成情况在一定程度上反映出群落的性质。然后，根据各个种在群落中的作用而划分群落成员型。

一份完整的植物种类名单是一个植物群落主要的特征，而编制这样一份名单，则是研究群落结构的首要步骤。如何测定植物群落的种类组成以及评价它们在群落中所起的作用一直是群落生态学研究的重要内容。

1. 样地与最小面积

为了分析组成某一植物群落的种类，必须在该植物群落分布的范围内选取一定数目的样地进行统计，这种方法称为样地法。一般说来，样地应该选择在植物分布比较均匀、有代表性的地段，样地形状可以是方形的或圆形的。

取样可以分为主观取样和客观取样两种。主观取样一般是在对一定地区的植物群落有充分了解的基础上，根据研究者的研究目的进行的。客观取样一般用于研究者对当地植物群落缺乏了解，或研究者需要用概率统计的手段来支持他们的结论时进行的取样，又可以分为规则取样和随机取样两种。

取样时应当在群落中较有代表性的地方，选择一块较小面积的样方（一般在草本群落中，最初面积是 10cm×10cm；森林群落则要用 5m×5m 或稍大），登记这一面积中所有的植物种类。然后按照一定顺序成倍扩大边长，每扩大一次，就登记新增加的种类（图 8.2）。

随着样地面积的增大，种类数目逐渐增加。在一定的样地面积以上，种类数目基本保持稳定。我们按照面积扩大和植物种类增加的累积数两者的比例关系，可绘出种

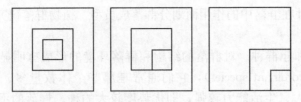

图 8.2　确定样地表观面积的方法，从小到大按一定顺序逐渐扩大样地面积

数-面积曲线。我们把植物种数不再有明显增加时的样地面积称为群落的表现面积，也称最小面积，也就是说至少要有那么大的空间才能包含群落的大多数植物种类，表现群落的主要特征。故植物群落特征的调查常在最小面积内进行（图 8.3）。

一般情况下，组成植物群落的种类越多，群落的最小面积越大；环境条件越优越，群落的结构越复杂（表 8.2）。

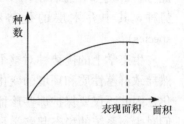

图 8.3　种数-面积曲线

表 8.2　不同国家和作者建议的各类植被研究时的最小面积（宋永昌，2001）（单位：m²）

Whittaker（1978）		Ellenberg（1956）		中国常用标准	
热带沼泽雨林	2000～4000	温带植被		热带雨林	2500～4000
热带次生雨林	200～1000	森林（乔木）	200～500	南亚热带森林	900～1200
混交落叶林	200～800	（灌木）	50～200	常绿阔叶林	400～800
温带落叶林	100～500	干草地	50～100	温带落叶阔叶林	200～400
草原群落	50～100	矮石楠灌丛	10～25	针阔混交林	200～400
密灌丛群落	25～100	干草割草场	10～25	东北针叶林	200～400
杂草群落	25～100	肥沃牧场	5～10	灌丛幼年林	100～200
温带夏旱灌木群落	10～100	农田杂草群落	25～100	高草群落	25～100
钙质土草地	10～50	苔藓群落	1～4	中草群落	25～40
高山草甸和矮灌丛	10～50	地衣群落	0.1～1	低草群落	1～2
石楠矮灌丛	10～50				
干草草甸	10～25				
海岸流动沙丘群落	10～20				
盐生沼泽	5～10				
沙丘草地	1～10				
湿生先锋群落	1～4				
陆生苔藓群落	1～4				
附生群落	0.1～0.4				

2. 群落成员型分类

植物种类不同，群落的类型和结构不同，种群在群落中的地位和作用也不同，因

此可以根据各个种在群落中的作用而划分群落成员型。植物群落研究中常用的群落成员型有以下几类。

（1）优势种和建群种。对群落的结构和群落环境的形成有明显控制作用的植物种称为优势种（dominant species），它们通常是那些个体数量多、投影盖度大、生物量高、体积较大、生活能力较强，即优势度较大的种。群落的不同层次有各自的优势种。例如，森林群落中，乔木层、灌木层、草本层和地被层分别存在各自的优势种，其中乔木层的优势种，即优势层的优势种常称为建群种（constructive species）。

生态学上的优势种对整个群落具有控制性影响，如果把群落中的优势种去除，必然导致群落性质和环境的变化；但若把非优势种去除，只会发生较小的或不显著的变化，因此不仅要保护那些珍稀濒危植物，而且也要保护那些建群植物和优势植物，它们对生态系统的稳态起着举足轻重的作用。

（2）亚优势种（subdominant）。指个体数量与作用都次于优势种，但在决定群落性质和控制群落环境方面仍起着一定作用的植物种。在复层群落中，它通常居于下层，如大针茅草原中的小半灌木冷蒿就是亚优势种。

（3）伴生种（companion species）。伴生种为群落的常见种类，它与优势种相伴存在，但不起主要作用。

（4）偶见种或罕见种（rarespecies）。是指那些在群落中出现频率很低的种类，多半是由于种群本身数量稀少的缘故。

（二）种群

种群是在同一时期内占有一定空间的同种生物个体的集合。种群是物种在自然界存在的基本单位，也是物种进化的基本单位，种群还是生物群落的基本组成单位。

种群可以由单体生物和构件生物组成。单体生物是指每一个体都是由一个受精卵直接发育而来，如脊椎动物、昆虫。构件生物是指受精卵首先发育成一结构单位，或构件，然后发育成更多的构件，形成分支结构。高等植物是构件生物，如一株树有许多树枝，一个稻丛有许多分蘖。在高等植物种群的数量统计中，构件的结构、数目与分布状况往往比基元更为重要。

1. 植物种群的基本特征

1）种群密度

一个种群的个体数目多少，称为种群数量或大小。如果用单位面积或单位容积内的个体数目来表示种群大小，则叫做种群密度，如每公顷有多少株树。植物种群密度一方面取决于植物本身的生物学特性，如繁殖能力、种子的传播特性；另一方面取决于环境条件，即资源的丰富程度和生存空间所允许的限度等，并通过种群内部的自我调节，保持相对稳定。

2）种群结构和性比

种群的年龄结构是指不同年龄组的个体在种群内的比例或配置情况。年龄锥体是以不同宽度的横柱从上到下配置而成的图。可按锥体形态把种群分为增长型、稳定型和下降型三种。对森林乔木种群来说，因年龄判定不现实，通常用个体所处的大小级代替年龄来描述种群结构。在许多植物种类中，年龄群结构仅能为种群提供有限的描述，因为其生长率是不可预测的，与年龄没有密切关联，一些植物可能比同种同龄的其他个体长得更大。在这些情况下，质量、覆盖面积或树木胸高直径（DBH）在生态学研究中可能比年龄更有效。

性比（sex ratio）是种群中雌雄个体所占的比例。

3）种群的分布格局

组成种群的个体在其生活空间中的位置状态或布局称为种群的分布格局（distribution pattern）或内分布型（internal distribution pattern）。它大致可分为三类：均匀分布、随机分布和集群分布（图 8.4）。

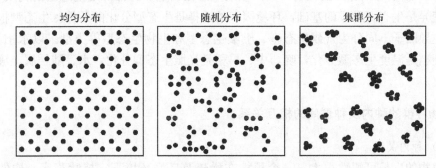

图 8.4　种群个体空间分布型或格局

森林中植物竞争阳光（树冠）和土壤营养（根际）、沙漠中植物竞争水分、阻止同种植物籽苗的生长的自毒（autotoxin）现象、虫害或种内竞争发生、地形或土壤物理性状呈均匀分布等客观因素或人为的作用等都能导致种群的均匀分布。在自然群落中的种群，呈随机分布的比较少见，均匀分布的极其罕见，而集群分布的是最常见的。

2. 植物种群的进化和选择

1）植物种群的遗传结构

植物种群中每一个体的基因组合称为基因型。基因库是指种群中全部个体的所有基因的总和。基因、基因型和基因库是种群遗传结构中的重要成分。基因通过表达的调控，形成人可以直接观察感受到的植物个体的表现型，它在个体的一生中不断地变化着。每个基因型在整个植物种群中所占的比例称为基因型频率。不同基因在种群中所占的比例为基因频率。基因频率是决定一个种群性质的基本因素。影响基因频率变化的因素主要有基因突变、自然选择、遗传漂移和迁移等，主要是前两者。突变提供了自然选择的原始材料，同时又是影响基因频率的一种力量。自然选择通过不均等的死亡率，使适应能力弱的个体所拥有的基因在种群中所占频率降低，从而保存和改进植物对自然的适应性，达到进化的效果。遗传漂移是指在小的种群里基因频率随机增减的现象，种群越小往往遗传漂移的作用越大。

种群内个体之间在结构和功能等方面的差异称为变异。变异是自然选择的基础，它包括种群的变异和遗传物质的变异。种群变异主要有环境适变、生态的遗传变异和多态现象等；遗传物质发生变异也叫突变，可分为基因突变和染色体突变两类。在物种进化过程中，突变和选择是互相不可替代的两个方面，它们从两个水平上影响着基因频率的变化。

2）植物的生态型

生长在不同环境条件下的同一种群的植物可能会有不同的形态、生理和生态特征，并且这些变异在遗传上被固定下来，在一个种内分化成为不同的生态型（ecotype）。一般生态幅越广的植物，其产生的生态型也越多。种群是生态型的构成单位，遗传变异是生态型形成的基础，环境因子的选择是生态型分化的条件。生态型根据形成的主导因子不同分为气候生态型、土壤生态型和生物生态型等类型。以水稻为例，籼、粳稻是温度生态型分化，晚、中、早稻是光照生态型分化，水、陆稻属土壤生态型变化。

3. 植物种群的种内及种群间的相互关系

1）种内关系

植物的生长可塑性很大。一个植株在稀疏及良好环境下，枝叶茂盛，构件数很多；相反，在植株密生和环境不良情况下，可能只有少数枝叶，构件数很少。植物的密度效应已发现两个特殊规律，即"最后产量恒值法则"和"-3/2自疏法则"。

最后产量恒值法用公式表示为

$$Y = W \times d \tag{7.1}$$

式中，Y 为单位面积产量；W 为个体平均质量；d 为密度。当种群密度很低时，植物质量的增加与密度无关，平均植物质量的增长不受密度限制（图8.5）。

当植物种群密度高时，其个体平均质量随年龄增大而增大，种群密度则由于个体死亡而下降。植物平均质量与密度之间存在一定的数量关系（图8.6）。

Yoda 等（1963）认为，此时通常对数平均质量和对数植物密度之间的关系有一个-3/2的斜率，即每3个单位平均植物质量的变化，相应地只有2个单位平均植物密度的变化，基于这种关系表现出相当的恒定性，称之为-3/2法则，其表达式为

$$W = Cd^{-3/2} \text{ 或 } \lg w = \lg C - 3/2 \lg d \tag{7.2}$$

式中，W 为个体平均质量；C 为常数，$C=3.5 \sim 4.3$；d 为密度。

双对数曲线斜率为-3/2，故称为-3/2自疏法则。

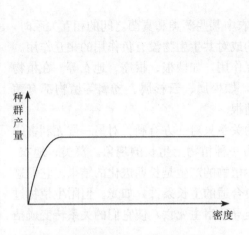

图 8.5 植物种植密度与产量的关系

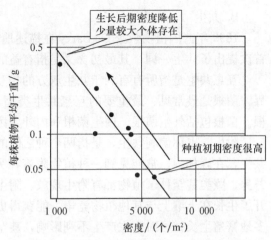

图 8.6 植物种植密度与植物平均干重的关系

2）种间关系

种间关系或种间相互作用是种群生态的一个重要问题，因为自然界的大多数群落是物种的集合。在靠近生长的两个种之间，必然发生种间关系。

A. 竞争

种间竞争是指两个种因需要共同的环境资源所形成的相互关系。绿色植物的竞争主要是对光、水、矿质养分和生存空间的竞争。竞争（competition）的结果可能有两种情况：一种是假如两个种是直接竞争者，即在同一空间、相同时间内利用同一资源，那么一个种群增加，另一个种群就减少，直到后者消灭为止；另一种可能是如果两个种在要求上或者说在空间关系上不相同，那么就有可能是每个种群消长，维持平衡。

种内个体间的竞争要比不同物种间的竞争更为强烈。一个物种在群落内都占有一定范围的温度、水分、光照以及时间、空间资源，在群落内具有区别于其他种群的地位和作用，我们把种群的这一特征称为生态位。生态位和生境是两个不同的概念。生境是许多生物共同生活的环境，而生态位则是指某一种群有可能占据的那一部分环境资源的总和以及它在群落中的地位和角色。不难发现，任何两个种群的生态位都不相同，但生态位可以是重叠的。所以，生态位重叠是引起种群间竞争的原因。两个种越相似，它们的生态位重叠越多，竞争越激烈。生态位接近的两个种不能永久共存，这一现象被称为竞争排斥原理或高斯假说。

在一个稳定群落中，没有任何两个种是直接的竞争者，因为这些种在生态位要求上是不一样的，所以减少了它们之间的竞争，从而又保证了群落的稳定。群落实际上是一个相互作用、生态位分化的种群系统，这些种群在它们对群落空间、时间、资源的利用方面以及相互作用的可能类型，都趋向于互相补充而不是直接竞争。因此，由多个种组成的生物群落要比单一种的生物群落更能有效利用环境资源，维持长期较高的生产力，并具有更大的稳定性。

B. 共生

1899 年德国植物学家 De Barry 在描述地衣中某些藻类和真菌之间的相互关系时，首次提出了共生一词，其最初含义是指有益的或对共生生物没有负作用的相互作用。

互惠共生是指所有有利于共生双方的相互作用，如菌根、根瘤、地衣等。在植物界，菌根是最常见、最重要的互惠共生类型，如松属、云杉属、杨属等植物都有菌根。菌根包括外生菌根、内生菌根和内外生菌根。

附生，也称偏利共生，是指两个种之间的关系只对一方有利，对另一方无利害的共生，在森林中，常能见到一种植物附着在另一种植物上生长的现象。藻类、地衣、苔藓、蕨类甚至种子植物都有附生现象。附生植物的产生是长期进化的结果。它们避开了生长在土壤上与其他植物竞争，能获得更合适的生长条件，如光。但附生植物过多地繁殖生长，可对宿主产生不利影响，甚至导致宿主死亡，使它们的关系转变成拮抗关系。

C. 寄生

寄生是指某一物种的个体依靠另一物种个体的营养而生活的现象。寄生于其他植物上并从中获得营养的植物称为寄生植物，如菟丝子（*Cuscuta chinensis*）。有些寄生植物自身含有叶绿素，可以合成一部分营养物质，称为半寄生植物，如槲寄生（*Viscum*）；而有些寄生植物完全不含叶绿素，为全寄生植物，如大花草（*Rafflesia arnoldii*）。无论是哪种类型，寄生植物都会使寄主植物的生长减弱，轻者引起寄主植物的生物量降低，重者引起寄主植物的养分耗竭，并使组织破坏而死亡。

D. 化感作用

1937 年 Molish 首次提出了化感作用的概念。1984 年 E. L. Rice 形成了比较公认的概念，即生活的或腐败的植物通过向环境释放化学物质而产生促进或抑制其他植物生长的效应。植物一般通过地上部分茎叶挥发、淋溶和根系分泌物以及植物残株的分解等途径向环境中释放化学物质，从而影响周围植物（受体植物）的生长和发育。植物的化感作用广泛存在于自然界，与植物间光、水、养分和空间的竞争一起构成了植物之间的相互作用，它在森林更新、植被演替以及农业生产中具有重要意义。

植物产生的化感物质能明显影响种间关系。有些物质能促进周围植物生长，如小麦和麦仙翁（*Agrostemma githago*）混作能使小麦增产，其他如洋葱与甜菜、马铃薯与菜豆、小麦与豌豆套种都能增产。研究更多的是一种植物的化感物质对另一种植物的抑制作用。1928 年 Davis 发现核桃树的树皮和果皮能产生毒性很强的物质（胡桃醌），影响其他植物生长。如果将番茄和紫花苜蓿（*Medicago sativa*）种于黑核桃（*Juglans nigra*）树下，一旦番茄和紫花苜蓿的根接触到黑核桃的根，前两者就将死亡。刺槐树皮分泌的挥发性物质，能抑制多种草本植物生长。小麦提取物能抑制反枝苋（*Amaranthus retroflexus*）、繁缕（*Stellaria media*）、升马唐（*Digitaria ciliaris*）等的生长。一些水稻品系能抑制稗（*Echnochloa crusgalli*）和异型莎草（*Cyperus difformis*）的生长。

三、植物群落的数量特征

植物群落的重要特征，如外貌、结构、生产量主要取决于各个植物种的个体，也取决于每个种在群落中的个体数量，空间分布规律及发育能力。不同的植物群落的种类组成差别很大，相似的地理环境可以形成外貌、结构相似的植物群落，但其种类组成因形成历史不同而可能很不相同。

有了所研究群落的完整的生物名录，只能说明群落中有哪些物种，想进一步说明群落特征，还必须研究不同种的数量关系。对种类组成进行数量分析是近代群落分析技术的基础。

（一）种的个体数量

1. 多度

多度（abundance）是对物种个体数目多少的一种估测指标，多用于群落野外调查。国内多采用 Drude 的七级制多度（表 8.3）。

表 8.3　几种常用的多度等级（马丹炜和张宏，2008）

Drude			Clements			Braun-Blanquet	
Soc. (Sociales)		极多	Dominant	D	优势	5	非常多
Cop. (Copiosae)	Cop³	很多	Abundant	A	丰盛	4	多
	Cop²	多				3	较多
	Cop¹	尚多	Frequent	F	常见	2	较少
Sp. (Sparsal)		不多而分散	Occasional	O	偶见		
Sol. (Solitariae)		很少而稀疏	Rare	r	稀少	1	少
Un. (Unicum)		个别或单株	Very rare	Vr	很少	+	很少

2. 密度

密度（density）是指单位面积或单位空间内的个体数。一般对乔木、灌木和丛生草本以植株或株丛计数，根茎植物以地上枝条计数。样地内某一物种的个体数占全部物种个体数的百分比称做相对密度。某一物种的密度占群落中密度最高的物种密度的百分比称为密度比。

3. 盖度

盖度（cover degree 或 coverage）是指植物的地上部分垂直投影面积占样地面积的比例，即投影盖度。后来又出现了"基盖度"的概念，即植物基部的覆盖面积。对于草原群落，常以离地面 1 英寸（2.54cm）高度的断面计算；对森林群落，则以树木胸高（1.3m 处）断面积计算。基盖度也称真盖度。乔木的基盖度特称为显著度。

盖度可分为种盖度（分盖度）、层盖度（种组盖度）、总盖度（群落盖度）。林业上常用郁闭度来表示林木层的盖度。通常，分盖度或层盖度之和大于总盖度。群落中某一物种的分盖度占所有分盖度之和的比例，即相对盖度。某一物种的盖度占盖度最大物种的盖度的比例称为盖度比。

种的多盖度估计——Braun-Blauquet 等级

5——无论个体多少，该种的盖度＞75％

4——无论个体多少，盖度 50％～75％

3——无论个体多少，盖度 25％～50％

2——无论个体多少，盖度 5％～25％；或盖度＜5％，但个体数多

1——个体数量较多，盖度 1％～5％；或盖度＞5％，但个体数少

＋——个体数稀少，盖度＜1％

r——盖度很小，个体很少（1～3）

4. 频度

频度（frequency）即某个物种在调查范围内出现的频率。常按包含该种个体的样方数占全部样方数的比例来计算，即

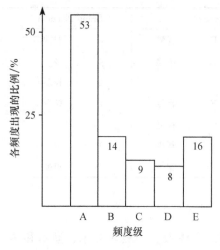

图 8.7　Raunkiaer 的标准频度图解

频度＝某物种出现的样方数/样方总数×100％

频度这个概念早在 1825 年就有人提出，后来丹麦学者 C. Raunkiaer 的工作对此影响最大。Raunkiaer 在研究欧洲草地群落中，用 $1/10m^2$ 的小样圈任意投掷，将小样圈内的所有植物种类加以记录，然后计算每种植物出现的次数与样圈总数之比，得到各个种的频度。C. Raunkiaer 根据 8000 多种植物的频度统计（1934）编制了一个标准频度图解（frequency diagram），提出了著名的 Raunkiaer 频度定律（图 8.7）。

凡频度在 1％～20％的植物种归入 A 级，21％～40％者为 B 级，41％～60％者为 C 级，61％～80％者为 D 级，80％～100％者为 E 级。在他统计的 8000 多种植物中，频度属 A 级的植物种类占 53％，属于 B 级者有 14％，C 级有 9％，D 级有 8％，E 级有 16％，这样按其所占比例的大小，五个频度级的关系是 A＞B＞C＞D＜E。此即所谓的 C. Raunkiaer 频度定律。这个定律说明：在一个种类分布比较均匀一致的群落中，属于 A 级频度的种类通常是很多的，它们多于 B、C 和 D 频度级的种类。这个规律符合群落中低频度种的数目较高频度种的数目为多的事实。E 级植物是群落中的优势种和建群种，其数目也较大，因此占有较高的比例，所以 E＞D。实践证明，上述定律基本上适合于任何稳定性较高而种数

分布比较均匀的群落,群落的均匀性与 A 级和 E 级的大小成正比。E 级越高,群落的均匀性越大。如若 B、C、D 级的比例增高时,说明群落中种的分布不均匀,暗示着植被分化和演替的趋势。

5. 高度或长度

高度(height)常作为测量植物体的一个指标。根据高度可以确定物种在群落中所处的垂直高度,可以了解群落的垂直结构。

6. 重量

重量(weight)是衡量五种生物量或现存量多少的指标,可分干重与鲜重。是研究和理解群落与生态系统生产力的基础。在林业上叶、根、果实的称重更重要。测定重量的方法,一般在采割后直接称重;或者针对各个种,选少数大小合适的个体,作为样本称重,求其平均值,再乘以单位面积的个体数。单位面积或容积内某一物种的质量占全部物种总重量的百分比称为相对重量。

7. 体积

体积(volume)是表示植物所占空间大小的指标。在森林经营中经过体积的计算可以获得木材的生产量(材积)。

(二)综合数量指标

1. 优势度

优势度(dominance)用以表示一个种在群落中的地位与作用,但其具体定义和计算指标因群落不同而不同,多度、盖度、体积、重量等或它们的组合均可作为优势度的指标。

2. 重要值

重要值(important value)也是用来表示某个种在群落中的地位和作用的综合数量指标,因为它简单、明确,所以在近些年来得到普遍采用。重要值是美国的 R. P. McIntosh 等(1951)首先使用的,他们在 Wisconsh 研究森林群落连续体时,用重要值来确定乔木的优势度或显著度,计算的公式为

重要值(I. V.)=相对密度十相对频度十相对优势度(相对基盖度或其他)　(7.3)

式(7.3)用于草原群落时,相对优势度可用相对盖度代替,即

$$重要值=相对密度+相对频度+相对盖度$$

重要值是一个反映种群的大小、多少和分布状况的综合性指标:反映了种群在群落中的地位和作用,可确定群落的优势种,表明群落的性质,可推断群落所在地的环境特点;是用于群落分类的一个很好的指标。

3. 综合优势比

综合优势比（summed dominance ratio，SDR）是由日本学者召田真等（1957）提出的一种综合数量指标，包括两因素、三因素、四因素和五因素四类。

常用的为两因素的综合优势比（SDR2），即在密度比、盖度比、频度比和高度比这四项指标中取任意两项求其平均值再乘以 100%，如

$$SDR2＝（密度比＋盖度比）/2×100\%$$

四、植物群落的空间结构

生物群落空间形态结构的分化有利于资源的利用，群落结构是群落中相互作用的种群在协同进化中形成的，其中生态适应和自然选择起了重要作用。群落的种类组成和空间结构（或物理结构）都是群落结构的重要特征。

（一）植物群落的结构单元——层片

层片（synusia）是群落的最基本的结构单元。层片一词系瑞典植物学家H. Gams（1918）首创。他将层片划分为三级：第一级层片是同种个体的组合，第二级层片是同一生活型的不同植物的组合，第三级层片是不同生活型的不同种类植物的组合。很明显，H. Gams 的第一级层片指的是种群，第三级层片指的是植物群落。现在群落学中的层片概念，相当于 H. Gams 的第二级层片，即每一个层片是同一生活型的不同植物组合，它是群落的一种结构单元。

层片作为群落的结构单元，是在群落产生和发展过程中逐步形成的。原苏联著名植物群落学家 B. H. 苏卡乔夫（1957）指出，"层片具有一定的种类组成，这些种具有一定的生态生物学一致性，而且特别重要的是它具有一定的小环境，这种小环境构成植物群落环境的一部分"。

层片的特征：①属于同一层片的植物均为同一生活型。但是，同一生活型的植物只有在其个体数量相当多，并且相互之间存在一定联系时，才能组成层片。②每一层片在群落中都具有一定的小环境，不同层片小环境互相作用的结果构成了群落环境。③每一层片都占据着一定空间和时间，层片的时空变化形成了群落的不同结构特征。④在群落中，每一个层片都具有自身的相对独立性，而且可以按其功能和作用，将其分为优势层片、伴生层片、偶见层片等。

层片和层次（layer）是两个不同的概念，不可混淆。层片决定群落的外貌，层次表征群落的垂直结构；层片的划分着重于植物的生态学特性——生活型相同，而层次的划分仅仅以高度的不同而已；层次包含层片。如果从生活型大的划分单位出发，所划层片与层次有其一致性，如常绿和落叶混交林中，不论是何者，都同属大高位芽植物，且常同属一个层次；但从较细的划分单位出发，在这一层次中，常绿和落叶植物则分属不同的层片。因此，同一层次可能包含几个层片。

（二）群落的垂直结构

群落的垂直结构主要指群落的分层现象，群落中各种种群的个体在空间不同层次上分布的现象，也叫成层性（图 8.8）。生物群落的分层包括地上分层和地下分层。成层结构是自然选择的结果，它显著提高了生物利用环境资源的能力。

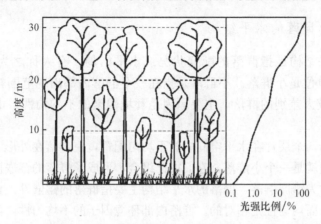

图 8.8　森林群落的垂直分层现象（邹冬生和廖桂平，2002）

植物群落的分层主要取决于植物生活型，因生活型决定了该种处于地面以上的高度和地面以下的深度，其环境原因主要是地上部分与光辐射的利用有关，地下部分与土壤水分及营养利用有关，由不同植物的根系在土壤中达到的深度不同引起的，最大的根系生物量集中在表层。水体中则与光及温度有关（图 8.9）。

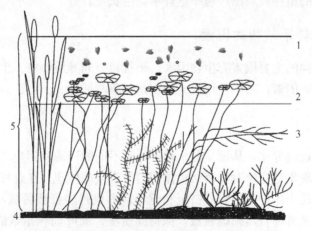

图 8.9　水生植物群落的成层现象（宋永昌，2001）
1. 漂浮植物层　2. 固着浮叶植物层　3. 沉水植物层
4. 固着水底植物层　5. 挺水植物层

植物群落的成层性以森林群落最为明显和完整。陆生群落的垂直结构是不同高度的植物或不同生活型的植物在空间上垂直排列的结果。森林群落的林冠层吸收了大部分光辐射，往下光照强度渐减，从上向下依次发展为乔木层，灌木层，草本层，地被层（主要指苔藓地衣层，一般可将其与草本层合称为活地被层），层外植物（又称层间植物或填空植物），地下根系分层（不同植物根系在土壤中处于不同深度，多集中在土壤表层）。一般而言，温带夏绿阔叶林的地上成层现象最明显，寒温带针叶林的成层结构简单，而热带森林的成层结构最复杂。

（三）植物群落的水平结构

群落的水平结构是指群落的配置状况或水平格局，有人称之为群落的二维结构。基本结构单位是小群落。小群落是指在一个群落内部出现范围较小的、在组成上与该群落有较大差别的群落。主要原因是环境因素的不均匀性，由此形成群落的镶嵌性。

镶嵌性是指两个层片在水平空间中的不均匀配置，使群落在外形上表现为斑块相间，每一个斑块就是一个小群落，它们彼此组合，形成了群落的镶嵌性，具有镶嵌特性的植物群落称为镶嵌群落，群落的水平结构主要指群落的镶嵌性。自然群落中的镶嵌性是绝对的，而均匀性是相对的。群落内部环境因子的不均匀性，如小地形和微地形的变化、土壤湿度和盐渍化程度的差异以及人与动物的影响，是群落镶嵌性的主要原因。

内蒙古草原上锦鸡儿（*Caragana*）灌丛化草原是镶嵌群落的典型例子。在这些群落中往往形成 1~5m 左右呈圆形或半圆形的锦鸡儿丘阜。它们可以聚积细土、枯枝落叶和雪，因而使其内部具有较好的水分和养分条件，形成一个局部优越的小环境。小群落内部的植物较周围环境中返青早，生长发育好。

（四）影响群落结构的因素

影响群落结构的主要因素有生物因素、干扰、空间异质性等。生物因素是植物群落结构形成的重要因素，其中作用最大的就是竞争与捕食。

1. 竞争

竞争导致生态位分化，从而使各个种群处于不同的资源利用生境中。在森林群落中，林木的自疏现象是竞争对群落结构作用的最直接的体现。在森林中，同龄单层林分密度大，将引起个体树冠的强烈挤压和竞争，形成强烈自然稀疏，部分林木死亡。一般情况下，喜光树种自然稀疏强烈，保持高密度、高叶面积指数的时间比较短暂，难以长时间维持高生产力水平。中性和耐荫树种形成异龄复层林，加厚林冠层，加大林冠间竞争的总体空间，缓和竞争强度。

2. 捕食

捕食对形成群落结构的作用视捕食者是泛化种还是特化种而异。

泛化捕食者如兔随着食草压力的加强，草地上的植物种数有所增加，因兔把有竞争力的植物种吃掉，可以使竞争力弱的种生存，所以多样性提高。但是吃食压力过高时，植物种数又随之降低，因为兔不得不吃适口性低的植物。因此，植物多样性与兔捕食强度的关系呈单峰曲线。另外，即使是完全泛化的捕食者，像割草机一样，对不同种植物也有不同影响，这取决于被食植物本身恢复的能力。

具选择性的捕食者对群落结构的影响与泛化捕食者不同。如果被选择的喜食种属于优势种，则捕食能提高多样性。如果捕食者喜食的是竞争上占劣势的种类，则结果相反，捕食降低了多样性。

特化的捕食者，尤其是单食性的（多见于食草昆虫或吸血寄生物），它们多少与群落的其他部分，在食物联系上是隔离的。与选择性的捕食者的作用相似，如果捕食的种属于劣势种类，则捕食降低了多样性；如果捕食优势种，则捕食能提高多样性，但捕食能力很强时，多样性下降。特化种很易控制被食物种，因此它们是进行生物防治、可供选择的理想对象。当其被食者成为群落中的优势种时，引进这种特化捕食者能获得非常有效的生物防治效果。

3. 干扰

干扰也是影响群落结构的重要因素之一。自然干扰如大风、火灾等常可引起森林中林隙的形成，进而可能引起森林群落的演替及其动态。人为干扰如污染等也改变着群落中的种类组成。

在干扰因素中，中等程度的干扰往往能维持较高的物种多样性。其理由是在一次干扰后，少数先锋种侵入干扰发生地。如果干扰频繁，则先锋种不能发展到演替中期，从而使物种多样性降低。如果干扰间隔期很长，演替过程能发展到顶极，物种多样性也不会很高。所以，只有中等程度的干扰，才使群落物种多样性维持在最高水平，允许更多物种侵入并定居。

关于植物群落的结构形成有两种对立的观点，即平衡说和非平衡说。平衡说认为，共同生活在同一群落中的物种处于一种稳定状态，其中心思想是共同生活的种群通过竞争、捕食和互利共生等种间相互关系，形成相互制约的整体，导致生物群落具有全局稳定的特征。在稳定状态下，群落的物种组成和各种群数量都变化不大，群落出现的变化实际上是由环境变化引起的，即所谓的干扰。总之，平衡说把植物群落视为存在于不断变化环境中的稳定实体。非平衡说认为组成植物群落的物种始终处在不断变化之中，自然界中的群落不存在全局稳定性，有的只是群落抵抗外界干扰的能力，以及在受到干扰后恢复到原来状态的能力。非平衡说的重要理论依据就是中度干扰理论。

4. 空间异质性

在生境方面，空间异质性是重要的因素。空间异质性常与小生境的形成有关，从而在一定程度上影响着种类组成。植物群落研究中大量资料说明，在土壤和地形变化丰富的地方,群落会有更多的物种;而平坦、同质土壤的群落多样性低。对于鸟类生活来说,植被的分层结构比物种组成更为重要。在草地和灌丛群落中,垂直结构不如森林群落明显,而水平结构,即镶嵌性和斑块性,就可能起到决定性作用。

第二节　植物群落的生态

一、植物群落的植物环境

植物环境(群落环境)是指在群落内部,由于群落本身作用形成的特殊环境,是群落内部的一个组成成分。环境条件(如温度、湿度、土壤、高度)常呈现缓渐的梯度变化,只偶因悬崖等突变地形而有间断。虽说每种生境会发育出不同的特征群落,但它们彼此间常连续过渡而很少截然分界。

植物群落是在特定空间或特定生境下植物种群有规律的组合,它们之间以及它们与环境之间彼此影响,相互作用,具有一定的形态结构与营养结构,执行一定的功能。

二、植物群落对土壤和气候的影响

生物群落对其居住环境产生重大影响,并形成群落环境。例如,森林中的环境与周围裸地就有很大的不同,包括光照、温度、湿度与土壤等都经过了生物群落的改造。即使生物非常稀疏的荒漠群落,对土壤等环境条件也有明显改变。

植物群落与环境是不可分的,任何一个植物群落在形成的过程中,植物不仅对环境具有适应能力,而且对环境也有巨大的改造作用。随着植物群落发育成熟,群落的内部环境也发育成熟。植物群落内的环境因子如湿度、温度、光照强度等都不同于群落外部。植物群落内的各生物物种在它们自己创造的环境中,井然有序地生存着。不同的植物群落,其群落环境因子存在明显的差异。

三、植物和植物群落对环境的指示意义

1. 基本原则

任何植物和植物群落在一定的环境条件下生存,是植物之间经过不断竞争及对环境条件长期适应的结果。因此,它们总是在一定程度上反映了环境条件的特点。

作为良好的指示植物(或群落),应有较高的可靠性。评价其指示能力,可用定量方法。

指示环境的植物特征还包括分布频度、个体密度、盖度、生活能力、形态外貌、种类组成等,但常有一定的地区性。被指示的环境特征有气候、小气候现状和历史变迁,土壤理化性质和肥力,地表水和地下水特征,基岩属性和地层构造,矿藏分布,环境污染以及其他间接指示特征。

关于植物和植物群落之间哪一个指示作用最好的问题,学术界有不同看法。应该

说各有其作用，而且许多场合两者很难完全分割开来。因为群落由植物组成，是植物生存的具体形式，它的整体特征仍然来自内部植物的生活状态。持连续性观点的个别学说则更强调种群的生态独立性。然而不能把环境中个别植株的情况夸大为整体特征，必须有一定数量才构成指示标志。

2. 指示作用分析

1) 植物的指示作用

许多种植物对环境条件的要求在某些方面是严格的。有的植物能指示气候环境，有的植物对污染物的反应敏感、强烈，用作环境质量监测指标效果甚佳。但是，由于环境条件的综合现象，因而在研究利用指示植物时，应该注意：

任何环境条件都不是孤立地对植物发生作用，而是与其他条件结合起来综合地对植物发生作用；各种环境条件中还可区分出主导因素；注意植物遗传上的可变性。

2) 植物群落的指示作用

如果确认某一植被型仅出现于某固定的气候类型时，它将是气候背景最好的指示者。但即使如此也要注意较小尺度环境变化对它的影响，即它是广泛分布还是局限在个别小环境。群落结构和种类组成方面出现的更细微变化，则可指示地形部位、坡向、土质、排水等条件的相应状况。

第三节 植物群落的动态

植物群落的动态一词包含的意义十分广泛，按我们的理解，植物群落的动态主要包括植物群落的形成、群落的内部动态（包括季节变化与年际间变化）、群落的演替、群落的进化等方面内容。

一、植物群落的形成

（一）植物群落的形成

植物群落的形成，可以从裸地上开始，也可以从已有的另一个群落开始。裸地（或称芜原）是指没有植物生长的地段，它是群落形成的最初条件和场所之一。裸地有原生裸地和次生裸地之分，原生裸地是指从来没有植物生长过的地面，或原来虽存在过植被，但被彻底消灭了（包括原有植被下的土壤）；次生裸地指原有植物生长地的地面，原有植被虽已不存在，但原有植被影响下的土壤条件仍基本保留，甚至还残留原有植物的种子或其他繁殖体。在这两种情况下，植被形成的过程是不同的。裸地的成因主要有地形变迁、气候现象、生物作用、人类影响等。植物群落的形成是以植物繁殖体的传播和定居为前提的，其形成过程，一般可分为繁殖体的传播、定居、群聚、竞争、反应以及稳定几个阶段。

繁殖体的传播是指植物的繁殖体离开母株进入裸地或以前不曾生长的另一生境中，它是群落形成以及演替的基础。植物繁殖体的传播取决于它的可动性及对迁移的适应性。繁殖体的主要传播动力是风、水、动物、人类等。地理和地形特征可以阻碍或改变植物繁殖体的传播速率和方向。

植物繁殖体的迁移和散布普遍而经常地发生着。因此,任何一块地段都有可能接受这些扩散来的繁殖体。当植物繁殖体到达一个新环境时,植物的定居过程就开始了。定居是植物繁殖体到达新地点后,开始发芽、生长及繁殖的过程。植物繁殖体进入裸地后,有些丧失了发芽能力,有些以休眠状态埋藏在土壤中构成种子库,有些立即发芽。多数裸地环境恶劣,幼苗成活率很低,适合种子发芽和幼苗生长的小环境称为安全岛。

繁殖是植物能否定居成功的关键,只有在新环境中能够繁殖,群落的个体才会不断增加,直至完全适应其生长环境。

植物个体从生长到群聚到形成稳定的群落,要涉及植物种群间的关系。群聚是植物发展成群的过程,植物由最初随机分布的单株过渡到群聚,直到从敞开的群落发展到郁闭未稳定的群落,最后到郁闭稳定的植物群落。

植物不断繁殖,并形成群聚,植物个体之间为资源竞争,一部分生长良好,可能发展成为优势种,另一些则退为伴生种,甚至逐渐消失。反应是植物竞争的结果,许多原来适应环境的植物种变得不再适应环境,从而被其他植物种代替。稳定是植物群落发展到最高类型,即顶极群落,形成与环境相适应的、相对稳定的、群落内部所特有的结构。

(二) 植物群落的发育

一个植物群落形成后,会有一个发育过程,植物群落的发育是指植物由繁殖体的传播直到形成稳定群落的过程。一般可把这个过程划分为三个时期,即群落发育的初期、盛期和末期。

发育初期:这一时期,群落已有雏型,建群种已有良好的发育,但未达到成熟期。种类组成不稳定,每个物种的个体数量变化也很大。群落结构尚未定型,群落所特有的植物环境正在形成中,特点不突出。总之,群落仍在成长发展之中,群落的主要特征仍在不断地增进。

发育盛期:这个时期是群落发展的成熟期。群落的物种多样性和生产力达到最大,建群种或优势种在群落中作用明显。主要的种类组成在群落内能正常地更新,群落结构已经定型,主要表现在层次上有了良好的分化,呈现出明显的结构特点,群落特征处于最优状态。

发育末期:一个群落发育的过程,群落不断对内部进行改造,最初这种改造对群落的发育起着有利的影响。当改造加强时,就改变了植物环境条件。建群种或优势种已缺乏更新能力,它们的地位和作用已下降,并逐渐为其他种类所代替,一批新侵入种定居,原有物种逐渐消失。群落组成、群落结构和植物环境特点也逐渐变化,物种多样性下降,最终被另一个群落所代替。

群落的形成和发育之间没有明显的界线,一个群落发育的末期,也就孕育着下一个群落发育的初期。但一直要等到下一个群落进入发育盛期，被代替的这个群落特点才会全部消失。在自然群落演替中，这种上下阶段之间，群落发育时期的交叉和逐步过渡的现象是常见的，但把群落发育过程分为不同阶段，在生产实践上具有重要意义。例如，在森林的经营管理中，把森林群落划为幼年林、中年林及成熟林等几个发育时期，根据不同时期进行采伐，既能取得较大的经济效益，又能保持生态相对平衡。

二、植物群落的波动

环境条件（特别是气候）周期性变化引起生物群落的季节变化，并与生物种的生活周期关联。群落的季节动态是群落本身内部的变化，并不影响整个群落的性质，有人称此为群落的内部动态。在中纬度及高纬度地区，气候四季分明，群落的季节变化也最明显。

在不同年度之间，生物群落常有明显的变动。这种变动也限于群落内部的变化，不产生群落的更替现象，一般称为波动。群落的波动多数是由群落所在地区气候条件的不规则变动引起的，其特点是群落区系成分的相对稳定性，群落数量特征变化的不定性以及变化的可逆性。在波动中，群落在生产量、各成分的数量比例、优势种的重要值以及物质和能量的平衡方面，也会发生相应的变化。

根据群落变化的形式，可将波动划分为以下三种类型。

不明显波动——群落各成员的数量关系变化很小，群落外貌和结构基本保持不变。这种波动可能出现在不同年份的气象、水文状况差不多一致的情况下。

摆动性波动——群落成分在个体数量和生产量方面的短期变动（1～5 年），它与群落优势种的逐年交替有关。

偏途性波动——这是气候和水分条件的长期偏离而引起一个或几个优势种明显变更的结果。通过群落的自我调节作用，群落还可回复到接近于原来的状态。这种波动的时期可能较长（5～10 年）。

群落中各种生物生命活动的产物总是有一个积累过程，土壤就是这些产物的一个主要积累场所。这种量上的积累到一定程度就会发生质的变化，从而引起群落的演替，即群落基本性质的改变。

三、植物群落的演替

植物群落演替就是指某一地段上一个植物群落被另一个植物群落所取代的过程。它是植物群落动态的一个最重要的特征。生物群落的演替是群落内部关系（包括种内和种间关系）与外界环境中各种生态因子综合作用的结果。

（一）群落演替的原因

到目前为止，人们对于演替的机制了解得还不够。下面列出的仅是群落演替的部分原因。

1. 植物繁殖体的迁移、散布和动物的活动性

植物繁殖体的迁移和散布普遍而经常地发生着。因此，任何一块地段都有可能接受这些扩散来的繁殖体。当植物繁殖体到达一个新环境时，植物的定居过程就开始了。植物的定居包括植物的发芽、生长和繁殖三个方面。我们经常可以观察到这样的情况：植物繁殖体虽到达了新的地点，但不能发芽；或是发芽了，但不能生长；或是生长到成熟，但不能繁殖后代。只有当一个种的个体在新的地点上能繁殖时，定居才算成功。任何一块裸地上生物群落的形成和发展，或是任何一个旧的群落为新的群落所取代，都必然包含有植物的定居过程。因此，植物繁殖体的迁移和散布是群落演替的先决条件。

对于动物来说，植物群落成为它们取食、营巢、繁殖的场所。当然，不同动物对这种场所的需求是不同的。当植物群落环境变得不适宜它们生存的时候，它们便迁移出去另找新的合适生境，与此同时，又会有一些动物从别的群落迁来找新栖居地。因此，每当植物群落的性质发生变化的时候，居住在其中的动物区系实际上也在做适当的调整，使得整个生物群落内部的动物和植物又以新的联系方式统一起来。

2. 群落内部环境的变化

这种变化是由群落本身的生命活动造成的，多与外界环境条件的改变没有直接的关系；有些情况下，是群落内物种生命活动的结果，为自己创造了不良的居住环境，使原来的群落解体，为其他植物的生存提供了有利条件，从而引起演替。例如，据 E. L. Rice 研究在美国俄克拉荷马州的草原弃耕地恢复的第一阶段中，向日葵的分泌物对自身的幼苗具有很强的抑制作用，但对第二阶段的优势种 Aristida oligantha 的幼苗却不产生任何抑制作用。于是向日葵占优势的先锋群落很快为 Aristida oligantha 群落所取代。

由于群落中植物种群特别是优势种的发育而导致群落内光照、温度、水分状况的改变，也可为演替创造条件。例如，在云杉林采伐后的林间空旷地段，首先出现的是喜光草本植物。但当喜光的阔叶树种定居下来并在草本层以上形成郁闭树冠时，喜光草本便被耐阴草本所取代。以后当云杉伸于群落上层并郁闭时，原来发育很好的喜光阔叶树种便不能更新。这样，随着群落内光照由强到弱及温度变化由不稳定到较稳定，依次发生了喜光草本植物阶段、阔叶树种阶段和云杉阶段的更替过程，也就是演替的过程。

3. 种内和种间关系的改变

组成一个群落的物种在其内部以及物种之间都存在特定的相互关系。这种关系随着外部环境条件和群落内环境的改变而不断地进行调整。当密度增加时，不但种群内部的关系紧张化了，而且竞争能力强的种群得以充分发展，而竞争能力弱的种群则逐步缩小自己的地盘，甚至被排挤到群落之外，这种情形常见于尚未发育成熟的群落。

　　处于成熟、稳定状态的群落在接受外界条件刺激的情况下也可能发生种间数量关系重新调整的现象，进而使群落特性或多或少地改变。

4. 外界环境条件的变化

　　虽然决定群落演替的根本原因存在于群落内部，但群落之外的环境条件诸如气候、地貌、土壤和火等常可成为引起演替的重要条件。气候决定着群落的外貌和群落的分布，也影响到群落的结构和生产力。气候的变化，无论是长期的还是短暂的，都会成为演替的诱发因素。地表形态（地貌）的改变会使水分、热量等生态因子重新分配，转过来又影响到群落本身。大规模的地壳运动（冰川、地震、火山活动等）可使地球表面的生物部分完全毁灭，从而使演替从头开始。小范围的地表形态变化（如滑坡、洪水冲涮）也可以改造一个生物群落。土壤的理化特性对于置身于其中的植物、土壤、动物和微生物的生活有密切的关系；土壤性质的改变势必导致群落内部物种关系的重新调整。火也是一个重要的诱发演替的因子，火烧可以造成大面积的次生裸地，演替可以从裸地上重新开始；火也是群落发育的一种刺激因素，它可使耐火的种类更旺盛地发育，而使不耐火的种类受到抑制。当然，影响演替的外部环境条件并不限于上述几种。凡是与群落发育有关的直接或间接的生态因子都可成为演替的外部因素。

5. 人类的活动

　　人对生物群落演替的影响远远超过其他所有的自然因子，因为人类社会活动通常是有意识、有目的地进行的，可以对自然环境中的生态关系起着促进、抑制、改造和建设的作用。放火烧山、砍伐森林、开垦土地等都可使生物群落改变面貌。人类还可以经营、抚育森林，管理草原，治理沙漠，使群落演替按照不同于自然发展的道路进行。人类甚至还可以建立人工群落，将演替的方向和速度置于人为控制之下。

　　（二）演替的基本类型

　　演替类型的划分可以按照不同的原则进行。

　　1）按照演替发生的时间进程（L. G. Ramensky，1938）

　　（1）世纪演替：延续时间相当长久，一般以地质年代计算。常伴随气候的历史变迁或地貌的大规模改造而发生（冰川）。

　　（2）长期演替：延续达几十年，有时达几百年，云杉林被采伐后的恢复演替可作为长期演替的实例。

　　（3）快速演替：延续几年或十几年。草原弃耕地的恢复演替可以作为快速演替的例子，但要以撂荒面积不大和种子传播来源就近为条件；不然弃耕地的恢复过程就可能延续几十年。

2）按演替发生的起始条件划分（F. E. Clements，1916；J. E. Weaver and P. E. Clements，1938）

（1）原生演替：开始于原生裸地或原生芜原（完全没有植被并且也没有任何植物繁殖体存在的裸露地段）上的群落演替。

（2）次生演替：开始于次生裸地或次生芜原（不存在植被，但在土壤或基质中保留有植物繁殖体的裸地）上的群落演替。

3）按基质的性质划分

（1）水生演替：演替开始于水生环境中，但一般都发展到陆地群落，如淡水湖或池塘中水生群落向中生群落的转变过程。

（2）旱生演替：演替从干旱缺水的基质上开始，如裸露的岩石表面上生物群落的形成过程。

（三）演替顶极

不管原生还是次生演替，其进展演替最终是形成成熟群落或顶极群落。

1. 单元顶极论

单元顶极论在 20 世纪末、21 世纪初就已经基本形成。这个学说的首创人是 H. C. Cowles 和 F. E. Clements（1916）。

Clements 指出，演替就是在地表上同一地段顺序地分布着各种不同植物群落的时间过程。任何一类演替都经过迁移、定居、群聚、竞争、反应、稳定六个阶段。到达稳定阶段的植被，就是和当地气候条件保持协调和平衡的植被。这是演替的终点，这个终点就称为演替顶极。在某一地段上从先锋群落到顶极群落按顺序发育着的那些植物群落，都可以称作演替系列群落。

Clements 认为，在同一气候区内，无论演替初期的条件多么不同，植被总是趋向于减轻极端情况而朝向顶极方向发展，从而使得生境适合于更多的生物生长。于是，旱生的生境逐渐变得中生一些，而水生的生境逐渐变得干燥一些。演替可以从千差万别的地境上开始，先锋群落可能极不相同，但在演替过程中植物群落间的差异会逐渐缩小，逐渐趋向一致。因而，无论水生型的生境，还是旱生型的生境，最终都趋向于中生型的生境，并均会发展成为一个相对稳定的气候顶极。

2. 多元顶极论

多元顶极论是由英国的 A. G. Tansley（1954）提出的。这个学说认为：如果一个群落在某种生境中基本稳定，能自行繁殖并结束它的演替过程，就可看做顶极群落。在一个气候区域内，群落演替的最终结果不一定都汇集于一个共同的气候顶极终点。除了气候顶极之外，还可有土壤顶极、地形顶极、火烧顶极、动物顶极；同时还可存在一些复合型的顶极，如地形-土壤顶极和火烧-动物顶极等。一般在地带性生境上是气候顶极，在别的生境上可能是其他类型的顶极。这样一来，一个植物群落只要在某一种或几种环境因子的作用下在较长时间内保持稳定状态，都可认为是顶极群落，它和环境之间达到了较好的协调。

不论是单元顶极论还是多元顶极论：①都承认顶极群落是经过单向变化而达到稳定状态的群落；②顶极群落在时间上的变化和空间上的分布都是和生境相适应的。两者的不同点在于：①单元顶极论认为，只有气候才是演替的决定因素，其他因素都是第二位的，但可以阻止群落向气候顶极发展；多元顶极论则认为，除气候以外的其他因素，也可以决定顶极的形成。②单元顶极论认为，在一个气候区域内，所有群落都有趋同性的发展，最终形成气候顶极；而多元顶极论不认为所有群落最后都会趋于一个顶极。

3. 顶极-格局假说

顶极-格局假说由 Whittaker（1953）提出，实际是多元顶极的一个变型，也称种群格局顶极理论。他认为，在任何一个区域内，环境因子都是连续不断地变化的。随着环境梯度的变化，各种类型的顶极群落，如气候顶极、土壤顶极、地形顶极、火烧顶极等，不是截然呈离散状态，而是连续变化的，因而形成连续的顶极类型，构成一个顶极群落连续变化的格局。在这个格局中，分布最广泛且通常位于格局中心的顶极群落，叫做优势顶极，它是最能反映该地区气候特征的顶极群落，相当于单元顶极论的气候顶极。

（四）演替实例

植物群落的原生演替和次生演替是按裸地性质进行的分类。原生演替指在原生裸地上开始进行的演替，它根据基质的不同可分为旱生和水生演替两个系列。

1. 原生演替

1）旱生演替系列

旱生演替是从岩石表面开始的，它一般经过以下几个阶段：地衣植物阶段、苔藓植物阶段、草本植物阶段、木本植物阶段，演替使旱生生境变为中生生境。

地衣植物阶段：壳状地衣分泌有机酸腐蚀岩石表面，加上岩石风化作用，壳状地衣的一些残体，逐渐形成一些极少量的土壤；叶状地衣可含蓄较多的水分，积聚更多的残体，使土壤增加的更快些；在叶状地衣遮盖岩石表面的部分，生长枝状地衣，生长能力强，全部代替叶状地衣。

苔藓植物阶段：在干旱时进入休眠，待到温和多雨时，大量生长。能积累的土壤更多些，为以后生长的植物创造条件。

草本植物阶段：土壤继续增加，小气候也开始形成。同时，土壤微生物和小型土壤动物的活力增强，植物的根系可深入到岩石缝隙。因此，环境条件得到了极大的改善，为木本植物的生长创造了条件。

灌木群落阶段：喜光的阳性灌木出现，与高草混生形成"高草灌木群落"，以后灌木大量增加，形成优势灌木群落。

乔木群落阶段：阳性乔木树种生长，逐渐形成森林，林下形成荫蔽环境使耐阴树种定居，随着耐阴种的增加，阳性树种在林内不能更新而逐渐从群落消失。林下生长耐荫的灌木和草本植物复合形成森林群落。

2）水生演替

水生演替系列是从淡水湖沼中开始的，它通常有以下几个演替阶段：自由漂浮植物阶段、沉水植物阶段、浮叶根生植物阶段、直立水生植物阶段、湿生草本植物阶段、木本植物阶段，演替从水生生境趋向最终的中生生境。

自由飘浮植物阶段：有机质的聚集靠浮游有机体的死亡残体，以及湖岸雨水冲刷所带来的矿质微粒，导致湖底增高。

沉水植物阶段：5～7m 水深，首先出现轮藻属植物，由于它的生长，湖底有机质积累较快而多，由于湖底嫌气条件轮藻的残体分解不完全，湖底进一步抬高；水深2～4m 左右，有金鱼藻、狸藻等出现，繁殖强，垫高湖底。

浮叶根生植物阶段：水深 1m 左右，睡莲等植物飘浮水面，导致水下的沉水植物得不到光照而被排挤，飘浮植物的茎部的阻碍，使更多泥沙沉积下来，同时植物残体量更大，湖底抬高，有利于下一阶段植物入侵。

挺水植物阶段：水变浅，芦苇、香蒲等个体更大，突出水面，枝叶茂密，根常纠缠绞结，拦截泥沙能力更强，残体也更多，水更浅，使湖底迅速升高。

湿生草本植物阶段：水变成季节性积水，根茎发达的湿生的沼泽植物开始生长。如莎草科、禾本科等一些湿生种类。排水能力和垫高能力更强。

木本植物阶段：耐水湿的灌木、乔木出现，如柳、赤杨，随树木的侵入，形成森林。地下水位降低，大量地被物改变了土壤条件。

2. 次生演替

次生演替指在次生裸地上开始的演替，比较典型的是森林的采伐演替和草原的放牧演替。

1）森林的采伐演替

森林的采伐演替主要经历了以下几个主要阶段（以云杉林皆伐以后，从采伐迹地上开始的群落过程为例）。

采伐迹地阶段：即森林采伐时的消退期，较大面积的采伐迹地上，原来森林内的小气候完全改变，地面受到直接光照，水热状况变化剧烈。原来林下的耐阴或阴性植物消失，而喜光植物则蔓延形成杂草群落。

小叶树种阶段：采伐迹地阶段的气候不适宜于云杉等的生长，却适合一些喜光阔叶树种（桦树、山杨等）的生长，在原有优越的土壤条件下他们会很快生长起来，形成以桦树和山杨为主的群落，同时郁闭的林冠也抑制和排挤了其他喜光植物。

云杉定居阶段：由于桦树和山杨等上层树种缓和了林下小气候的剧烈变动，小叶林下已能够生长耐阴性的云杉幼苗，约 30 年左右，云杉就能在桦树和山杨林下形成第二层，并逐渐伸入上层林冠。

云杉恢复阶段：当云杉的生长超过桦树和山杨，并组成森林的上层时，桦树和山杨因不能适应上层遮阴而开始衰亡。50～100年后，又形成单层的云杉林，其中混杂着一些留下来的云杉和山杨，而且树木的配置和密度以及林内的环境条件也有所不同（图8.10）。当然，森林采伐后的复生过程，并不单纯取决于树种的耐阴或喜光特性，还取决于综合的生境条件的变化特点。同时，引起森林消退的原因、强度和持续时间对森林采伐演替的速度和方向也具有决定性作用。如果采伐面积过大、采伐后水土流失严重，就失去了复生的基本条件，群落的演替也就朝着完全不同的方向进行。

2）草原的放牧演替

草原的放牧演替一般由以下几个阶段构成：放牧不足阶段（草甸化阶段）、轻微放牧阶段（针茅属阶段）、针茅消灭阶段（羊茅属阶段）、早熟禾废墟阶段、放牧场阶段。

草原群落的次生演替主要取决于对草原的利用方式。在没有放牧的情况下，草原由于水分条件的改善，会演替到中生化的草甸；但在强烈放牧情况下，草原会向旱生化的方向发展，并随着放牧强度的加大，草原会逐渐发展到接近于荒漠带的一些植物群落。这种现象和水分条件的恶化有关。土壤在强烈的牲畜践踏下变得坚实，其上层的正常结构遭到破坏，结果土壤的表面蒸发加强，水分情况因此恶化。

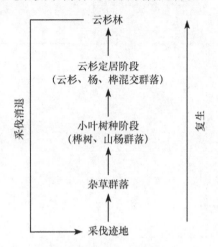

图8.10 森林采伐演替过程
（摘自姜汉侨等，2005）

思考题

1. 名词解释：生活型 层片 季相 最小面积 干扰 竞争 寄生 捕食 偏利共生（共栖）
2. 简述植物种群的种内关系和种间关系。
3. 简述影响植物群落结构的因素。
4. 简述植物群落与植物环境的关系。
5. 简述植物群落的动态变化。

第三篇　植被与土壤的主要类型及其地理分布规律

第九章 陆地植被与土壤的主要类型

第一节 热带植被与土壤

一、热带雨林与土壤

热带雨林地处低纬度的赤道地带，终年高温多雨，是在热带雨林气候下发育形成的植被类型。热带雨林地区发育的地带性土壤是砖红壤。

（一）气候条件

热带雨林气候又称赤道多雨气候，其特征：①全年常夏，无季节变化。年平均气温为 20~28℃，气温年较差小于日较差。②全年多雨，季节分配较均匀。年降水量大都在 2000mm 以上，有的地方甚至超过 10 000mm。空气湿度可达 90％以上，夜晚更高，甚至饱和。

（二）植被特征

1. 种类组成

热带雨林是地球上种类成分最丰富多样的一种植被类型。其形成主要得益于高温多雨的气候条件和相对古老而稳定的生态环境。在巴西雨林中，一块 8km² 的区域就有乔木 400 种（南美约有 4.5 万种高等植物）；我国西双版纳密林中，2500m² 的面积上有高等植物 130 种；而整个欧洲，乔灌木一共只有 250 种。由于雨林植物种类极其繁多，很难找到优势种，相邻两棵树很难找到同种的。可以说，热带雨林是一个多优势种或无优势种的植物群落。

2. 外貌

热带雨林高位芽植物占绝对优势。群落的生活型组成是决定群落外貌的主要因素。热带雨林的植物生活型特征是高位芽占绝对优势，其中巨高位芽和大高位芽植物占很大比例。例如，在巴西的热带雨林中，常绿巨高位芽、大高位芽、中高位芽植物所占比例分别为 38.5％、28.4％和 25.7％，而小高位芽和矮高位芽植物仅占 7.4％。

中型叶占优。热带雨林植物的叶子以中型全缘常绿单叶占优势（近 70％以上），大叶与小叶占的比例较小。同时，叶级通常是随着树木的增长而变小。

季相变化不明显。热带雨林地区，终年高温多雨，植物终年常绿，四季有花，季节变化不明显。

3. 结构

垂直结构复杂。热带雨林是地球上垂直结构最为复杂的植物群落。雨林中乔木层可高达 60m，林内层次较多，一般可分为 5～8 层，但划分起来并不容易。最高层乔木高达 40～60m，其树冠远在其他树种之上，林冠不相连。第二层由高 30～40m 的乔木组成，树冠仍不连续。第三层乔木高度为 15～30m，树冠连续，层次清楚。林下植物包括灌木层和草本层（还可以再细分亚层）。由于树冠浓密，林下阴暗，下木（森林中林冠之下的大灌木和矮乔木的总称）郁闭度较低，容易通行。但在林缘和林间空地处于恢复阶段的次生丛林，则生长密闭，难以通行。

层间植物种类繁多。雨林中除了乔木、灌木、草本三个层片外，还有藤本植物、绞杀植物、附生植物和寄生植物等层片。林中悬挂着一些木质藤本，形状多样，长度惊人，一般可达数十米，而省藤（*Calamus*）可长达 300m。藤本植物节省了大量树干物质，靠攀援缠绕到达林冠上部，参与争夺阳光。绞杀植物多是半附生的（如垂叶

图 9.1　大花草
(http://baike.baidu.
com/view/
37110.htm)

榕），它先在其他植物树干上生根发芽，然后向下生长的网状气生根紧紧缠绕树干，一旦接触土壤，便独立快速生长，网状根变成网状茎，最终将支柱木绞杀致死。附生植物除了藻类、菌类和苔藓植物外，还有大量的天南星科、凤梨科、兰科等，附生于树干或树枝上，形成五彩缤纷的"空中花环"。寄生植物也很多，特别引人注目的是苏门答腊的大花草，寄生在葡萄科爬岩藤属植物的根或茎的下部，无茎、无根、无叶，具五片肉红色瓣片，最大直径可达 1.4m，具恶臭，是植物中最大的花（图 9.1）。

4. 雨林乔木的特殊形态

乔木树干高大通直是热带雨林的典型特征，分枝较高，浅色树皮薄而光滑，有的甚至只有单一主干（如棕榈科和木本真蕨类植物）。树干基部发育板状根是雨林高大乔木的又一显著特征，有时高达 3～4m，这对增加高大乔木的稳定性很有利。雨林乔木茎花现象特征独特，即直接在无叶的木质茎上开花、结果，又称老茎生花（图 9.2）。这种具有茎花现象的植物，在雨林中估计有 1000 种。

滴水叶尖是雨林中的常见现象，在加纳，90%的下木种类都有滴水叶尖。

（三）土壤特征

1. 形成特点

砖红壤是脱硅富铝化过程和生物富集过程共同作用形成的。

图 9.2　老茎生花——可可树（http://www.kepu.net.cn/gb/lives/banna/nationfruit/fru05.html）

1）富铝化过程

由于本土类处于高温多雨的气候条件之下，具有充足的能量和动力使土体中原生矿物受到强烈的风化，以致硅酸盐类矿物强烈分解，产生了以高岭石为主的次生黏土矿物和游离氧化物。而分解过程中产生的可溶性产物受到下降的渗透水淋溶而流失，在淋溶初期，水溶液近于中性反应，硅酸和盐基流动性大而淋溶流失多，而铁、铝氧化物因流动性小而相对积累起来，当盐基淋失到一定程度，以致土层上部呈酸性反应时，铁铝氧化物开始溶解而表现出较大流动性。由于土层下部盐基含量较高，酸度较低，以致下移的铁、铝氧化物达到一定深度时即发生凝聚沉淀作用，而且一部分的铁、铝氧化物在旱季还会随毛管水上升到达地表，在炎热干燥的条件下发生不可逆性的凝聚。这种现象的多次发生，遂使上层土壤的铁铝氧化物越聚越多。据研究，我国富铝土，硅的迁移量均为 40%～70%，镁、钾、钠的迁移量一般为 80%～90%，钙几乎接近 100%。铁的富集量 7%～25%，铝达 10%～20%。土壤胶体的硅铝率为 1.5～2.5，土壤胶体铁的游离度为 46%～88%。这些指标反映出砖红壤的脱硅富铝化作用的一般特点。

2）生物富集过程

砖红壤的生物富集作用也很强烈。研究表明，热带雨林下发育的砖红壤，森林凋落物（干物质）每年每公顷达 11 550kg，热带次生林下为 10 200kg，而温带地区只有 3750kg，前者比后者高 2.7～3.0 倍。本土壤分布区所生长的植物不只生长量大，而且其残体的转化也极迅速，营养元素的生物小循环周期短，如热带植物残体的年分解率为 57%～78%（以橡胶和芒萁为例），而比北亚热带植物高 1～2 倍。因此，它的生物自肥能力较强。不过这些营养元素不是固定保持在土壤里，而处于不断循环过程中，一旦植被受到破坏，将会引起强烈的水土流失，土壤肥力就会明显下降。本区的自然植被以森林为主，土壤有机质的表聚性十分明显，腐殖质组成较为简单，活动性较大，以富里酸为主，表土的胡敏酸/富里酸比值一般均在 0.8 以下，心土和底土多在 0.4 以下。而且在植物分解过程中，鲜叶中含量较多的钙、镁、氮、硫等元素不断淋失，其损失量达 20％～40％左右，而鲜叶含量较少的铝、铁、硅等则相对累积，在残落物中这类元素比鲜叶增加 4～8 倍，这就加深了对土壤富铝化作用的影响。所以说，脱硅富铝化作用和强烈的生物富集作用是砖红壤形成的统一而不可分割的两个过程。

2. 基本性状

砖红壤质地黏重，土层深厚，红色风化层可达数米乃至十几米，呈酸性-强酸性反应。严格来讲，剖面中无淀积层可言，因为能溶可悬移物已淋出土体，此后 A、B 层均属高岭石及部分铁铝氧化物残体，土体中 Al_2O_3 较多，黏粒含量可达 34％～35％，紧实厚重，呈核块状结构，结构面上有暗色胶膜，有些有聚铁网纹层或铁磐层。黏土矿物组成中，高岭石占 60％，氧化铁近 20％，并有三水铝矿大量存在，硅铝铁率很低，在 1.5 左右。剖面构型一般为 Ah-Bms-BC-C 型。

（四）分布

广泛分布在世界上热带地区。在亚洲东南部、非洲中部、北美洲东南部和南美洲北部，都有大面积分布。此外在欧洲的地中海地区和澳大利亚北部也有较小面积分布。在我国大致分布于北纬 22°以南，主要分布在海南岛、雷州半岛、云南南部和台湾南端。

（五）利用与保护

该地区是我国发展热带生物资源的重要基地，是橡胶的主要产区，并可种植咖啡、可可、香蕉、菠萝、油棕、剑麻等热带经济作物。农作物可一年三熟，水稻一年可 2～3 熟。中华人民共和国成立以来，砖红壤利用改良事业取得了巨大成就，在广泛开展资源调查的基础上，各地都开垦了大面积荒地，为农业、林业生产做出了巨大贡献。在利用上可以充分发挥热带土壤的资源优势，因地制宜地种植各种热带经济作物，另外要采取科学施肥并配合其他农业、水利措施，有针对性地克服土壤的酸、瘦、黏、冷等障碍因素，并做好水土保持工作，达到综合治理的效果。

二、热带稀树草原与土壤

1. 气候条件

热带稀树草原又称萨瓦纳群落，形成于热带雨林气候外围的热带干湿季气候区。该热带气候类型具有明显的干、湿季交替现象，干季与湿季的长短，与所处的地理位置有关。热带稀树草原地区降水量差异悬殊，介于 250～1500mm，而且集中于夏季。干季一般持续 4～6 个月，有的地方可达 8～10 个月，几乎无雨或降水很少。年平均气温约在 18～24℃。

全年高温、降水量不均且相对较少，是形成以草本植物为主的稀树草原的主要原因。也有观点认为，经常性自然或人为火灾也导致一般乔木难以生存，但从萨瓦纳群落整体看，火可能是局部和辅助性制约因素。

2. 植被特征

图 9.3 热带稀树草原
(http://pic5.nipic.com/
20100111/3648835_
180124058046_2.jpg)

热带稀树草原具独特的群落外貌。群落主体由 1～3m 的多年生草本植物构成，在草原的背景上稀疏散生着一些独特或小丛分布的乔灌木（图 9.3）。高大的蚁塚是其特色景观。

季相变化十分明显。雨季，植被郁郁葱葱，草食动物成群，肉食动物紧随其后，到处生机盎然；旱季，酷暑难耐，植被枯黄，大部分动物迁徙或蛰伏地下，呈现一片萧条景象。

乔灌木具有旱生结构。根系深而庞大，有的树干粗大，可储存大量水分（如纺锤树），树皮很厚，耐火性强，树干多分支，常具刺，树冠伞形，叶厚被绒毛或刺化，有的甚至能转动。

藤本很少，附生植物几乎不存在。

动物以地栖为主，善跑。食草动物具有群居习性，非洲羚羊最快奔跑速度能达 80km/h，非洲猎豹是世界上跑得最快的哺乳动物，速度可达 110km/h。

3. 土壤特征

热带稀树草原下发育的土壤是燥红土，又称为热带稀树草原土、红棕壤或红褐土。

燥红土是弱淋溶土，具热或极热性土温状况，有暗色或淡色表层，有效阳离子交换量为 2.5～10cmol/kg，黏粒或阳离子交换量为 5～16cmol/kg，且盐基饱和度≥35%。

燥红土剖面层次明显，土体构型为 Ah-B（Bck）-BC（C）型，表土层 20cm 左右，有机质积聚，呈暗褐色，向下过渡为红褐色的 B 层，质地轻壤至中壤，块状结构，整个土层厚度约 1m，发育于石灰岩母质上，其心土或底土有石灰结核。

燥红土分布区的水热条件对土壤中物质的生物循环有很大的限制，生物累积作用没有砖红壤强烈，而转化速度又比较快、土壤腐殖质的累积量很少，表层大多不超过 2.0%，腐殖质组成与一般地带土壤不同，胡敏酸含量较高。

燥红土一般矿物风化程度较低，脱硅富铝化作用不很明显。黏土矿物以 2∶1 型的水云母为主，次为高岭石、石英和少量蒙脱石。三水铝矿含量很少，说明脱硅富铝化作用不甚强烈。黏粒部分的化学组成中，氧化铁在表层有相对的累积。燥红土具有热带土壤的一些共同特点，如土壤阳离子交换量低，有的不到 0.1mol/kg，黏粒和活性铝有明显下移。铁在表层发生聚集。由于淋溶作用较弱，旱季又受水分蒸发影响，盐基有向表层聚积的趋势，盐基饱和度可达 70%～90%，pH 为 6.0～6.5。局部石灰岩发育的燥红土，pH 可达 6.5～7.0，表层常有石灰反应，土体中可见石灰结核。

4. 地理分布

　　热带稀树草原及其下发育的燥红土主要分布在热带地区，如非洲撒哈拉大沙漠南缘，沿纬线伸展，澳大利亚西部沙漠的北、东、南三侧，南美洲的格兰查科地区。在我国，主要分布在云南南部的金沙江、红河、怒江等河谷和海南岛西部，因具焚风效应等特殊气候影响，在云南横断山脉河谷区，一般限于海拔 400～1300m 左右，向上即过渡为燥褐土。

5. 利用与保护

　　热带稀树草原地区热量丰富，光照充足，但干旱时土壤常缺水。在土壤改良利用上，必须兴修水利，发展灌溉。

三、其他热带植被类型与土壤

（一）季雨林与土壤

　　季雨林是热带季风气候区发育的一种稳定的森林群落类型，具有周期性的干湿季交替。季雨林下发育的土壤是砖红壤性红壤。

1. 气候条件

　　热带季风气候的特征：终年高温，有明显的干湿季变化。年均温在 20℃ 以上，降水主要集中于夏季。

2. 植被特征

　　植物种类组成少于雨林。季雨林结构比雨林简单。乔木一般分为 2～3 个亚层，高大乔木一般不超过 35m，通常主冠层之下只有一层单一的下木层。林内藤本植物和附生植物大为减少，缺乏木本附生植物。

　　外貌比雨林华丽。季雨林的植被生活型以高位芽为主，约占 70%～80%。旱季部分落叶或大部分落叶是其显著特征。季雨林植物的开花结果，具有明显的季节性，大约 2/3 的植物集中在 2～5 月开花，果熟期集中在 8～9 月和 11～3 月两个时段，旱季开花，水分消耗低，有利于传粉。

3. 土壤特点

　　砖红壤性红壤的生物气候特点介于红壤与砖红壤之间。富铝化作用略低于砖红壤而高于红壤，但仍表现出明显的富铝化特征，富铁铝系数为 0.79±0.14，胶体硅铝率<2.0，黏土矿物以高岭石为主，并含少量三水铝石和水云母，富铝层呈橙色或亮黄橙色，发育程度较砖红壤弱，淋溶作用也较差。本土类多发育于花岗岩和其他酸性母岩上，所以土壤质地较砖红壤轻。

4. 地理分布

在南美洲、非洲、欧洲的地中海地区、美国东南部、东南亚、我国的东南部都有分布。在我国，砖红壤性红壤分布区大致在北纬 22°～25°，包括滇南的大部、广西、广东的南部、福建的东南部以及台湾的中南部。

5. 利用与保护

砖红壤性红壤地区可因地制宜发展亚热带、热带作物，除亚热带的经济林木、果木和药材外，还可种植油茶、八角等经济作物及木瓜、芒果、香蕉、洋桃、荔枝等热带果木。云南的砖红壤性红壤还可种植紫胶、三七等。橡胶、咖啡等热带作物在局部地区也可栽培。砖红壤性红壤地区已成为进一步发展热带、亚热带经济作物的重要基地，农作物复种指数也在不断提高。

（二）红树林与土壤

红树林是生长在热带海滩上的一类盐生常绿木本植物群落。该群落主要由红树科植物组成，故名红树林。马来群岛的红树林是世界上种类组成最为丰富、生长最茂盛的红树林。海南岛是我国红树林长势最好的地方。

1. 气候条件

红树林主要生长在热带气候，但受水温和气温影响大。在温度较高的海南岛，红树林种类组成丰富，重要种类有 18 种；而在温度较低的粤东地区，重要组成种类仅 9 种。另外，红树林更适宜生长于风平浪静和淤泥深厚的海滩。

2. 植被特征

红树林是发育在特殊生境下的一类植物群落，种类相对贫乏。离开赤道，红树林的种类和高度都相应降低。

红树林的特殊生境决定了其特有的"胎生"生态习性。"胎生"现象（图 9.4）在红树科植物中最为普遍，种子在离开母树前就开始在果实中萌发，长出长约 10～30cm 的绿色棒状胚轴，下粗上尖，坠入淤泥后，几个小时内即可扎根生长成为独立的植株。若种子下落后被海流带走，凭借含有空气的胚轴疏松组织，可长期漂浮海上而不丧失生命力，一旦到达适宜海滩便可扎根生长。

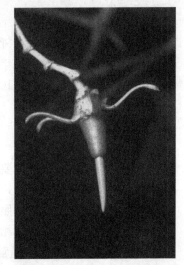

图 9.4　红树林的胎生现象（http://image.baidu.com/i?wd=2013265928&cl=2&lm=-1&fm=hao123#pn=225）

　　红树林的另一个显著特征是发育有密集的支柱根和特殊的呼吸根。密生的支柱根可在强风和巨浪中保持植株稳定，是植株抵抗海浪作用的一种生态适应；呼吸根则是经常被潮水淹没的生态适应。作为盐生植物，还具有各种盐生适应特征，如肉质叶、低渗透压、可排盐的腺体等。

3. 土壤特点

　　红树林下发育的土壤为滨海盐土，即分布于滨海一带的盐土。其盐分主要来自海水，而且在成土过程之前就开始了地质积盐过程。由于滨海盐土是直接由盐渍淤泥发育而成，从而具有以下几个主要盐渍特点：①不仅土壤表层积盐重，心土层含盐也很高；②在绝大多数情况下，土壤和地下水的盐分组成与海水相一致，均以氯化物占绝对优势；③地下水矿化度很高，而且是距海越近，矿化度越高；④土壤积盐强度，随生物气候带从南到北逐渐增强。如华南滨海盐土表层含盐量很少超过 2%，而华北和东北滨海盐土的含盐量达 2%～3%者为数不少，甚至个别可高达 5%～8%。

第二节　亚热带植被与土壤

一、亚热带常绿阔叶林与土壤

　　常绿阔叶林又称照叶林，是分布在亚热带地区大陆东岸的植被。我国秦岭淮河以南的常绿阔叶林，是世界上发育最为典型、分布面积最广的地区。亚热带常绿阔叶林下发育的土壤有红壤、黄壤两类土壤。

1. 气候条件

　　常绿阔叶林分布区属于亚热带湿润气候，在北半球，特别在东亚，季风气候显著。其特征是夏热冬冷、全年较湿润。最热月平均气温在 24～27℃，最冷月平均气温在 0℃以上；年降水量在 1000mm 以上，最大降水量多在夏季，冬季降水量虽然较少，但无明显干季。

2. 植被特征

　　植物种类相当丰富，主要由壳斗科、樟科、山茶科和木兰科等树种组成。这类植物具有樟科植物叶子的特征，以小型叶为主，革质，具光泽，被蜡层，多与光线照射方向垂直，反光，故又称"照叶林"。

　　群落外貌终年常绿，林相整齐，以高位芽为主。群落高度一般在 15～20m 左右，很少超过 30m。群落全年呈营养生长，季相变化不明显。美国红杉高可达 100m 以上，胸径超过 10m，年龄可逾 5000 年，被称为"世界爷"。

　　群落结构较热带雨林简单，可分为乔木层、灌木层和草本层三个层次。发育良好的乔木层又可分为三个亚层：上层乔木多是壳斗科、樟科等的常绿树种，树冠相互连接；第二层多不连续分布；第三层多与高大的灌木层相互交错。林下灌木层和草本层明显，层间植物有常绿和落叶两类，但以常绿占优势。无板状根、茎花等雨林的典型现象。

3. 土壤特征

(1) 红壤、黄壤是富铝化和生物富集两个过程长期作用的结果。富铝化作用较明显，但其强度在富铝土纲中算是较弱的土类。含水铁、铝氧化物一般向下移动不深，因土体上部植物残体的矿化所提供的盐基较丰富，酸性较弱，故含水铁、铝氧化物的活性也较弱，大多沉积下来形成铁、铝残余积聚层。因此、富铝化作用的特点：硅和盐基遭到淋失，黏粒与次生矿物不断形成，铁、铝氧化物明显聚积。富铝铁系数为 0.51 ± 0.11，胶体硅铝率为 $2.0\sim2.4$。黏土矿物以高岭石、水云母为主，富铝层呈亮红棕色或浊黄棕色。少见网纹层和铁锰结核，但在第四纪红色黏土上发育的红壤，剖面下部出现网纹层较多，这可能是在古气候条件下所生成的。

在中亚热带常绿阔叶林的作用下，红壤、黄壤中物质的生物循环过程十分激烈，生物和土壤之间物质和能量的转化和交换极其快速。表现特点是在土壤中形成了大量的凋落物和加速了养分循环的周转。在中亚热带高温多雨条件下，常绿阔叶林生长繁茂，每年可形成大量的凋落物，因此有大量有机质归还给土壤。据研究，森林植被每年每公顷归还土壤的有机残体：常绿阔叶林约 40t，而温带阔叶林只有 $8\sim10t$。我国红壤地区的常绿阔叶林植被对元素的吸收与生物归还作用强度较大，其中钙、镁的生物归还率[*]一般超过 200 以上。同时，土壤中的微生物生命活动也极旺盛，凋落物能以极快的速度矿质化而使各种元素进入土壤。这样就大大加速了生物和土壤之间养分物质的循环，使物质的生物循环在数量上经常维持着较高的水平，土壤中则表现出强烈的生物富集作用。

红壤剖面以呈均匀的红色为其主要特征，其剖面构型为 Ah-Bs-C。在自然植被下，Ah 层一般厚度为 $20\sim40cm$，暗棕色。但我国大部分红壤地区自然植被受到破坏，腐殖质层的厚度仅几厘米到 $10\sim20cm$。淋溶淀积层厚度一般在 $0.5\sim2m$，有的达 2m 以上，呈均匀的红色或棕红色、紧实黏重，呈块状结构，常有铁质（杂有锰质）胶结层出现，形态表现为红棕或暗棕色胶膜和大小不等的结核。母质层（C）包括红色风化壳和各种岩石的风化物，其颜色呈红、橙红、棕红等色。

红壤呈酸性—强酸性反应，pH 一般为 $5.0\sim5.5$，其 pH 剖面由上向下逐渐变小，但一般相差仅在 0.5pH 单位以内。底土酸性强，pH 可低到 4.0。红壤不仅具有较强的活性酸，而且因交换性铝离子含量高，潜在酸也很强。红壤交换量在 $0.03\sim0.08mol/kg$ 之间，盐基饱和度在 40% 左右，即交换性氢和铝可占 60% 以上，其中交换性铝含量可达 $0.02\sim0.06mol/kg$，约占潜在酸的 $80\%\sim95\%$ 以上。红壤黏粒部分

---

* 生物归还率$=\dfrac{残落物化学组成}{表土化学组成}\times100$

的硅铝率为 2.0～2.4，黏土矿物以高岭石为主，一般可占黏粒总量的 80%～85%，三水铝矿则不常见。

（2）黄壤是亚热带湿润生物气候条件下形成的地带性土壤，广泛分布于亚热带和热带中等高度的山地。黄壤的水平分布与红壤属同一纬度带，水湿条件较红壤高，热量条件则略低，云雾多，日照少，冬无严寒，夏无酷热，干湿季不明显。年均温 14～19℃，≥10℃的积温约为 4500～5500℃，年降水在 1000～2000mm，相对湿度大，约 70～80%。在山地垂直带谱中，黄壤则分布在山地红壤或山地砖红壤之上，山地黄棕壤之下。

黄壤的形成是以"黄化"过程为主，富铝化作用表现较弱为其基本特点。由于黄壤的成土环境相对湿度大，土壤水热状况较稳定，土体经常保持潮湿，致使土壤中氧化铁水化而引起土色变黄。尤以 B 层黄色更为鲜艳。氧化铁以含化合水的针铁矿、褐铁矿和多水氧化铁为主，这与红壤有显著差别。黏土矿物以蛭石为主，高岭石、水云母次之，黄壤的黏土矿物中有三水铝石出现，但与砖红壤中的三水铝矿有所不同，它不是高岭石进一步分解的产物，而是母岩中有些原生矿物直接风化而来的、可见其富铝风化度较红壤为弱。但因淋溶作用较强，交换性盐基很低，表层一般不超过 0.1mol/kg，盐基极不饱和，土壤呈酸性反应，pH 为 4.5～5.5。有机质含量较高，可达 5%～10%。质地较轻，多为中壤和重壤土。典型黄壤的剖面构型为 Ah-Bs-BC-C 型。

4. 地理分布

在我国主要分布区的东部约起自长江以南至南岭山地，西部包括云贵高原中北部和四川盆地南缘地区，大致在北纬 25°～31°。

5. 利用与保护

本地区不仅能种植粮、棕、油、蔗、烟等农作物，而且是亚热带经济林木、果树的重要产区，可以农林结合，发展亚热带经济果木（如茶叶、油茶、油桐、桑树、漆树、油橄榄、柑橘、柚子、枇杷等）。但因红壤地区雨量大、分配不均，有时一次降雨可高达 200～300mm 以上。在地面覆盖差时，大雨可造成大量水土流失，因此必须采取平整土地、修建梯田等保持水土的措施。部分红壤荒地有机质含量很低（有的低于 0.5%），可种植绿肥，以提高土壤有机质。红壤普遍缺磷，为了提高土壤肥力，不仅要增施磷肥，还要提高其利用率。在红壤上施用石灰，一般均能收到良好的效果，石灰除了中和土壤酸性之外，还能增加土壤中的钙素，利于有益微生物的活动，促进有机质的分解，减少磷素被铁、铝固定，并能改良土壤结构。特别是酸度大、熟化程度低的红壤，施石灰后效果更为明显。

黄壤分布广，条件复杂，可进行林业和农业等综合利用。一般山地以发展林业为主，林内可采集和培育药用植物，如当归、天麻、灵芝等。造林树种主要为杉木，并可实行林粮间作。丘陵地区黄壤可以粮为主，多种经营。但因黄壤分布地区降水较多，必须注意水土保持。黄壤酸性较强，应施用有机肥料和石灰，以改良土壤酸性。

二、亚热带常绿硬叶林与土壤

1. 气候条件

常绿硬叶林是在地中海气候下发育的一种植被类型。这里夏季炎热干燥，冬季温和多雨，最热月平均气温 22～28℃，最冷月平均气温 5～12℃，年降水量 500～750mm，多集中于雨季。

2. 植被特征

群落外貌终年常绿，具旱生结构。冬季温和多雨，所以乔灌木的叶子终年常绿。由于夏季相当干旱，木本植物长得不高，根系可深达 5～10m，大多数叶子形成了对旱生的适应特征，如革质叶、机械组织发达、叶片排列形式与光线来向呈锐角、叶小甚至刺化、被茸毛，气孔深陷，以防止过多的蒸腾作用。此外，这里不少植物盛开黄色的艳丽花朵，很多植物能分泌挥发油，二者叠加，从而使得硬叶林具特殊香味。

群落结构较简单，植物种类相对贫乏。木本植物大多是旱生阳性植物，群落乔灌木层一般不分亚层，乔木、草本稀疏，林内无附生植物，藤本植物也很少，唯有林下常绿灌木生长茂密。

3. 土壤特征

亚热带常绿硬叶林下发育的土壤为褐土，是弱淋溶土中具有温性土壤温度状况、饱和淡色或暗色表层、饱和硅铝层、变质黏化层或变质黏化特征、pH＞7 的土壤。

褐土的剖面构型为 Ah-Bt-Bk-C（或 Ah-Btk-C）型。表层为褐色腐殖质层，往下层逐渐变浅，厚度为 20cm 左右；黏化层明显，紧实并有断续的胶膜淀，厚度约 10～50cm；钙积层的石灰多呈假菌丝状或结核状。

褐土表层腐殖质含量一般为 10～30g/kg，剖面上部（A 层）呈中性反应，pH 在 7 左右，剖面下部呈碱性反应。阳离子交换量 7～17cmol/kg，高的可达 40cmol/kg，盐基饱和度 80％以上。土壤质地在粉土至黏壤土之间，黏化层的黏粒含量高，可达 26％～30％，而表层多在 15％以下，钙积层又降低，多低于 10％。黏化层中，黏粒最高量出现于其上部，由此可见，褐土是以黏化为主，但也有黏粒聚积作用，土壤化学组成中，钙有明显移动，镁也有移动，剖面中硅铝率基本相同，均在 3.3～3.7 范围之内，只有氧化铁在黏化层中略有增高，黏土矿物以水云母、蛭石为主。

4. 地理分布

主要分布在欧洲地中海沿岸的西班牙和法国南部、巴尔干半岛、亚平宁半岛、土耳其、中亚和非洲北部、美国的加利福尼亚地区、墨西哥西部、智利中部以及澳大利亚西南角和阿德雷德地区；在我国，分布于华北平原、汾河谷地、关中盆地、冀北山地、晋中和晋南山地以及鲁中山地。

5. 利用与保护

褐土表层质地较轻，结构较好，心土有黏化层，有利于保水保肥，因而肥力较高，加之土层深厚，地形平缓，历来是我国重要的耕作土壤。一般耕作褐土的表层腐殖质含量稍低，常变动在 1.0% 上下，应多施用有机肥料，以增加土壤中的氮素并改进土壤物理性质。长期耕种的褐土应配合施用磷肥和钾肥。

有些褐土的性质改变得很厉害，形成所谓"娄土"。褐土在数千年的耕作、大量施加土粪和倒茬等生产活动作用下，创造了厚达 50～80cm 的覆盖熟化层，使部分熟化的老耕层（自然褐土表层）、未被熟化的表层（老表土层）以及心土层都被埋在下面。因此，现代娄土的剖面充分反映出自然褐土演变成娄土的历史过程（图 9.5）。

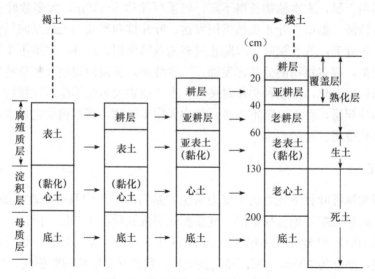

图 9.5　褐土演变成娄土过程模式

三、其　他

（一）常绿阔叶-落叶阔叶混交林

1. 气候条件

气候条件：夏季高温，具亚热带特点，冬季低温、时间短而具有暖温带特征。年均温度为 15～18℃，＞10℃积温为 4500～5500℃。降水多集中在夏、秋两季，年雨量 750～1000mm。

2. 植被特征

植被为落叶阔叶与常绿阔叶混交休，代表树种有槭属、枫杨属、栎属等。

3. 土壤特征

常绿阔叶与落叶阔叶混交林下发育的土壤为黄棕壤，具有湿润土壤水分状况，在形成上具明显的过渡性。在北亚热带的生物气候条件下，有机质的分解和合成作用较强烈，地表有薄而不连续的凋落物层，表层有机质累积不多。黄棕壤的剖面淋溶作用较强，土体中盐基多被淋失，土壤溶液呈酸性，并破坏了铝硅酸盐，释放出铝离子，使吸收性复合体上有一定数量的交换性铝和交换性氢，铁铝在土体中的移动和聚积明显，具有弱富铝化特征。土体中原生矿物的化学风化比较迅速、长石较快地高岭化，黏土矿物形成已处于脱钾与脱硅阶段，云母经脱钾而转变成蛭石，蒙脱石有转变成高岭石的趋势。黏粒的淋溶淀积也比较明显，甚至形成黏盘。

黄棕壤的剖面构型为 O-Ah-Bts-C，黄棕壤的凋落物层和腐殖质层较薄，呈暗灰棕色，淀积层呈黄棕色，块状或棱块状结构，结构面有棕色或暗棕色胶膜或铁锰结核，母质层变化大，发育于基岩上的其母质带有基岩色泽，发育于下蜀黄土母质上的则呈块状结构，有暗棕色胶膜。

黄棕壤的土体厚度为 60cm 左右，表层有机质含量 40～70g/kg，一般为轻壤土，B 层中壤-重壤土，粉砂与黏粒比值较 A 层小，pH5～6.7，黏粒的交换量 30～50cmol/kg，交换性盐基以钙、镁为主，交换性氢、铝<1～13cmol/kg，盐基饱和度 30%～80%，盐基已饱和，黏粒部分的硅、铝、铁成分已破坏，但分离不明显，黏粒的硅铝率为 2.4～3.0，黏土矿物为伊利石、蛭石、高岭石，也有少量蒙脱石。

4. 地理分布

分布于亚洲东部，包括中国、朝鲜半岛和日本南部、美国东南部、南美洲中、北部。在我国分布于北亚热带及中亚热带，跨越北纬 27°～33°，包括江苏、安徽、长江两侧及浙北的低山、丘岗、阶地，赣、鄂北海拔 1100～1800m 的中山上部及川、滇、黔、桂等省海拔 1000～2700m 的中山区。

5. 利用与保护

该区多为低山丘陵、农业历史悠久的地区，丘陵区还可种植茶、桑、发展果园，平缓丘陵区，可作为农业生产基地，适于稻、麦、棉和油料等作物的生长。由于分布于湿润地区，受水分淋溶作用强，自然土壤肥力较高，耕种后肥力易于下降，若植被保护不好，易发生水土流失，因此应注意水土保持，发展灌溉和防止内涝，增施有机肥或种植绿肥，培肥土壤。

（二）竹林

竹林是由竹类植物组成的单优势种群落。竹类植物属于禾本科的竹亚科，为多年生木本植物，绝大多数是灌木状的中小型竹，也有高达 20～30m 的巨型竹，少数为蔓生藤竹。野生竹子通常与阔叶树种混生，形成混交林，或散生于林下，构成森林的下木。

　　我国竹林的地理分布范围很广，南自海南岛，北至黄河流域，东起台湾岛，西至西藏的聂拉木地区。但以长江以南中亚热带海拔 100～800m 的低山丘陵及河谷地带分布最广，生长最旺盛。毛竹林是最重要的一类竹林，适于生长在气候温暖湿润、土壤深厚肥沃且排水良好的生境，主要分布于长江流域海拔 1000m 以下的低山丘陵。

　　全世界竹类植物共有约 62 属，1000 余种。其中，亚洲竹类有 37 属，700 余种，其中特有属 27 属。美洲约有 260 种，非洲和大洋洲合计不足 100 种，欧洲仅引种少数栽培竹类。我国竹类植物约有 27 属，200 多种，为亚洲之冠。可见，亚洲的竹类不但种类丰富，而且特有属比率大，表明亚洲可能是世界竹类植物的发生和分布中心。

　　竹林作为单优势种植物群落，外貌整齐。除少数竹子干旱季节落叶外，其他竹林都是终年常绿的。结构一般分为两层，竹类构成乔木层，林下为草本层，灌木层不发育。

　　竹类植物具有独特的生活型。它有地下茎和地上茎之分。地下茎有越冬芽，相当于一般树木的树干。地上茎（竹竿）相当于一般树木的分枝。一片竹林的许多竹竿并不是独立的植株，而是同一植株的分枝，共同着生在相互联系的地下茎上。竹竿连接地下茎，地下茎生笋，笋长成竹，竹营养地下茎，循环增值，不断扩大，相互影响，这就是竹子个体生长发育的特点。因此，它不同于一般的森林和灌丛，被划分为独立的一个植被型。

　　竹类植物具有很高的观赏价值，同时也是大熊猫等野生动物的食物来源和天然栖息地。尤其是毛竹，竹竿粗大端直，质地坚韧，具有多种用途，可用来制作竹筏、各种工艺美术品和编织器物，还可造纸。毛竹笋作为优质蔬菜，畅销国内外。近年来，由于对竹林的过度开发利用，已造成大面积的死亡，直接威胁到大熊猫等野生动物的生存。因此，对区域竹林的合理开发利用已成为研究重点。

第三节　温带植被与土壤

一、落叶阔叶林与土壤

　　落叶阔叶林是温带海洋性气候（西欧和中欧）、温带大陆性湿润气候（北美大陆）和温带季风气候（东亚）下的地带性植被类型。夏季枝叶繁茂，冬季落叶，又称夏绿阔叶林。

1. 气候条件

　　温带海洋性气候出现在温带大陆（南北均有，纬度 40°～60°）西岸，欧洲最为典型。终年受温带海洋气团控制，冬暖夏凉，年较差小，降雨季节分配比较均匀，全年没有干季。

　　温带季风气候分布在北纬 35°～55°的亚欧大陆东岸。受海洋性气团和大陆性气团交替影响，季风气候显著，夏季温暖多雨，冬季寒冷干燥。

温带大陆性气候出现在亚欧大陆温带海洋性气候的东侧和北美西经 100°以东、北纬 40°～60°的地区。气候特征类似温带季风气候，但风向、风速的季变不如温带季风，降雨略显均匀（夏雨较温带季风稍弱，冬雨比温带季风稍多）。

2. 植被特征

植物种类较丰富，乔灌木均为冬季落叶种类。常见种类有壳斗科的山毛榉属、栎属，桦木科的桦属、鹅耳枥属，榆科的榆属和朴属，杨柳科的杨属和柳属。草本植物到了冬季地上部分枯死或以种子越冬。

森林结构简单，分为乔木、灌木、草本和地被层。乔木层分为 1～2 个亚层，由单一或少数优势种组成，树冠较平整。其下有一灌木层和 2～3 个草本层，层间植物不显著。由于地表被落叶覆盖，地被层不发达。藤本植物不发达，以草本（葎草）和半木质（铁线莲）为主。附生植物只有苔藓和地衣。

季相明显，生活型以地面芽和地上芽占优，高位芽占一定比例。春花、秋实、冬季落叶，群落季相更替十分明显是落叶阔叶林的显著特征。春季草本层中的多年生短命植物，迅速抽叶，众多繁花盛开，争奇斗艳，风景独特。植物叶片质地较薄，呈鲜绿色，通常无茸毛，枝干有较厚皮层，冬芽具鳞芽。

3. 土壤特征

落叶阔叶林分布地区的地带性土壤主要是棕壤和褐土。

1) 棕壤

棕壤是在暖温带湿润和半湿润大陆性季风气候、落叶阔叶林下，发生较强的淋溶作用和黏化作用，具有明显的黏化特征的淋溶性土壤。其形成过程具有明显的淋溶与黏化及生物富集成土过程。在湿润气候下，土体中的易溶性盐类均被淋溶，原生矿物风化形成的次生铝硅酸盐黏粒也随土壤渗水下移并在心土层淀积形成黏化层。与此同时，铁锰氧化物也发生淋移，因此，棕壤的心土呈鲜艳的棕色。另外，棕壤在湿润气候条件和森林植被下，生物富集作用较强，积累了大量腐殖质。棕壤具有淡色表层，棕色的淀积层，质地黏重，有锈色斑纹。

棕壤通体淋溶强烈，全剖面无石灰反应，pH5～7，盐基饱和度表层为 60%～70%，B 层达 90%以上，无活性铝，无富铝化特征，阳离子交换量为 12～22cmol/kg，交换性盐基以钙、镁为主，黏粒有明显移动和淀积，黏粒部分硅、铁、铝未受到明显破坏和分离，黏土矿物组成以伊利石、蒙脱石占优势，高岭石次之。

棕壤的质地因母质类型不同而变化较大，但总的来说，发育良好的棕壤质地细，保水性能好，抗旱能力强。但是淀积层质地较黏，透水性较差，尤其是长期耕作后形成较紧的犁底层，透水性更差。

2) 褐土

褐土是在暖温带半湿润季风气候、干旱森林与灌木草原植被下，经过黏化过程和钙积过程发育而成的具有钙化层 Bk、剖面中某部位有 $CaCO_3$ 积聚（假菌丝）的中性或微碱性的半淋溶性土壤。表层为褐色腐殖质层，往下层逐渐变浅，厚度为 20cm 左右，黏化层呈核状或块状结构，黏化（BC）多为残积黏化，呈红褐色，核状结构，有胶膜，厚度为 10～50cm，有 $CaCO_3$ 淀积，呈假菌丝或结核状。

棕壤与褐土在山东省均有分布，属于山东省的两大地带性土类。二者在成土特点与土壤属性方面既有相似之处，同时，也存在明显的区别。

（1）二者都有黏化作用，但由于气候方面的水热条件不同，导致棕壤的黏化程度比褐土强，棕壤兼有残积黏化和淀积黏化的双重黏化作用，褐土主要为残积黏化。黏化率：棕壤为 1.5～2，个别 3～4；褐土 1.2～1.4，个别大于 1.5。

（2）二者都有淋溶作用，但棕壤的淋溶程度强，一价、二价盐类几乎淋失殆尽，上部土层的黏粒和活性铁亦有向下聚集的趋势。褐土则较弱，一价盐类淋失殆尽，铁、铝未动，碳酸盐淋溶淀积、活跃。

（3）pH 不同，棕壤为微酸-酸性；褐土为中性-微碱性。

（4）褐土有一典型的钙积层，主要是因为它发育在碳酸盐母质上，在半干旱、半湿润的气候条件下，碳酸盐发生淋溶淀积形成的。

（5）有机质的累积情况不同：棕壤表层有机质含量多，向下锐减；褐土表层有机质含量少，向下渐减（表现出向草原过渡的特点）。

4. 地理分布

棕壤在欧洲分布广泛，在亚洲主要分布于中国、朝鲜北部和日本。国内主要以辽东半岛和山东半岛丘陵地区分布最为集中，另外在江苏境内的徐州、淮阴、连云港一线以北的低山丘陵和一些山地垂直带上也有分布，全国棕壤总面积约 2015hm²。

褐土一般分布在海拔 500m 以下，地下水水位在 3m 以下的地区。主要分布在欧洲地中海沿岸的西班牙和法国南部、巴尔干半岛、亚平宁半岛、土耳其、中亚和非洲北部、美国的加利福尼亚地区、墨西哥西部、智利中部以及澳大利亚西南角和阿德雷德地区。在我国，分布于华北平原、汾河谷地、关中盆地、冀北山地、晋中和晋南山地以及鲁中山地，总面积约 2515.85 万 hm²。

5. 利用与保护

棕壤和褐土都是北方地区的主要农业土壤，耕作历史悠久。既是主要的粮食产区，也是北方果树的主要产区，同时还有林业方面的利用。

二、寒温性针叶林与土壤

寒温性针叶林又称泰加林或北方针叶林，由耐寒的松柏类植物组成，为寒温带地带性植被类型。其分布的北界就是整个森林的北方界线，南半球则没有此类针叶林分布。

1. 气候条件

寒温性针叶林分布纬向跨度很大，气候状况也不一致，较落叶阔叶林具有更强的大陆性特点。气候总体特点是：夏季温和湿润，冬季严寒而漫长。最暖月平均气温在10℃以上，但不超过20℃；最冷月平均气温为−20～−10℃，在西伯利亚最低可达−52℃；年降水量为300～600mm，大部分集中在春季，冬季有积雪，但雪量不大。

2. 植被特征

植物种类贫乏。寒温性针叶林由耐寒的松柏类植物构成，如云杉属、冷杉属、松属和落叶松属等。该针叶林往往是单一树种构成的纯林。

针叶林外貌特殊。针叶树木的叶缩成针状，具有各种抗寒抗旱结构，是对生长季短和低温引起的生理性干旱的一种适应。各种针叶林的外貌，由于优势种不同而各具特色。云杉属、冷杉属为耐阴树种，树冠圆锥或尖塔形，形成的针叶林比较郁闭，林内阴暗，称"暗针叶林"。松属和落叶松属喜阳，前者树冠呈圆形，后者呈塔形且较稀疏，林相稀疏明亮，称"明亮针叶林"。

群落结构简单。乔木层、灌木层、草本层和地被层各一层。乔木层往往是由1～2个树种组成的纯林，林下的灌木层和草本层一般比较稀疏，苔藓等地被层发育较好，常覆盖整个地面。

3. 土壤特征

寒温性针叶林下的地带性土壤为灰化土。灰化土最大的特点是具有灰化淀积层，因此其成土过程主要是灰化层形成过程和淀积层形成过程。

1）灰化层形成过程

灰化层形成过程大致可分为下列两个阶段。

（1）离铁作用。盐基淋溶的同时，土壤溶液逐渐由中性变为酸性。在嫌气及酸性条件下，铁、锰被还原为 Fe^{2+}、Mn^{2+} 并与下渗的腐殖酸形成络合物而发生淋溶，使红、黄色的氧化铁和黑色的氧化锰转化成 Fe^{2+}、Mn^{2+} 淋失后，在腐殖质层之下，土壤颜色逐渐变浅，并析出非晶质粉末状的二氧化硅，形成白色片状结构或无结构的灰化淋溶层。

（2）灰化作用。在铁不断还原淋溶的同时，在淡色层中黏土矿物晶格中的铝则不断因水解而析出，在活性有机质的作用下铝离子发生络和淋溶和淀积。

2）淀积层的形成过程

从灰化层下淋的富里酸钙、镁、铁、锰等盐类和少部分无机酸的盐类等到了下层，由于酸性溶液受到越来越丰富的盐基的中和而使盐类淀积，淀积下来的各种盐类形成红棕色或红褐色的淀积层，甚至形成铁磐或黏磐层。

美国灰土的特征是有粗暗色表层、漂白层和灰化淀积层的全部亚层，其中，灰化淀积层是灰化土的诊断层。

灰化土剖面分异明显，土体构型为 O-Ah-E-Bsh-C 型。表层为暗色凋落物层（O），其下为有机质层（Ah）；再向下是灰白色淋溶层（E），此层含硅质白色粉末多，薄片状结构；再向下是淀积层（Bsh），呈黄棕色，有铁锰胶膜，有的还有硬磐和铁磐；剖面中下部多为冰冻风化产物，在 30～50cm 处即出现冻层或碎屑状冰块。

灰化土表层有机质含量高，可达 400g/kg 以上，向下锐减。腐殖质组成中以富里酸为主，胡敏酸与富里酸比值低于 1.0，在底土层可低于 0.3。土壤呈酸性反应，pH 常低于 5.5 或 5.0。交换性酸量较高，高者达 10cmol/kg 以上，且以灰化层最多，可达 15cmol/kg 以上，表土层交换性氢占交换性酸量的 40%～50% 以上，而淋溶层和底土层约占 10%～13%。阳离子交换量低，一般低于 12cmol/kg 以下，而我国大兴安岭北端的漂灰土则较高，达 19～22cmol/kg。盐基饱和度低，一般低于 29%，而我国灰化土<40%，高山灰化土则达 70%～85%。

4. 地理分布

灰化土广泛分布在北半球的北部，在欧亚大陆北部和北美洲北部，呈纬向绵延展布，其中包括欧洲的挪威、瑞典、芬兰、波兰和原苏联欧洲部分，亚洲的西伯利亚，北美的加拿大和美国中北部都有分布。在南半球由于相应的纬度地带为水域所占据，缺乏广阔的灰化土发育地区，因而没有灰化土分布，此外，世界各地高山地区亦有分布。我国灰化土不典型，称为漂灰土，且面积较小，只在大兴安岭北端与青藏高原某些高山-亚高山垂直带中有所发现。

5. 利用与保护

世界上灰化土分布区大多为天然林地，作为森林、牧地、干草地和种植农作物，而我国灰化土分布区是我国重要林业生产基地之一。由于气候冷湿，土层浅薄，强酸性，结构差，植物养分缺乏，肥力低，一般不宜于大面积农用。

三、针阔混交林与土壤

1. 气候条件

气候属于温带湿润季风气候，年均温为−1～5℃，>10℃积温为 2000～3000℃，季节冻层深达 1.0～2.5m，年降水 600～1100mm，干燥度小于 1.0。

2. 植被特征

原生植被为以红松为主的针阔混交林、林下灌木和草木繁茂。

3. 土壤特征

暗棕壤是在温带湿润季风气候和针阔混交林植被条件下发育形成的，剖面构型为 O-Ah-AB-Bt-C，具有厚层凋落物层，一般有 4～5cm 厚，并夹有白色菌丝体，腐殖质层呈棕灰色，厚度 8～15cm。淀积层呈棕色，结构面常有不明显的铁锰胶膜。全剖面呈中性至微酸性反应，盐基饱和度为 $60\%\sim80\%$，剖面中部黏粒和铁锰含量均高于其上下两层。

4. 地理分布

在世界范围内主要分布在太平洋两岸的北部，即亚洲的东北部和北美西部棕色针叶林土带以南的广大针阔混交林区。我国主要分布在东北地区，北起黑龙江南至辽宁铁岭、清原一线，西起大兴安岭东坡，东至乌苏里江。其次为青藏高原边缘的高山地带，在亚热带山地的垂直带谱中也有少量分布。暗棕壤在全国范围分布较广，据全国第二次土壤普查的结果，总面积为 4019 万 hm^2。

5. 利用与保护

暗棕壤是中国最为重要的林业基地，它以面积最大（占东北总面积的 42%）、木材蓄积量高而著称于全国，是红松的主产地，另外还有云杉、冷杉、柞、榆、椴等树种。

四、草原植被与土壤

草原是在温带草原气候条件下发育而成的地带性植被之一，属于夏绿旱生性草本群落。在不同的地区，专用的称呼也不同，如潘帕斯、普列利和斯提帕等。

（一）气候条件

温带草原气候又称温带半干旱气候。其特点是气候干燥，气温季节变化十分明显，冬季寒冷漫长；雨量少而变率大，多集中在温暖夏季。年均温 $-9\sim-3℃$，最冷月平均气温 $-29\sim-7℃$。年降水量为 $150\sim500mm$，大多在 350mm 以下。干燥度 $1\sim4$；无霜期为 $120\sim200$ 天。

（二）植被特征

种类组成以多年生低温和中温旱生丛生禾本科植物占优。禾本科的针茅属（Stipa）植物是草原的典型植被，尤其是在亚欧大陆，"草原"这一名称即来源于此。除禾本科植物外，莎草科、豆科、菊科、黎科所占比例也较高。

（1）外貌特征。①季相更替非常明显。春季一片嫩绿，夏季艳丽（因双子叶植物开花），秋季黄绿，冬季枯黄。生活型以地面芽植物、地上芽植物为主，并有一定数量的地下芽植物、一年生植物、半灌木和小灌木以及草原的特殊类型风滚草等。②普遍存在旱生结构。叶片缩小内卷，气孔下陷，机械组织发达；大多数植物根系分布较浅，集中在 $0\sim30cm$ 的土层中，便于雨后迅速吸收水分。

（2）结构简单。草原植物群落结构一般分为三层：高草层、中草层和矮草层。植被地下根系强烈发育，其层次结构远远超过地上部分。

（三）土壤特征

草原植被下发育的土壤是草原土壤，草原土壤的基本特征是有机质含量自表层向下逐渐减少，土体一般均有碳酸盐积聚，且与大气干燥度成正比。我国温带的草原土壤分布广泛，自东向西分布有黑土→黑钙土→栗钙土→棕钙土。在暖温带有黑垆土、灰钙土的分布。最典型的草原土壤为黑钙土、栗钙土和黑垆土。黑土是向温带湿润森林土壤过渡的土壤；棕钙土和灰钙土则是向温带、暖温带荒漠土壤过渡的土壤。

1. 温带草原土壤

1）黑土

黑土是温带湿润或半湿润地区草原化草甸植被下深厚的腐殖质层，通体无石灰反应，呈中性的黑色土壤。由于某些黑土受水文状况影响明显，在中国土壤分类暂行草案（1978）中，黑土曾被划归半水成土纲；在中国土壤分类系统（中国土壤，1998）中，黑土被划归半淋溶土纲。它是温带湿润森林土壤向温带半湿润草原土壤过渡的地带性土壤类型。

我国黑土主要分布在东北平原，北起黑龙江右岸，南至辽宁的昌图，西界直接与松辽平原的草原和草甸草原接壤，东界可延伸至小兴安岭和长白山山区的部分山间谷地以及三江平原的边缘。大兴安岭东麓山前台地及甘肃的西秦岭、祁连山海拔 2300～3150m 的垂直带上也有零星分布。黑土总面积 734.7 万 hm^2，从行政区域上主要分布在黑龙江、吉林和内蒙古三省（区）。

A. 黑土的成土过程

在黑土成土过程中具有明显的腐殖质积累过程和特定的物质迁移与转化过程。

（1）明显的腐殖质积累过程。黑土质地黏重，又存在季节性冻层，透水不良。在黑土形成的最活跃时期，降水集中，土壤水分丰富，有时形成上层滞水。在这种条件下，草原化草甸植被生长繁茂，地上及地下积累了大量有机物，每年达 15 000kg/hm^2；在漫长而寒冷的冬季，土壤冻结，微生物活动受到抑制，使每年遗留于土壤中的有机物得不到充分分解，以腐殖质形态积累于土壤中，从而形成了深厚的腐殖质层。

（2）特定的物质迁移与转化过程。在临时性滞水和有机质分解产物的影响下产生还原条件，使土壤中的铁、锰元素发生还原，并随水移动，干旱期又被氧化淀积；经过长期氧化还原交替进行，在土壤孔隙中形成铁锰结核，在有些土层中可见到锈斑。土壤中部分硅铝酸盐经水解产生的 SiO_2 也常以 SiO_3^{2-} 溶于土壤溶液中，也可随融冻毛管水上升，待水分蒸发后，便以无定形的硅酸白色粉末析出附着在结构表面。

B. 黑土的剖面构型

黑土剖面构型是由腐殖质层（Ah）、过渡层（ABh）、淀积层（Btq）和母质层（C）组成。

Ah 层：腐殖质多呈黑色，厚度一般为 70cm 左右，有的地段可深达 100cm 以上，也有个别坡度较大处不足 30cm。土壤团粒结构良好，水稳性高。多植物根系和动物洞穴。

ABh 层：颜色较表层稍淡，多呈暗褐色，厚度 40～110cm 不等。团粒或块状结构，有较多的铁锰结核（1～2mm）和 SiO_2 粉末，可见到少量锈色斑纹。

Btq 层：厚度不等，一般为 50～100cm，颜色不均一，通常是在灰棕色背景下，有大量黄或棕色铁锰的锈纹锈斑、结核、黏壤土，小棱块或大棱块结构，结构体面上可见胶膜及 SiO_2 粉末，紧实。

C 层：多为黄色土状物。

黑土通体无石灰反应，也无钙积层。

C. 黑土的理化性质

黑土质地较黏重，多为壤质黏土和黏壤土，土体上下的质地较为均匀一致。黑土结构疏松，容重较小，耕层中容重在 1.0g/cm³ 左右；总孔隙度在 50％左右，毛管孔隙发达，约占 30％～40％，通气孔隙约占 10％～20％；持水能力较强，且松紧度较为适宜。黑土水稳性团粒量较高，是我国结构最好的土壤之一。

黑土一般呈中性-微酸性反应，pH 一般为 5.5～7.5。土壤交换性盐基总量较高，一般为 20～30cmol/kg，盐基饱和度多在 95％以上，以钙、镁占优势，说明黑土保肥性能好。

黑土腐殖质含量高，一般为 30～60g/kg，高者可达 150g/kg。腐殖质组成以胡敏酸为主，H/F＞1。因土体中有机质储量十分丰富，土壤养分状况较好，全氮、全磷、全钾含量较高；速效养分除磷素之外，含量均较丰富，并且表层最为集中。微量元素状况因不同地区变化较大，有效硼、锌、钼含量往往较低，所以应重视施用硼、锌和钼肥。

黑土矿物组成中原生矿物以石英、长石为主，还有少量赤铁矿、磁铁矿和角闪石；次生矿物以蒙脱石、伊利石为主，还有少量绿泥石，黏粒硅铁铝率为 2.6～2.8。黑土土体化学组成比较均匀，剖面分异不大。

D. 利用与保护

黑土是我国最肥沃的土壤之一，是东北地区最重要的农业土壤。黑土的利用首先要对黑土资源性状和生态环境条件进行评价，因地制宜区分宜农、宜牧、宜林黑土资源。

黑土开垦后，由于施肥较少，耕后管理不善和土壤侵蚀等因素的影响，部分黑土地的肥力显著下降。因此，黑土分布区不宜盲目再扩大种植业，而应重视发展林业和牧业。在漫岗坡地和沟坡地带应发展林业，防止水土流失。农田区应集中营造农田防护林，以发挥防护林在减少地面蒸发、阻截径流、减少地面冲刷、降低风速、提高土壤湿度等方面的作用。

黑土地区存在着春旱秋涝现象，必须重视春季对冻融水的利用和秋季蓄水与排水防涝工程。开垦已农用的黑土区，要注意培肥地力，改变只收不养的习惯，其关键措施是增施有机物料，其中包括施有机肥、草炭、秸秆还田、种植绿肥等。

2）黑钙土

黑钙土是温带半湿润大陆性季风气候条件下，草甸草原植被下形成的地带性土壤。黑钙土是典型的草原土壤类型之一。

我国黑钙土主要分布于大兴安岭中南段东西侧的低山丘陵、松嫩平原的中部和松花江、辽河的分水岭地区，向西可延伸至内蒙古阴山山地的上部；在西北地区，多出现在山地，如天山北坡、阿尔泰山南坡、祁连山东部的北坡等。黑钙土东面和北面与黑土交错相连，西面与栗钙土相连，南部直接过渡到固定和半固定风沙土区，中部常与河谷低地的草甸土、沼泽土和风沙土镶嵌并存。我国黑钙土总面积 1321.1 万 hm^2，从行政区域上主要分布在内蒙古东部地区和吉林、黑龙江两省的西部，及新疆、青海、甘肃等省（区）。

A. 黑钙土的成土过程

黑钙土的成土过程具有明显的腐殖质积累和钙淀积特征。

（1）腐殖质积累过程。黑钙土分布区由于草本植物生长茂密，年地上部分生物产量干重为 11 000～18 000kg/hm^2，地下部分总量远大于地上部分生物量，根系分布较深，但集中在表层。在较为适宜的水热条件下，腐殖质积累较多。总体看，由于水热条件的不同，黑钙土腐殖质累积过程的强度不及黑土。

（2）钙淀积过程。黑钙土区气候比较干旱，在风化过程和有机质矿化过程所释放出来的各种盐类中，仅一价盐类受到淋溶移动到土体深部，而钙、镁碳酸盐仍存在于土体内。土体中碳酸盐的移动和淀积深度受水分条件的不同影响很大，同时还受土壤溶液中的 CO_2 含量制约，CO_2 数量越多，碳酸盐转化为重碳酸盐数量越多，且向下淋溶越易。由于黑钙土的土壤水分条件所限，土体钙、镁等盐基淋溶不完全，土壤胶体为钙、镁所饱和，并在土体中明显形成碳酸钙淀积层。

B. 黑钙土的剖面构型

黑钙土土体厚度为 50～160cm，以黄土性母质上发育的黑钙土土体较厚，残积物或坡积物上发育的土体较薄。黑钙土典型剖面构型为 Ah-ABh-Bk-C。

腐殖质层（Ah）：厚度一般 30～60cm，有些地段可达 100cm 以上；颜色呈黑色至黑灰色或棕灰色，具有团粒状结构，逐渐向下过渡。

过渡层（ABh）：厚度一般 20～55cm，灰棕与黄灰棕色相间分布，腐殖质舌状下伸，粒状-团粒状结构，微弱石灰反应。

钙积层（Bk）：厚度一般 15～50cm，灰白、灰棕或灰黄色，团块状结构。碳酸钙淀积形态多呈斑块状、假菌丝状或粉末状，个别也能见到石灰结核。

母质层（C）：因母质类型的不同，形态差异较大，但一般均有碳酸盐累积现象。

C. 黑钙土的基本性质

黑钙土的表层质地多为黏壤土至壤黏土，而下层质地比表层稍黏；表层容重较小，变幅在 0.82～1.30g/cm^3；土壤孔隙度较大，为 50.9%～69.1%。

黑钙土呈中性至微碱性反应，pH7.0～8.5，由上层向下层有逐渐增大趋势，个别有碱化特征的黑钙土 pH 大于 8.5；交换性盐基总量一般为 20～30cmol/kg，盐基离子组成以钙为主。碳酸钙的含量各剖面和层次之间变异较大，钙积层碳酸钙含量一般为 $100\sim200g/kg$。

黑钙土有机质和养分含量虽不及黑土，但总体上看养分含量仍较高。表层有机质含量一般在 $3\%\sim8\%$，腐殖质组成多以胡敏酸为主，H/F 比为 $1\sim1.5$。全氮含量一般为 $1.5\sim2.9g/kg$，C/N 为 $9\sim10$；全磷在 $0.3\sim0.9g/kg$；全钾为 $18.0\sim26.0g/kg$；速效养分中，碱解氮在 $86\sim289mg/kg$，速效磷 $3.9\sim27.8mg/kg$，变异较大，速效钾较高，为 $104\sim475mg/kg$。微量元素成分中，铜、铁、锰较丰富，而钼、锌、硼含量往往较低。

黑钙土原生矿物以石英、长石和方解石为主，黏土矿物以伊利石和蒙脱石为主。

D. 黑钙土的利用与保护

黑钙土是我国重要的农、牧、林业基地。土壤自然肥力较高，在东北地区开垦从事种植业区比率较大；内蒙古、新疆垦殖率较低，主要作为牧业用地。分布在山地和坡度较大的丘陵地带的黑钙土以发展林业为宜，以防止水土流失。在农业种植区，林业发展方向以营造农田防护林为主，在村屯四旁和河渠堤边可以营造薪炭林或用材林及经济林，提高林地覆盖率，涵养水源，以防止土壤风蚀沙化，改善农业环境。应坚持适地适树原则，适宜树种有杨树、樟子松和落叶松，灌木有胡枝子等。对沙化黑钙土和风积沙上发育的黑钙土，不宜垦殖，严禁过度放牧，适宜发展林、草业。

黑钙土区造林应注意钙积层对根系生长的影响。造林挖穴时，最好能穿透钙积层，回填土后，造林成活率高，林木长势也很好。盐化和碱化黑钙土造林树种选择要求较严，应选择耐盐碱树种，如榆树、杨树、柳树、柽柳等。黑钙土区的坡耕地应有计划地退耕还林还草，以进一步改善黑钙土分布区的生态环境。现有耕地应重视施用有机肥，科学施用化肥，尤其注意补施磷肥；微肥应重点施用钼、锌、硼肥。适当进行粮草轮作，以恢复和保持土壤肥力。

3）栗钙土

栗钙土是温带半干旱草原地区干草原植被下，具有栗色腐殖质层和碳酸钙淀积层的土壤。栗钙土是我国最典型的地带性草原土壤类型之一。

栗钙土主要分布在欧亚和北美大陆的温带半干旱和干旱草原地区。我国的栗钙土主要分布在内蒙古高原的东部和中部，大兴安岭东南部的丘陵地带，鄂尔多斯高原东部；其次在阴山、贺兰山、祁连山、阿尔泰山、天山、准噶尔界山以及昆仑山的垂直带均有分布。在栗钙土集中分布的内蒙古高原地区，呈东北—西南条带状走向，东北与黑钙土，西南与棕钙土，东南与栗褐土参差连接；在锡林郭勒高原中部、鄂尔多斯高原和榆林风沙土集中地区，栗钙土常与风沙土呈镶嵌分布，沙化栗钙土多分布在这一地区。西北中低山地区，栗钙土呈不完整的垂直分布。

A. 栗钙土的成土过程

栗钙土成土过程与黑钙土相似，主要为腐殖质累积过程和碳酸钙淀积过程，只是腐殖质累积过程渐趋减弱，而碳酸钙淀积过程则相对增强。

(1) 腐殖质累积过程。栗钙土区气候干旱，干草原植被每年进入土壤中的有机质总量约为 9000kg/hm²，95％以上为植物根系部分，而且干草原植物一般在夏季由于高温干燥而死亡。所以每年实际为土壤增加的有机质并不多，从而决定了栗钙土的腐殖质累积过程弱于黑钙土，腐殖质含量和厚度均低于黑钙土，团粒结构不及黑钙土。

（2）碳酸钙淀积过程。栗钙土区气候较干燥，降雨量少，淋溶作用较弱，土壤中碳酸钙淀积比黑钙土明显。碳酸钙的淀积层位和含量明显高于黑钙土，碳酸钙出现的深度为 20～50cm，厚度一般为 20～70cm，含量一般为 50～200g/kg，高的可达 400～500g/kg；碳酸钙淀积层内可以看到粉末状、假菌丝状、网纹状、斑点状、结核状、斑块状和层状新生体。

B. 栗钙土的形态特征

栗钙土剖面层次分明。典型剖面构型为 Ah-Bk-C。

腐殖质层（Ah）：呈暗栗色至栗色或淡栗色，土色从东向西逐渐变浅；腐殖质下移短促，层面整齐或略带波浪状，不具黑钙土舌状下移特点，腐殖质层厚 25～50cm，从东向西逐渐变薄。

钙积层（Bk）：厚 30～50cm，从东向西逐渐变厚，灰色或浅黄棕色，相当紧实，根系很少；碳酸钙淀积形态以假菌丝状、网纹状、粉末状、斑状层次等出现。栗钙土东西分布延伸长，区域之间差异较大。

母质层（C）：呈灰黄色、黄色或淡黄色，常随不同母质的色泽而异。在部分栗钙土母质层中有石膏的积聚层存在。

C. 栗钙土的基本性质

栗钙土表层质地较轻，通透性较好，总孔隙度 39.6％～51.7％，结构多为粒状结构；下层质地偏重，通透性较差，很紧实，容重大，多为块状结构；母质层质地较轻，结构性差。

钙积层碳酸钙含量一般为 10％～30％，除钙以外的其他元素成分各土层间变化不明显，表明土壤化学风化作用较弱。

栗钙土的养分含量低于黑钙土。表土层有机质含量为 4.5～50g/kg，大部分为 15～25g/kg。由于不同地区气候生物条件差异，养分状况差异较大，总的趋势是从东向西逐渐降低。过度垦殖利用和过度放牧及风蚀沙化及水土流失严重的地区，养分含量较低，出现了土壤质量退化。表层土壤全氮 0.29～1.73g/kg，全磷 0.3～1.7g/kg，全钾 5～21.6g/kg；速效磷 1.0～9.9mg/kg，速效钾 81～335mg/kg。有机质、全氮、碱解氮、速效磷含量表土＞心土＞底土；而全磷、全钾、速效钾的含量全剖面中无明显分异。栗钙土表层微量元素有效含量锰、铁较高，硼、钼、锌、铜较低。

栗钙土腐殖质组成中胡敏酸与富里酸含量很接近，H/F 为 1 左右；土壤退化以后，变动在 0.65～0.85。阳离子交换量为 8～25cmol/kg，土壤盐基为钙、镁所饱和，pH 为 7～9，典型栗钙土剖面 pH 为 7.5～8.5，碱化栗钙土 pH 可达 8.5 以上。黏土矿物以蒙脱石为主，其次为伊利石和蛭石等。

D. 利用与保护

栗钙土在我国北方分布的范围较大，是我国主要的畜牧业基地，也有少量旱作农业区。受自然条件和栗钙土资源利用不合理的双重影响，栗钙土普遍存在风蚀、沙化、土壤肥力下降、盐碱化、植被退化等现象。从栗钙土分布区生境条件看，宜发展牧业为主，对现有耕地应逐步退耕还草、还林。建有农田防护林网和具有灌溉条件的地区可适当发展保护型农业，如暗栗钙土亚类。

栗钙土区的生境条件及土壤发育特性决定了不宜发展大规模用材林，而是应重点建设草牧场防护林、护路林、城镇防护林，实现以林护草、防风固沙，减轻干旱程度。在造林地选择上，应在钙积层较薄或钙积层出现软化的低地、缓坡和易储存水分的地段，如河谷、阶地、小溪两岸、沙丘或沙带阴坡、岗地阴坡等。在钙积层较厚且非常紧实地段造林时不宜选择乔木树种，而应选择灌木树种。造林整地采取挖大穴、穿透钙积层，城镇四旁植树采取换土措施，坡地上采取集雨坑（鱼鳞坑）可提高成活率。造林技术上首选植苗法，表层覆沙可选直播法；树种选择上，应选耐干旱、耐瘠薄、直根系及根系生活力强的树种，如青杨、白榆、山杏、柠条、沙棘等。

栗钙土的改良主要应通过控制过度放牧、限制载畜量，使土壤有机物质处于良性循环。草场经营管理中推行以草定畜、划区轮牧，严禁滥垦、滥挖等现象，防止草场退化和土壤肥力下降及土表砾石化，从根本上防止草原退化。大力发展人工草地，减轻天然放牧压力和实现可持续发展。适当发展薪炭林解决牧民燃料，使牲畜粪便参与土壤有机物质循环。在农业种植区，除有计划逐步退耕还草还林外，大力营造农田防护林网，增施有机肥料，推行草田轮作、留高茬、免耕法或少耕法来控制风蚀沙化的危害，逐步向环境保护型农业方向发展。

4) 棕钙土

棕钙土是中温带半干旱草原地带的栗钙土向荒漠地带的灰漠土过渡的一种干旱土壤。它具有薄的腐殖质表层，地表普遍沙化和砾质化；在非覆沙砾地段，地表有微弱的裂缝和薄的假结皮，其下为棕色弱黏化、铁质化的过渡层（在 50cm 深度内出现钙积层），底部有石膏（有时还有易溶盐）的聚集。这些与栗钙土有显著的差异，而灰漠土则没有明显的腐殖质层，地表有明显的多孔结皮及结皮下的鳞片层，从表层起就有石灰反应，碳酸钙没有明显的聚集。

棕钙土主要分布在内蒙古高原中西部、鄂尔多斯高原西部、新疆准噶尔盆地北部、塔城盆地的外缘以及中部天山北麓山前洪积扇的上部。

成土特征：荒漠灌丛植被的生物量小，在干旱气候和好气条件下土壤有机质大部分被分解，腐殖质累积量很少，腐殖质结构简单，以富里酸为主。由于降雨量很小，但降水比较集中，矿物风化产生的碱金属、碱土金属的盐类受到一定程度的淋溶。钙积层位较高，一般出现在 20～30cm 处，石膏和易溶盐在土体下部聚集比较明显。在表层下水分条件较好的层位，发生一定程度的残积黏化，矿物分解释放出的含水氧化铁在干热条件下逐渐脱水成红棕色的氧化铁，与黏粒及腐殖质一起使 B 层上部染成红棕色色调。这种荒漠的特征与成土年龄及荒漠化强度有关。

棕钙土荒漠草原植被以中旱生和超旱生灌丛为主。植被盖度 15%～30%，明显低于干草原。棕钙土地区的光、热资源十分丰富，日照时间长，是我国西北主要的天然牧场，有灌溉条件的可发展农业。

2. 暖温带草原土壤

1）灰钙土

灰钙土是发育在暖温带干旱大陆性季风气候、荒漠草原下，弱腐殖质累积，腐殖质含量低，土壤剖面分化不明显，有弱结皮层的干旱土。它的钙积层没有棕钙土明显，且没有明显的腐殖质层而具有荒漠土层，有机质含量较低。

主要分布区：灰钙土的分布是不连续的，分东、西两个区，其间为荒漠土壤所间断。东区主要分布在银川平原、青海东部湟水河中下游平原、河西走廊武威以东地区。在毛乌素西南部起伏丘陵、宁夏中北部一些低丘和甘肃屈吴山垂直带也有分布。西区仅限于伊犁谷地。

成土特征：在旱生植被下和干旱少雨条件下，腐殖质累积过程较弱，但由于有季节性淋溶及黄土母质的特点，其腐殖质染色较深而不集中，腐殖质层一般可达 50～70cm，整个土体都有石灰反应，碳酸钙在剖面上出现的层位高，但分布曲线比较平滑；底部可能有石膏淀积。

灰钙土的植被主要以荒漠旱生植被为主。

2）黑垆土

黑垆土主要分布陕北、晋西北、陇东和陇中地带。内蒙古、宁夏南部亦有分布。黑垆土是钙积土中具有厚度达 50cm 以上的厚暗色表层和假菌丝体钙积特征的土壤，因具有一个深厚的黑色垆土层而得名。

A. 黑垆土的土体构型

黑垆土土体构型为 Ap″-P-Apb-Ah-Bk-C 型。

（1）熟化层（包括旱耕层 Ap″ 和犁底层 P）：是长期耕种和施用土粪的产物，厚 20～30cm，最厚可达 50cm，耕层呈团粒状和块状结构，呈强石灰性反应，犁底层厚约 10cm，灰棕色，粉壤土，碎块状和块状结构，下部为薄片状结构，孔壁和蚯蚓粪上有霜粉状和假菌丝状石灰新生体。

（2）古耕层（Apb）：厚 10～15cm，暗灰褐色，黏壤土，团粒或棱块状结构，较上层多假菌丝体和霜粉状石灰新生体。

（3）腐殖质层（Ah）：又名黑垆层，暗灰带褐色，厚 50～80cm 或 100cm，团块和棱柱状结构，结构面孔壁和虫粪上覆有大量霜粉状和假菌丝状石灰新生体，微团聚体结构呈多孔状，腐殖质铁染胶膜明显。腐殖质层和过渡层（又名鸡粪黑垆土层）常呈现不均一的暗灰棕色，新生体减少，但有少量石灰质豆状和瘤状小砂姜。

（4）石灰淀积层（Bk）：厚约 150cm，淡棕带黄色，黏壤土，假菌丝状和霜粉状石灰新生体少，但石灰质豆状和瘤状砂姜较多。据土壤薄片的显微镜观察，有大量针、棒状的石灰晶体和锥形结核。

（5）母质层（C）：为浅棕色粉壤土，有少量石灰质豆状和瘤状砂姜，大者如杏核。土壤薄片的显微镜观察，发现有次生碳酸盐体。

B. 黑垆土的基本性质

黑垆土熟化层的有机质含量与腐殖质层相近，通常只有 $10\sim15g/kg$，淀积层和母质层渐少，碳氮比为 $7\sim10$，全剖面变动不大，腐殖质中 H/F 大于 2，与钙结合的腐殖质比铁、铝结合的腐殖质多 $4\sim10$ 倍，与矿质结合的腐殖质含量约为 $25\%\sim42\%$，并随气候的干旱而减少。土壤中含氮量为 $0.3\sim1g/kg$，全磷 $1.5\sim1.7g/kg$，但无机磷多为难溶性的磷酸钙，所以土壤含磷虽多，而作物仍感缺磷，钾素丰富，全钾量为 $16\sim20g/kg$。石灰含量 $70\sim170g/kg$，熟化层和腐殖质层因经受淋溶，石灰含量较少，至沉积层增加到 $150g/kg$ 以上。石灰成分中，碳酸钙占 90% 以上，碳酸镁低于 10%。阳离子交换量为 $9\sim14cmol/kg$，常被钙、镁饱和。土壤呈中性至碱性反应。土壤颗粒以粗粉粒为主，约占一半以上，物理性黏粒约占 $30\%\sim40\%$，腐殖质层中的细砂粒和粉粒显著减少，而细粉粒和黏粒都有不同程度增加，母质层的颗粒组成与熟化层接近，剖面中夹有一层含细粉粒较多的腐殖质层。黏粒的硅铁铝率为 $2.6\sim2.8$，全剖面变化不大。黏土矿物以水云母为主，并含有石英和少量高岭石与蒙脱石。电子显微镜下可见到蛭石和少量针铁矿。

黑垆土的这些性状表明了它的过渡特点，即具有深厚的腐殖质层，土壤黏化作用微弱，钙化作用较强，从表土便有石灰反应，易溶盐大部分已淋失，无盐化现象，它既不同于褐土，也不同于栗钙土和灰钙土。

C. 利用与改良

黑垆土分布区是我国农业耕作历史最悠久的地区之一，盛产小麦、糜谷、高粱、玉米、豆类、马铃薯、油料和某些经济林木，是主要的油粮基地。

钙积土地区普遍降水不足，干旱和风沙侵蚀比较严重，农业区应注意培肥土壤，营造防护林，防止风沙侵蚀，牧业区应防止过度放牧，防止土壤和草场退化，注意合理放牧，建立放牧良好制度，改良和恢复草场。充分利用地表水，积极开发地下水源，发展灌溉是解决水分不足的重要途径。在灌溉时应注意技术和方法，防止土壤盐渍化。

五、荒漠植被与土壤

荒漠在地球表面占有相当大的面积，约为 $4900\times10^4km^2$。它广泛分布在热带、亚热带和温带降水稀少的干旱地区。

（一）气候条件

荒漠分布地区的气候是极端干旱的大陆性气候。降水稀少，年降水量一般小于 $250mm$，有的地方甚至多年不降一滴雨。日照强，蒸发量大大超过降水量（$15\sim20$ 倍），气温年较差和日较差都比较显著，多大风和尘暴。

（二）植被特征

植物种类十分贫乏，植被非常稀疏。植被主要由半灌木、灌木和禾本科植物组成，地面大片裸露，景色单调而荒凉。有时 100m² 面积内只有 1～2 种植物，常见植物有假木贼、麻黄、密叶滨藜、梭梭、沙拐枣属等。

多数植物具有旱生结构，这是植物对于干旱环境的良好适应。植物根系可深达 10 余米，肉质叶或卷叶、叶子小型化、被茸毛、气孔深陷等，都能有效抑制植物蒸腾。

有的植物雨后快速生长（短生植物），有的则以种子、根茎或鳞茎等方式渡过不利季节。

（三）土壤特征

极端干旱的荒漠地区发育的土壤为荒漠土壤，主要包括灰漠土、灰棕漠土及棕漠土。其中灰漠土发育于温带荒漠边缘地区，灰棕漠土发育于温带荒漠地区，棕漠土发育于暖温带荒漠地区。灰漠土分布区的气候特点是冬季寒冷，夏季较热，干旱而大陆性显著。灰棕漠土分布区的气候特点是夏季热而少雨，冬季冷干，温度的年变化和日变化大。棕漠土分布区的气候特点是夏季极端干旱炎热，冬季则较暖和，无雪被。

荒漠土壤的共同特征：土壤砾质化明显，有明显的砾幂层；碳酸钙表聚明显，砾幂底部常有白色的碳酸钙聚积；地表常见黑色的漆皮与表层结壳，结壳有龟裂现象，厚 2cm 左右，其下连接大量的孔洞气泡；发育层浅薄，在表层以下为紧实的过渡层；心土层有一定的易溶性盐和石膏聚积，可见斑点状、晶体状或簇状石膏盐类结晶，有时可见残积盐化层、石膏磐层或石膏和盐类磐层。

1. 荒漠土的成土过程

荒漠土的成土过程有以下五个特点。

1）腐殖质累积作用微弱

荒漠地区的植被属小半灌木和灌木荒漠类型，地上部分产量低，每公顷干物质量不足 600kg，甚至不到 250kg。这些植物生长缓慢，每年只有不足地上部分总量 1% 的干物质成为凋落物，根系虽然发达，且每年都有一部分细根死亡，但数量也很有限，而且在干热的气候条件下，这些有限的有机质也迅速矿化，以致不可能形成明显的腐殖质层，有机质含量多在 5g/kg 或 3g/kg 以下，最高含量不超过 20g/kg。荒漠土的形成特性也反映在腐殖质的组成上，首先是富里酸的含量比胡敏酸含量高，H/F 均在 1 以下，最小仅 0.1 左右，腐殖质酸多与钙结合，也有少部分与铁、铝结合；其次，胡敏酸和富里酸的含量都很低，仅占腐殖质总量的 6%～36%，但难分解的残渣含量则很高，占 53%～72%；另外，在腐殖质组成中，脂蜡的含量相当高，特别是灰棕漠土和棕漠土，其含量分别达 5% 和 6%。荒漠土都不含活性胡敏酸，而且胡敏酸的缩合程度很低，结构简单。腐殖质组成的这些特点说明干热的气候条件和有机质的强烈分解作用，有利于富里酸和简单态胡敏酸的形成，这是荒漠土的腐殖质化处于初级阶段的原因。

荒漠土形成中，藻类、地衣等低等植物影响比较显著，低等植物在砾质戈壁上形成少量黑色腐殖质，它与可溶盐一起涂洒在砾石表面，形成荒漠岩漆，可在整个砾质戈壁的地表形成漠境砾幂，当地人们称它为黑戈壁。

2）石灰的表聚作用明显

在干旱的气候条件下，淋溶作用很微弱，在风化与成土过程中形成的石灰质就地聚积未受淋失，随着时间的推移，就在土壤的表层聚积了大量的石灰质。同时土壤深层的石灰质，也随着水分的向上强烈蒸发，以重碳酸钙形式移运到土壤表层，当土表增温干燥之后，重碳酸钙便迅速转化成碳酸钙，在表层产生聚积现象。在高等植物生长较为繁茂之处，高等植物也可参与石灰的表聚作用，植物残体在土壤表层强烈矿化而引起表层生物性钙的累积。气候越干旱，石灰表聚作用越明显。棕漠土的石灰表聚作用最强，其次是灰棕漠土，灰漠土分布地区，降水相对来说稍多些，冬季积雪较厚，从而促使结皮层、甚至片状层的碳酸钙部分向下淋洗。

3）石膏和易溶盐的聚积

在荒漠土中，无论母质粗细或成土年龄的大小，土壤剖面中都有不同程度的石膏和易溶盐的聚积，其累积的程度通常随着干旱程度的增加而增加，聚积量从灰漠土→灰棕漠土→棕漠土逐渐增加，而且聚积层位也按此顺序逐渐变浅。石膏和易溶盐的累积程度也随着母质、地形而异：在基岩风化物上发育的土壤，易溶盐与石膏积累程度轻；在砾质洪积物上发育的土壤，因受侧流溶液沉积影响，易溶盐与石膏的积累比较明显；而在冲积平原上分布的荒漠土，易溶盐和石膏的大量积累系地球化学沉积的结果。易溶盐和石膏的聚积程度也受时间因素的影响，一般地说，在古老残积物和洪积物上发育的土壤，易溶盐和石膏的聚积远较新的沉积物上发育的土壤明显。因此，石膏化和盐化作用表现程度，不仅因土类而异，即便在同一土类内也有差别。

荒漠土中易溶盐和石膏的来源，主要有三条途径：一是母岩经过长期风化就地形成；二是长期的地表侧流沉积的结果；三是过去水成的残遗物，即古代特殊水文地质和水化学条件下形成的残余。此外，通过一些耐盐和泌盐植物的根系吸收和残落物的分解，也有可能引起易溶盐在土壤表层的聚积，但这并不普遍。

4）砾质化

除黄土状母质上发育的荒漠土外，其他母质上发育的荒漠土一般表层都有厚薄不一的砂砾层覆盖。这些砂砾的来源，有的是岩石风化的残积层，有的是地质历史过程沉积的砂砾层。在干旱气候条件下，昼夜温差很大，物理风化强烈，石块不断由大变小，之后经过长期风蚀，地面细土被风吹走，遗留下粗砂、砾石。荒漠土的砾质化很普遍，砾石的含量由百分之十几到50％以上，并由灰漠土→灰棕漠土→棕漠土递增。

5）弱铁质化作用

荒漠土的砾石层受荒漠岩漆、碳酸钙、石膏、可溶盐等的混合胶结，形成黑色荒漠砾幂，它对下层土壤可起保护作用，免遭风蚀作用，因而砾幂之下一般细土物质显著增多，多呈貌似"黏化层"的细土层。富含黏粒的亚表层较为紧实，而且呈鲜棕色或红棕色，甚至呈玫瑰红色。土壤化学组成表明，该层的铁含量较高；微形态观察也证明，这层土壤基质在反光下泛橙（5YR7/6）和黄橙色（7.5YR7/8），说明有氢氧化铁和氧化铁浸染或铁质化现象。这种铁质化作用，是在干热的气候条件下，由于母质风化和成土过程中，含铁的矿物（如云母等）在短暂降水的浸润下缓慢地发生分解，二价的铁被转化成三价铁，进而形成游离的氢氧化铁所产生的。当降水过后，土壤进入增温阶段，水分很快损失时，氢氧化铁也因之脱水变成无水或少水的氧化铁，并以薄膜的形式涂染在土粒的外围。因此，在土壤湿度和温度相对较高的土层，表层和亚表层铁的氧化物便发生相对的聚积。母质中含铁的原生矿物愈丰富和成土年龄越古老，这种铁质化作用越明显，且随着气温的增高而逐渐加强，铁质染色由灰漠土、灰棕漠土的褐棕色或红棕色，而到棕漠土的棕红色或玫瑰红色。铁的转化和聚积还可能是在低等植物，特别是藻类的分泌物——有机酸的参与下进行的，因为铁质染红特征在表层或亚表层均呈斑块分布，也就是藻类生命活动越强盛的地方，铁质染红现象越明显。

2. 荒漠土的形态特征

荒漠土在形态上一般有以下三个发生层。

（1）孔状结皮和结皮下的片状或鳞片状层。孔状结皮层很薄，它的形成是在土壤表层短暂湿润之后迅速变干时，重碳酸盐转变为碳酸盐并释出 CO_2，从而造成土壤表层出现许多小孔，与此同时，碳酸盐又把孔壁加以胶结。结皮层下为片状或鳞片状层，关于这一层的形成机制目前尚未有定论，初步研究认为是土壤冻融交替和土层缓慢变干的条件下引起土粒顺序排列的结果。从灰漠土→灰棕漠土→棕漠土，多孔结皮层与片状或鳞片状层的发育程度和厚度逐渐减弱和变薄。

（2）棕色而紧实的亚表层。受上层结皮或荒漠砾幂的保护，亚表层细土物质增加，形成较紧实的层次。在这一层中，活性铁或全铁以及黏粒含量都比较高，常显铁质染色现象，呈不明显的块状或棱块状结构。从灰漠土→灰棕漠土→棕漠土，该层的铁染色泽依次增红，厚度减小。

（3）石膏易溶盐聚积层。荒漠土剖面的中、下部一般都有石膏和易溶盐的累积，有的甚至还出现很厚的石膏层和盐磐。易溶盐在剖面中一般呈白色粉状与细土混合，不易分辨，只有含量达 100～200g/kg 以上时，才与细土和砂砾相胶结成黑灰色硬磐。盐磐组成以氯化钠为主。石膏在粗骨母质上常呈白色或乳黄色胡须状、粗纤维状或蜂窝状，紧贴于砾石背面或砂砾石之间；而在细土母质上则呈白色斑点、小结晶状或簇状，散于细土间。

由于成土条件和土壤特点差异，不同荒漠土中各层次的厚度和形态都有变化，有时甚至发生某一层次的缺失。一般来说，在轻质或粗骨性母质上，结皮层和片状层发育都较弱，甚至无明显的片状层；而在细质母质上，结皮层和片状层都发育较好，厚度大，性状也典型。紧实层和石膏层不论母质粗细都有发育，而以成土年龄较老的土壤表现明显。盐积层往往与石膏层结合在一起，只有形成盐磐时才成为棕漠土的剖面结构中的单独层次；同时在基岩风化物上盐磐厚度为 10cm 左右，而在洪积物母质上可达 10~30cm，且有两层以上。荒漠土除发育在黄土母质上的外，剖面厚度很少超过 1m，一般只有 30cm 左右。

（四）地理分布

荒漠土广泛分布在热带、亚热带和温带的荒漠地区。全世界荒漠土的总面积约为 1620 万 km²，约占全球陆地面积的 11.7%。主要分布在下述六个地区：①非洲撒哈拉大荒漠；②大洋洲大荒漠；③中亚大荒漠；④阿拉伯大荒漠；⑤南美大荒漠；⑥美国西部大荒漠。其中从撒哈拉大荒漠经阿拉伯大荒漠到中亚大荒漠，差不多是一条相连的荒漠带，面积约占全世界荒漠总面积的 67%。中亚大荒漠包括中亚细亚荒漠、蒙古和我国西北部荒漠地区。

中国的荒漠区主要分布在内蒙古、宁夏西部、青海西北部、甘肃河西走廊以及新疆全境的平原地区。其面积约占全国总面积的 1/5 左右。

（五）利用与保护

荒漠土多用于放牧，只在水源条件较好、地势平坦的地方发展灌溉农业，属于无灌溉即无农业的地区。荒漠土利用中需要解决的问题是防治干旱、治理风沙和盐碱以及提高土壤肥力。

第四节　极地及高山植被与土壤

苔原又称冻原，该词来源于芬兰语 tunturi，意思是没有树木的丘陵地带，是以极地（或高山）灌木、草本植物、苔藓和地衣占优势、层次较少的植被类型。

1. 气候条件

苔原气候为极地长寒气候，冬季寒冷漫长，夏季凉爽短促。最暖月平均气温低于 14℃，冬季最低气温可达－55℃，植物生长期仅 2~3 个月；平均降水量 200~300mm，主要集中在夏季，但由于蒸发量较小，气候仍然湿润；光照特殊，夏季白昼很长，夜晚很短，靠近极地的地区甚至完全没有黑夜。风大、云多是苔原地区气候的另一显著特征。

2. 植被特征

在严酷的环境下，植物种类极度贫乏。通常为 100~200 种，南部地区可达 400~500 种，由于该类植被在地球历史上形成时间较晚，因此苔原植被没有特殊科，最典型的科是杜鹃花科（如越橘、乌饭树）、杨柳科、莎草科、禾本科、毛茛科和菊科。苔藓、地衣植物发达。外貌特征独特。在长期的演化过程中，苔原植物形成了一系列能够忍受不利条件的多种生活型和特征。

冻原多年生植物占优势，极少是一年生的。植物生活型以地面芽和地上芽（多年生）占优势。漫长严寒气候，植物生长期十分短暂，对一年生植物极为不利，植物来不及完成整个发育周期。因此，苔原地区生长的很多植物都是多年生植物，他们的营养器官和生殖器官在雪被下可安全过冬。北极辣根草能忍受－46℃的低温，花与果实在严寒的冬季可被冻结，但春天来临解冻后，又继续发育。

大多数苔原、灌木是常绿的，这些植物可以在春季很快进行光合作用，而不必耗时形成新叶。由于营养期短暂，苔原植物生长缓慢，极柳在一年中往往仅增长 1～5mm。

匍匐伏地型植物和垫状植物十分典型，这是抗风、保温及减少植物蒸腾的适应特征。

苔原植物大多是长日照植物，具有大型的花和花序，如勿忘草、蝇子草等，这些特征多与长日照有关。

结构简单。苔原植物结构简单，层次少，最多不超过三层，即灌木层、草本层和地被层。其中，地被层作用特殊，对灌木、草本的根、根茎以及更新芽具有隐藏、保护作用。

3. 土壤特征

冻土是指地表至 100cm 范围内有永冻土壤温度状况，地表具多边形土或石环等冻融蠕动形态特征的土壤。它包括的土类有冰沼土（冰潜育土）和冻漠土。

冻土形成以物理风化为主，而且进行得很缓慢，只有冻融交替时稍为显著，生物、化学风化作用亦非常微弱，元素迁移不明显，黏粒含量少，普遍存在着粗骨性。高山冻漠土黏粒的 K_2O 含量很高，可达 50g/kg，说明脱钾不深，矿物处于初期风化阶段。

冻土区普遍存在不同深度的永冻层。在湿冻土分布区，夏季，永冻层以上解冻，由于永冻层阻隔，融水渗透不深，永冻层以上土层水分呈过饱和状态，从而形成活动层，活动层厚度为 0.6～4m，若永冻层倾斜，则形成泥流、"醉林"。冬季地表先冻，对下面未冻泥流产生压力，使泥流在地表薄弱处喷出而成泥喷泉，泥流积于地表成为沼泽，因其下渗较弱，泥流、泥喷泉又混合上下层物质，使土壤剖面分化不明显，而在南缘永冻层处于较深部位，水分下渗较强处，剖面层次分化较好。

在干旱冻土分布区，白天由于太阳辐射强烈，地面迅速增温，表土融化，水分蒸发；夜间表土冻结，下层的水汽向表面移动并凝结，增加了表土含水量，反复进行着融冻和湿干交替作用，促进了表土海绵状多孔结皮层的形成。此外，暖季白天表土融化，夜间冻结，都是由于由地表开始逐渐向下增温或减温总是大致平行于地表水平层次变化着的，所以，在干旱的表土上，强烈的冻结作用往往形成表土的龟裂。

在极地冰沼土区，由于低温，蒸发量小，地势低平处排水不畅，土壤水分经常处于饱和状态，致使土壤有机质和矿物质处于嫌气条件下，虽然有机质形成数量不多，但在低温嫌气条件下分解缓慢，表层常有泥炭化或半泥炭化的有机质积累。矿物质也处于还原状态，铁、锰多被还原为低价状态，形成一个黑蓝灰色的潜育层，在高山冻漠土分布区，降水较少，土壤淋溶弱，剖面中往往有石膏、易溶盐和碳酸钙累积，致使土体呈碱性，表土结皮和龟裂等。总的来说，冻土成土年龄短，处处呈现出原始土壤形成阶段的特征，土体浅薄，厚度一般不超过 50cm。

冻土具有永冻土壤温度状况，具有暗色或淡色表层，地表具有多边形土或石环状、条纹状等冻融蠕动形态特征。冻土有机质含量不高，腐殖质含量为 $10\sim20g/kg$，腐殖质结构简单，70％以上是富里酸，呈酸性或碱性反应，阳离子代换量低，一般为 $10cmol/kg$ 左右，土壤黏粒含量少，而且淋失非常微弱，营养元素贫乏。

4. 地理分布

冻土分布于高纬地带和高山垂直带上部，其中冰沼土广泛分布于北极圈以北的北冰洋沿岸地区，包括欧亚大陆和北美大陆的极北部分和北冰洋的许多岛屿，在这些地区的冰沼土东西延展呈带状分布，在南美洲无冰盖处亦有一些分布。据估计，冰沼土的总面积约 590 万 km^2，占陆地总面积的 5.5％。在原苏联境内，各种冰沼土的总面积为 1 688 000km²，占原苏联国土面积的 7.6％，占世界冰沼土面积的 28.6％。冻漠土广泛分布在我国青藏高原和其他高山地区。此外，在世界各地的高山，如南美安第斯山、新西兰南阿尔卑斯山等亦有分布。

5. 利用与改良

冻土分布区气候严寒或干寒，且有永冻层，土壤自然肥力很低，不经改造不宜于农用，冰沼土上生长有鹿的主要饲料——地衣，所以发展养鹿业乃是利用冰沼土的重要途径之一。

第五节　隐域植被与土壤

草甸、沼泽和水生植物可分布在不同的气候地带，主要受非地带环境条件制约，被称为隐域分布（非地带性）的植被类型。

一、草甸植被与土壤

草甸是一类生长在中度湿润条件下的多年生中生草本植物类型。它不同于湿生植被的沼泽和旱生植被的草原。

1. 生境条件

草甸形成的共同特点是土壤中水分充足，地下水较浅，一般距地表 $1\sim3m$。在降水量不足 400mm 的草原区或荒漠区的低地草甸，其地表径流或地下水是比较丰富的。

2. 植被特征

种类组成比较丰富。以多年生根茎禾草为主，丛生禾草较少，主要有禾本科、莎草科、菊科、毛茛科、鸢尾科等植物。

外貌上表现为浓密的草被，季相变化明显。以多年生植物为主，地面芽植物占优势，也有少量一年生植物。鲜花盛开时，"五彩草甸"美丽壮观。

结构比较清晰。垂直方向上可分为五层，即高位禾草层、低位禾草层、矮草层、近地面植物层（如三叶草）、苔藓地被层。在水平分布上可分为成群结构和分散结构两类，前者呈丛状相互镶嵌，保持着层片的独立性，它是未定型草群的一种特征。分散结构不存在独立的水平层片。

环境条件的状况和变动对草群特征有显著影响。当生态条件不利时，可形成以1～2个种占优势的单纯草群。水分状况的可变性也是草甸群落结构复杂的重要因素。

3. 土壤特征

草甸土是在冷湿条件下，直接受地下水浸润并在草甸植被下发育的土壤。草甸土的成土过程具有腐殖质累积的草甸化过程和氧化还原交替特征。草甸土区水分供应充足，植被生长繁茂，根系又深又密，每年为土壤提供了大量的有机残体，在土壤冻结后，分解缓慢且不彻底，因而在土壤中逐渐积累了很高含量的腐殖质。同时由于地下水位的周期性升降，土壤氧化还原交替进行，形成了锈色斑纹层。

草甸土的剖面构型为 Ah-Bg-G 型。Ah 层厚度一般为 20～50cm，呈暗灰至灰色，结构是团粒或粒状；Bg 层呈棕色至黄棕色，有明显的锈色斑纹及铁锰结核，干时可见 SiO_2 白色粉末；再下为潜育层（G）。

草甸土的质地变化较大，由砂土至重壤土或黏土，同一剖面通常有砂黏相间的现象。土壤的水分状况具有含量高、表层变化大、而下层较稳定的特点。有机质含量比较高，腐殖质组成中以胡敏酸为主，其结构也较复杂，H/F 比值较大。氮、磷、钾含量较丰富。土壤的阳离子交换量一般较高，多在 20cmol/kg 左右，在代换性盐基中，以钙、镁离子为主，盐基饱和度达 70%～80%或更高。土壤一般呈中性反应。

4. 地理分布

草甸土在世界上广泛分布于各大河流的泛滥地、冲积平原、三角洲以及湖滨、海滨的地势低平区。在我国，草甸土主要分布在东北平原、内蒙古及西北地区的河谷平原沿河两岸，其他地方虽然也有分布，但很零星。

草甸土在我国北方广泛分布，所处地势平坦，水源丰富，土质肥沃，人口集中，是发展农牧业，生产粮棉油及畜产品的重要基地。全国草甸土的面积约 2507.05 万 hm^2，在我国分布较广，主要分布于中国东北地区的三江平原、松嫩平原、辽河平原以及内蒙古及西北地区的河谷平原或湖盆地区。其中黑龙江省的草甸土面积最大，约占全国草甸土面积的 1/3。

5. 利用与保护

草甸土分布区地势平坦，土层深厚，水源充足，有机质含量高，矿质养分丰富，潜在肥力很高，适于种植多种作物。我国的草甸土大多已经开垦利用，成为重要的产粮基地。耕种草甸土的自然植被已被破坏，腐殖质层上部和草根层已变为疏松的耕层，由于通气性增加，土壤有机质分解速率加快，使耕层土壤有机质含量显著降低，但养分的有效性明显提高。草甸土开垦后往往都是最肥沃的耕地土壤，是我国重要的粮食生产基地和优质牧场。

二、沼泽植被与土壤

沼泽是在多水和过湿条件下形成的以沼生植物占优势的植被类型。

1. 生境条件

土壤过湿或水分积聚是沼泽形成的首要条件，沼泽的形成主要取决于水热状况和地貌条件。温度过高或过低都不利于泥炭的形成和积累，温度过高，微生物分解强度大；温度过低，植物生长量又太小。适于汇水的地貌，不宜渗水的土壤组成物质，充足的水源补给，共同构成了沼泽发育的有利条件。

2. 植被特征

沼泽植被通常由少数特殊的科属组成。首先是泥炭藓科、莎草科、禾本科，其次为毛茛科、狸藻科、天南星科和蓼科。其中，禾本科芦苇的广泛分布反映出非地带植被的特点。

沼泽植物结构复杂，乔木、灌木、草本和苔藓都有；生活型多样，但以沼生植物占优势。

植物通气组织发达。沼泽经常积水，为适应水下缺氧的环境，大多数沼泽植物的通气组织发达。例如，芦苇、睡菜等的根、茎都有比较发达的气腔。

具有不定根和特殊的无性生殖能力。例如，茅膏菜通过不断在茎上长出不定根的方式，来适应不断抬高的土层环境，以免植物体被埋没。

某些植物具食虫习性。在沼泽发育后期，土壤无机养分十分匮乏的情况下，有些植物（如茅膏菜、猪笼草等）形成了独特的食虫特征，通过食肉来弥补氮、磷、钾等养分的不足。

3. 土壤特征

沼泽土是地面积水或土层中长期处于水分饱和状态，生长湿生植被所形成的土壤。沼泽土是具有小于50cm厚的泥炭层（H）的土壤，其下为潜育层（G），质地黏重，土体紧实，呈灰蓝色或浅灰色。在气候较暖热、气温较高的地方，有机质累积层较薄的为矿质潜育土，但在高寒和高纬度下，腐殖质累积明显，只要表层有机质层厚度小于50cm又具有潜育层均归入沼泽土类。

沼泽土的有机含量很高，腐殖质层常在50~250g/kg，泥炭层则可达400g/kg以上，分解不完全，C/N比值宽，多为14~20；潜育层的有机质含量显著下降，仅为10~20g/kg，C/N比值也较窄。全氮的含量与有机质含量相一致，以泥炭层最高，常在 10~20g/kg，潜育层多在 2g/kg 以下。全磷含量也较丰富，可达 3~5g/kg，全钾量变化较大，在泥炭层中含量较低，仅有 3~5g/kg，代换性阳离子总量较高，尤其是腐殖质层或泥炭层，常达 30~50cmol/kg，盐基饱和度则变化较大，高的 80%~90%，低的仅 30%~40%。土壤反应一般为中性或微酸性。

4. 地理分布

沼泽土广泛分布于全球地势低洼积水、地下水位很高的地区，其中分布最广的是寒带森林苔原地带、寒温带针叶林带和温带森林草原带，如亚洲的西伯利亚，欧洲的芬兰、瑞典、波兰以及北美洲的加拿大和美国的东北部等地区都有大面积沼泽土的分布。我国沼泽土的分布很广，几乎所有长期或短期积水或过湿的地方都有可能见到，但以东北地区和川西北高原地区的分布面积较大。此外，在天山山麓、华北平原、长江中下游平原、珠江中下游平原以及东南沿海地带的地势低洼处也有零星分布。

5. 利用与保护

沼泽土除可开发为农业用地外还有许多用途，在季节性积水的沼泽土上常有多量的小叶樟，可作割草地或放牧地；在积水较深或常年积水的沼泽土上常生长多量芦苇，是优良的造纸原料；沼泽土中的泥炭，是一种宝贵的自然资源，既是一种良好的有机肥料，在工业、医药卫生等方面又有广泛的用途。

三、盐生植被与土壤

1. 生境条件

除海滨地区以外，盐成土分布区的气候多为干旱或半干旱气候，降水量小，蒸发量大，年降水量不足以淋洗掉土壤表层累积的盐分。

盐成土所处地形多为低平地、内陆盆地、局部洼地以及沿海低地，这是由于盐分随地面、地下径流而由高处向低处汇集，使洼地成为水盐汇集中心。

但从小地形看，积盐中心则是在积水区的边缘或局部高处，这是由于高处蒸发较快，盐分随毛管水由低处往高处迁移，使高处积盐较重。

地下水埋深越浅和矿化度越高，土壤积盐越强。在一年中蒸发最强烈的季节，不致引起土壤表层积盐的最浅地下水埋藏深度称为地下水临界深度。临界深度不是常数，一般地说，气候越干旱，蒸降比越大，地下水矿化度越高，临界深度越大。

盐成土的成土母质一般是近代或古代的沉积物。

在不含盐母质上，需具备一定的气候、地形和水文地质条件才能发育盐土；对于含盐母质，盐成土的发育则不一定要同时具备上述三个条件。

2. 植被特征

干旱地区的深根性植物或盐生植物，能从土层深处及地下水中吸收水分和盐分，将盐分累积于植物体中，植物死亡后，有机残体分解，盐分便回归土壤，逐渐积累于地表，因而具有一定的积盐作用，如碱蓬、猪毛菜等。还有不少生物能将盐分分泌出体外，如生长在荒漠地区的胡杨等，从而加重土壤积盐。

3. 土壤特征

盐生植被下发育的盐渍土是盐土和碱土以及各种盐化、碱化土壤的统称。盐土是指土壤中可溶盐含量达到对作物生长有显著危害的程度的土类。积盐层是盐土的诊断层。我国新拟的积盐层标准对积盐层易溶盐含量下限的要求依不同盐类而异，氯化物盐土（盐分组成中 Cl^- 占 80%以上）≥6g/kg，硫酸盐盐土≥20g/kg，氯化物和硫酸盐混合型的盐土≥10g/kg。碱土则含有危害植物生长和改变土壤性质的多量交换性钠，碱化度≥20%，又称钠质土。盐渍土相当于美国分类有关土纲中的盐化、碱化土类，相当于联合国分类的盐土、碱土单元。

盐渍土中的盐分积累是地壳表层发生的地球化学过程的结果，其盐分来源于矿物风化、降雨、盐岩、灌溉水、地下水以及人为活动，盐类成分主要有钠、钙、镁的碳酸盐、硫酸盐和氯化物。土壤盐渍化过程可分为盐化和碱化两种过程。

1）盐化过程

盐化过程是指地表水、地下水以及母质中含有的盐分，在强烈的蒸发作用下，通过土体毛管水的垂直和水平移动逐渐向地表积聚的过程。我国盐渍土的积盐过程可细分为：①地下水影响下的盐分积累作用；②海水浸渍影响下的盐分积累作用；③地下水和地表水渍涝共同影响下的盐分积累作用；④含盐地表径流影响下的盐分积累作用（洪积积盐）；⑤残余积盐作用；⑥碱化-盐化作用。由于积盐作用和附加过程的不同，分别形成相应的盐土亚类。盐化过程由季节性的积盐与脱盐两个方向相反的过程构成，但水盐运动的总趋势是向土壤上层，即一年中以水分向上蒸发、可溶盐向表土层聚集占优势。

水盐运动过程中，各种盐类依其溶解度的不同，在土体中的淀积具有一定的时间顺序，使盐分在剖面中具有垂直分异。在地下水借毛管作用向地表运动的过程中，随着水分的蒸发，土壤溶液的盐分总浓度增加，溶解度最小的硅酸的化合物首先达到饱和，而沉淀在紧接地下水的底土中，随后，溶液为重碳酸盐饱和，开始形成碳酸钙沉淀，再后是石膏发生沉淀，所以在剖面中常在碳酸钙淀积层之上有石膏层。易溶性盐类（包括氯化物和硫酸钠、镁）由于溶解度高，较难达到饱和，一直移动到表土，在水分大量蒸发后才沉淀下来，形成第三个盐分聚积层。因此表层通常为混合积盐层。在地下水位高（1m 左右）的情况下，石膏也可能与其他可溶盐一起累积于地表。当然，自然条件的复杂性也会造成盐分在土壤剖面分布的复杂性，如雨季或灌溉造成的淋溶，使可溶盐中溶解度最高的氯化物首先遭到淋溶，使土壤表层相对富集溶解度较小的硫酸盐类。又如在苏打累积区，因为碳酸钠的溶解度受温度影响较大，在春季地温上升时期，碳酸钠随其他可溶盐类一起上升到地表。到秋冬温度下降，苏打的溶解度减小，因而大部分仍保留在土壤表层而不被淋洗，所以一般情况下，苏打都累积于土壤的表层。总之，在底土易累积溶解度最小的盐类包括 R_2O_3、SiO_2、$CaCO_3$ 和 $CaSO_4$ 等。其他的盐类由于具有较高的溶解度，且溶解度随温度而变，因此具有明显的季节性累积特点，一般累积于土壤的表层。

母质或母土的质地和结构也直接影响土壤盐渍化程度。黏质土的毛管孔隙过于细小，毛管水上升高度受到抑制，砂质土的毛管孔隙直径较大，地下水借毛管引力上升的速度快但高度较小，这两种质地均不易积盐。壤质土毛管孔径适中，地下水上升速度既快，上升高度又高，易于积盐。好的土壤结构（如团粒状结构）不仅有大量毛管孔隙，还有许多非毛管孔隙和大裂隙，既易渗水，又有阻碍毛管水上升的作用，土壤盐化较轻。

2）碱化过程

碱化过程是指交换性钠不断进入土壤吸收性复合体的过程，又称为钠质化过程。碱土的形成必须具备两个条件：一是有显著数量的钠离子进入土壤胶体；二是土壤胶体上交换性钠的水解。阳离子交换作用在碱化过程中起重要作用，特别是 Na-Ca 离子交换是碱化过程的核心。碱化过程通常通过苏打（Na_2CO_3）积盐、积盐与脱盐频繁交替以及盐土脱盐等途径进行。

盐土一般没有明显的发生层次，典型盐土以地表有白色或灰白色的盐结皮、盐霜为剖面特征。碱土具有特殊的剖面构型。典型碱土的剖面形态为 E-Btn-Bz-C 型。表层为淋溶层（E），厚 20～25cm，一般是灰色或浅灰色，片状或鳞片状结构。淋溶层之下是碱化层（Btn），又称柱状层，比淋溶层厚度大，很紧实，为圆顶形的柱状结构，这是由分散的黏粒经过长时期向下移动而形成的。在柱状顶部常有一薄薄的白色 SiO_2 粉末层。碱化层之下是盐化层（Bz），易溶性盐含量很高，呈块状或核状结构。再下为母质层（C）。

盐土的质地较黏重，一般呈碱性反应。腐殖质含量一般很低。盐土的盐分含量沿剖面分布多呈上多下少的特点。碱土的物理性质很差，有机胶体和无机胶体高度分散，并淋溶下移，表土质地变轻，碱化层相对黏重，并形成粗大的不良结构。湿时膨胀泥泞，干时收缩硬结，通透性和耕性极差。土壤呈强碱性反应。易溶盐遭淋溶，量少且集中在碱化层以下。表层 SiO_2 含量较下层高，R_2O_3 含量较下层低。

4. 地理分布

盐渍土主要分布在内陆干旱、半干旱地区，滨海地区也有分布。全世界盐渍土面积计约 897.0 万 km^2，约占世界陆地总面积的 6.5%，占干旱区总面积的 39%。我国盐渍土面积约有 20 万 km^2，约占国土总面积的 2.1%

5. 利用与保护

盐成土分布区是水资源相对丰富的区域，也具有发展农牧业的巨大潜力。

（1）改良盐土的根本目的在于将根系层的盐分减少到一定限度。由于盐土区往往是旱、涝、盐相伴发生，必须抗旱、治涝、洗盐相结合，因地制宜采取综合措施，可通过平整土地（以消除盐斑）、排水、灌溉、种稻、种植绿肥和耕作施肥等措施来改良。

（2）改良碱土时应先降低碱化度、后洗盐，否则盐分一经洗去，土粒絮散、透水性降低，使进一步改良增加难度。常用石膏作改良剂。

四、水 生 植 被

水生植被是由水生植物组成、生长在水域环境中的植被类型。通常所说的水生植被是指水生维管束植物，它们大都分布在淡水湖泊和河流中。根据水生植被的生活型特征和生存环境，一般分为以下四种水生植被类型。

1. 沉水植物群落

此类植物形成于深 4～5m 的水中，包括固着沉水水生植物、悬浮水生植物。共同特点是植株完全生长在水中。常见的植物有金鱼藻、狐尾藻、茨藻和一些眼子菜属植物。

2. 漂浮植物群落

漂浮植物群落主要由漂浮水生植物组成，它们的植物体漂浮于水面，而不与水底基质接触，可随风或水流移动。常常漂浮到沉水植物群落、固着浮叶植物群落、挺水植物群落中，而成为它们的组成成分。常见的植物有满江红、浮萍、凤眼莲等。

3. 固着浮叶植物群落

固着浮叶植物群落主要由固着浮叶水生植物组成，通常形成于水深 3m 以内的河湖中。常见植物有睡莲、水鳖、芡实等。

4. 挺水植物群落

挺水植物群落常分布在水深约 1.5m 的河湖岸边，常见的植物有莲、慈姑、菖蒲等。

思考题

1. 热带雨林的植被特征有哪些？
2. 简述砖红壤的主要成土过程。
3. 简述灰化土的主要成土过程。
4. 草原植被的主要特征有哪些？
5. 简述黑土、黑钙土、栗钙土、棕钙土的主要成土过程。
6. 荒漠土的主要特征有哪些？
7. 简述荒漠土的主要成土过程。
8. 简述盐土与碱土成土过程的主要区别。

第十章　植被与土壤的地理分布规律

植被与土壤分布规律是指植被与土壤类型随自然环境条件和社会经济因素的空间差异而变化的特性。

第一节　植被与土壤的地带性（广域性）分布规律

以上我们讨论了地球上主要植被与土壤类型的基本特征及其地理分布。从中可以看出，每一植被与土壤类型都是与环境（主要是与气候）密切相关的，因此，植被与土壤分布具有规律性，它是以三维空间（按经、纬、高三个方向）形态存在的。按照发生学理论，植被与土壤分布规律受纬度、经度及高度等影响。通常把在全球陆地上大体呈连续分布，并与大生物气候带相适应的植被与土壤分布规律叫做植被与土壤的地带性（广域性）分布规律，包括植被与土壤的水平分布规律和垂直分布规律。

一、植被与土壤的水平分布规律

植被与土壤的水平分布主要受纬度地带性和经度地带性的共同制约，大地形（高山、高原）对植被与土壤的水平分布也有很大的影响。植被与土壤的水平分布规律包括植被与土壤的纬度地带性分布规律和经度地带性分布规律。

（一）植被与土壤的纬度地带性分布规律

植被与土壤分布的纬度地带性是因太阳辐射从赤道向极地递减，气候也按纬度方向呈有规律的变化，导致地带性植被与土壤相应地呈大致平行于纬线的带状变化的特性。植被与土壤分布的纬度地带性主要是指植被与土壤高级类别或地带性植被与土壤大致沿纬线延伸，按纬度逐渐变化的规律。

呈纬度地带性分布的植被土壤带并非严格地完全按东西方向延伸，因受其他分异因素的干扰和影响，使有些植被土壤带出现间断、尖灭、偏斜等情况。世界植被土壤纬度地带性分布的主要形式有环绕全球延续于各大陆的世界性植被土壤地带和未能横贯整个大陆、而只呈带段性展布的区域性植被土壤地带。世界性植被土壤地带在高纬和低纬地区表现明显，如寒带苔原植被与冰沼土、寒温带针叶林与灰化土、热带雨林与砖红壤，不仅断断续续横跨整个大陆，而且大致与纬线平行。植被土壤带的分界线也基本上与纬度气候带相吻合。

区域性植被土壤地带在中纬地区表现得最为典型，因干湿差异，又有沿海型和内陆型之分。沿海型植被土壤纬度地带的特点：走向与纬线有些偏离，多分布在中纬大陆边缘，植被土壤地带谱由森林植被土壤系列组成，如我国东部从北而南依次出现：针阔混交林与暗棕壤—落叶阔叶林与棕壤—落叶阔叶与常绿阔叶混交林及黄棕壤—常绿阔叶林与红、黄壤—湿润季雨林与砖红壤性红壤—热带雨林与砖红壤（图10.1）。

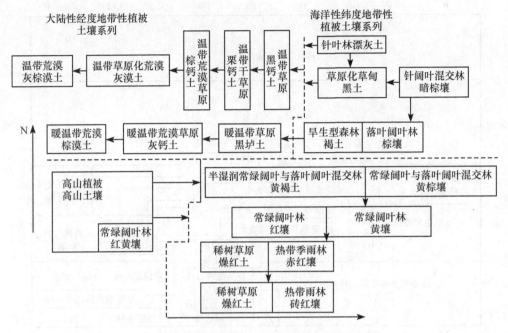

图 10.1　中国植被与土壤水平地带分布模式图

内陆型植被与土壤纬度地带的特点：位于大陆内部，植被与土壤地带谱主要由草原植被与土壤系列和荒漠植被与土壤系列组成，如欧亚大陆内部由北而南植被与土壤依次为森林草原与灰色森林土—草甸与黑土—草原与黑钙土—干草原与栗钙土—荒漠草原与棕钙土—荒漠植被与荒漠土（图 10.2）。

（二）植被与土壤分布的经度地带性

植被与土壤分布的经度地带性是因海陆分布的势态，以及由此产生的大气环流造成的不同的地理位置所受海洋影响的程度不同，使水分条件等因素从沿海至内陆发生有规律的变化，植被与土壤相应地呈大致平行于经线的带状变化的特性。植被与土壤经度地带性主要是指地带性植被与土壤大致沿经线延伸，而按经度由沿海向内陆逐渐变化的规律。例如，图 10.1 所示，在地处欧亚大陆东部的中国温带地区，从沿海至内陆分布的植被与土壤依次为针阔混交林与暗棕壤—草甸与黑土—草原植被与黑钙土—干草原与栗钙土—荒漠草原与棕钙土—草原化荒漠与灰漠土—荒漠与灰棕漠土。在暖温带范围内则由东向西依次为暖温带落叶阔叶林与棕壤—暖温带旱生型森林与褐土—暖温带草原与黑垆土—暖温带荒漠草原与灰钙土—暖温带荒漠与棕漠土。

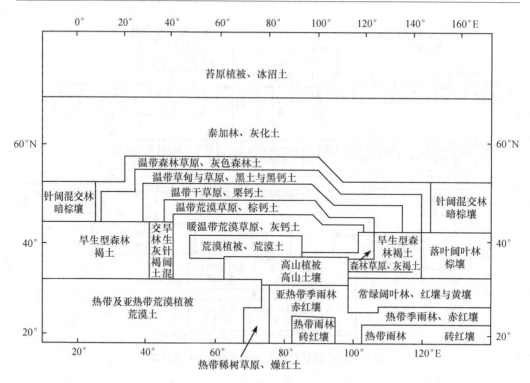

图 10.2　欧亚大陆植被与土壤空间分布格局

从植被与土壤水平地带的宽度看，纬度地带为南北宽约 4～8 个纬度，经度地带为东西宽约 6～12 个经度。植被与土壤水平地带的界线大都与大山地分水岭、大河谷等地理界线相一致。这样的地理界线通常最大程度地引起气候、生物、人文景观和土壤地带的分异。以我国为例：长城从海边起大多沿险要的分水岭构筑，具有对气候、农业和土被分异的意义，因此，长城作为一条界线，除了最东部需要向北推移 2～4 个纬度外，恰好是中温带和暖温带的分界，即我国冬作物分布的北界；在沿海地段是针阔混交林下的暗棕壤与落叶阔叶林下的棕壤的分界，往内陆地段，是草原植被下的钙积土（黑钙土、栗钙土、棕钙土）与森林草原植被下的弱淋溶土（褐土）分界。秦岭—淮河界线是暖温带和北亚热带的分界，也是我国水旱二季农作的北界。该线以北是落叶阔叶林下的棕壤和褐土，以南是落叶阔叶与常绿阔叶混交林下的黄棕壤。南岭是常绿阔叶林下的红壤与南亚热带季雨林下的砖红壤性红壤的分界。青藏高原的隆升影响亚热带、暖温带等植被与土壤水平地带向西延伸。此外，西藏的念青唐古拉山、大兴安岭、吕梁山脉、四川盆地西部的龙门山脉等都是重要的自然地理和植被与土壤地带的界线。

由上可知，纬度地带性、经度地带性以及大地形状况控制了广域的植被与土壤水平分布格局。

二、植被与土壤的垂直分布规律

植被与土壤分布的垂直地带性是指随山体海拔的升高，热量递减，降水则在一定高度内递增并在超出该高程后降低，引起植被随高度发生有规律的变化，植被与土壤类型相应地出现垂直分带和有规律更替的特性。把植被与土壤随地形高低自基带向上（或向下）依次更替的现象叫做植被与土壤分布的垂直地带性。植被与土壤自基带随海拔高度向上依次更替的现象叫正向垂直地带性；反之，称为负向垂直地带性。

植被与土壤垂直带谱中，把位于山地基部、与当地的地带性植被与土壤相一致的植被与土壤带称为基带。除基带外，垂直带谱中的主要植被与土壤带称建谱植被与土壤带。植被与土壤垂直带谱由基带植被与土壤开始，随山体高度增高，依次出现一系列与较高纬度带（或较湿润地区）相应的植被与土壤类型（图 10.3）。

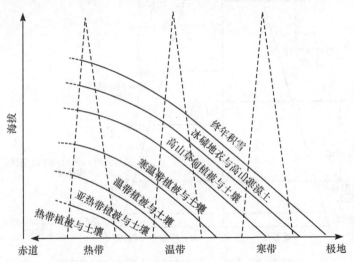

图 10.3　植被、土壤垂直地带和水平地带相关性示意图

由于山地特殊的水热条件、地形、母质的特殊性，垂直地带性不能简单地视为水平地带性的立体化，垂直带并不完全与水平带等同。植被与土壤垂直带的结构，随山体所在的地理位置、山体高度、山体坡向和山体形态的不同而呈有规律的变化。

（1）地理位置不同，亦即基带植被与土壤不同，植被与土壤垂直带谱的组成亦不同。

在相似的经度上，从低纬到高纬，植被与土壤垂直带谱有由繁变简、同类植被与土壤的分布高度有由高降低的趋势。在相似的纬度上，从湿润地区经半湿润、半干旱地区到干旱地区，山地植被与土壤垂直带谱趋于复杂，而同类植被与土壤的分布高度则逐渐升高。

（2）在相同或相似的地理位置，山体越高，相对高差越大，植被与土壤垂直带谱越完整，包含的植被与土壤类型也越多。我国喜马拉雅山系中的许多山脉，植被与土壤垂直带谱之完整为世界所罕见，据资料记载，最完整的植被与土壤垂直带谱是喜马拉雅山东段最高峰南迦巴瓦峰南坡的植被与土壤垂直带谱。

（3）山地坡向不同，植被与土壤垂直带谱组成及同类植被与土壤分布高度也有差别。图10.4为秦岭南北坡植被与土壤垂直带谱比较。

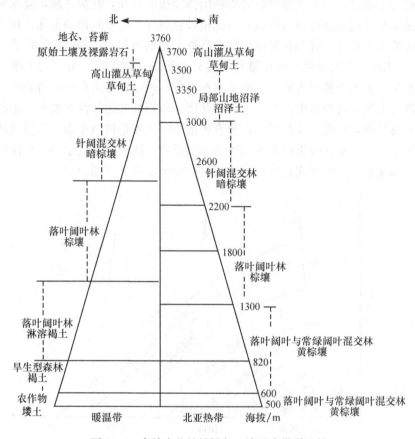

图10.4　秦岭南北坡植被与土壤垂直带谱比较

有些山地，界于两个水平地带之间，不同坡向基带完全不同，因而坡向的影响尤为显著。一般情况是：山地下部两坡建谱植被与土壤类型各异，向上逐渐趋于一致，但同一植被与土壤带分布高度仍然有差别，在阳坡分布高度较阴坡高，在干旱地区较湿润地区高。例如，云南哀牢山迎风坡黄壤下限为1600m，而背风坡则上升到1800m。

植被与土壤垂直带变异的高程跨度一般为300～600m，有的则更大。垂直带的分异处常与山地的坡折、分级的山顶面和剥夷面相一致。

在我国青藏高原还有一种特有的植被与土壤垂直分布现象，从基带植被与土壤向下（由高原面向谷底）随生物气候变化，植被与土壤依次变化，称为植被与土壤负向垂直带性，以区别于前述的植被与土壤垂直带性（又称植被与土壤正向垂直带性）。这里"负"和"正"的意义是相对的，按所选基带而定。高原谷地中的植被与土壤是在河流下切加深的过程中在谷坡上发展起来的，因此，河谷地段最下部的植被与土壤带是不稳定的，而广大高原面上的植被与土壤是较稳定的，选其作为垂直带的起点（基带），符合发生学原则。植被与土壤下垂谱中往往出现较为干旱的植被与土壤类型，这与下沉气流具有焚风效应有关，如云贵高原的金沙江谷地中出现的稀树草原下的燥红土等。但若季风能随谷地进入高原，则就有比较湿润的生物气候下形成的植被与土壤类型，如常绿阔叶林下的黄壤、落叶阔叶林下的棕壤等。现以雅鲁藏布江谷地为例：在其大拐弯到拉孜段可明显看到，由上向下是由亚高山灌丛草甸土（棕毡土）—山地针阔混交林下的暗棕壤—山地落叶阔叶林下的棕壤—山地常绿阔叶与落叶阔叶混交林下的黄棕壤—山地常绿阔叶林下的黄壤组成的下垂谱。

三、植被与土壤的垂直-水平复合分布规律

植被与土壤的垂直-水平复合分布规律是指在垂直地带基础上表现的水平分布规律，再在水平地带基础上出现的垂直分布规律。我国青藏高原号称"世界屋脊"，地势高耸，地域辽阔，植被与土壤的垂直-水平复合分布规律表现得最为明显。高原周围山地的植被与土壤是由一系列（正向）垂直地带谱组成；在高原面上，由南而北依次出现高山草甸与高山草甸土、高山高原与高山草原土、高山荒漠与高山荒漠土三个水平地带；崛起高原面上的山地则又出现了垂直带的分异，形成简单的垂直结构的形式，即基带植被与土壤—冰碛地衣下的寒漠土—冰川雪被；在高原的谷地中又随谷地的位置、深度而有不同的植被与土壤下垂谱。

第二节　植被与土壤的区域性（地方性）分布规律

植被与土壤分布规律除了受气候因素制约外，还受地方性因素如地形、母岩和母质、水文条件、时间和人为活动等的影响，使植被与土壤发生相应的变异，地带性植被与土壤与非地带性植被与土壤在短距离内呈镶嵌分布，并在植被与土壤地带内呈现不同的植被与土壤类型组合和分布模式，一般称之为植被与土壤的区域性或地方性分布规律，也可称为植被与土壤的非地带性分布规律，包括植被与土壤的中域性分布规律和微域性分布规律。

一、植被与土壤的中域性分布规律

植被与土壤的中域性分布是指在中地形条件及其相应的其他地方性因素变异的影响下，地带性植被与土类（亚类）和非地带性植被与土类（亚类）按确定的方向有规律依次更替的现象，通常又称植被与土壤组合。一般所常用的中域分布和中地形等概念，由于没有精确的定义，只定性地指那些未能发生垂直带分异、起伏小于 500m 的丘陵地形中的分布规律，涉及的空间尺度较大，植被与土壤单元较高级，分布的规律性也较明显。

中域性在不同地带内具有不同的性质。例如，位于棕壤地带的烟台市昆嵛山，由山麓到滨海依次出现粗骨棕壤、普通棕壤、潮棕壤、潮土、盐化潮土、滨海盐土等（图 10.5）；在栗钙土地带内，从高处向湖泊周围常依次分布有栗钙土、盐土和碱土；

在荒漠土地带中，由山麓到盆地中心常见有灰棕漠土（或棕漠土）、草甸土、盐土、风沙土等。

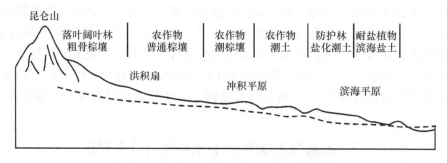

图 10.5　昆嵛山至滨海平原土壤分布断面图

植被与土壤中域分布常表现为枝形、扇形与盆形等组合形态。枝形植被与土壤组合广泛出现于高原与山地丘陵地区，由于河谷发育，随着水系的树枝状伸展，形成一系列树枝状植被与土壤组合，这种植被与土壤组合由地带性植被与土壤、半水成植被与土壤与水成植被与土壤共同构成，其组合成分因地而异。扇形植被与土壤组合主要是不同植被与土壤类型沿洪积-冲积扇呈有规律分布。由于沉积物的分选，随地形降低而由粗变细，地下水位抬升，同时由于地球化学沉积作用，故形成一系列的扇形植被与土壤组合。盆形植被与土壤组合出现在湖泊与盆形洼地周围，由于地形由四周向中心倾斜，在地表水、地下水的共同作用下，形成了一系列水成与半水成植被与土壤，以湖泊水体为中心呈同心圆状分布。这种组合在干旱与半干旱地区尤为常见。

二、植被与土壤的微域性分布规律

植被与土壤分布的微域性是指在小地形或人为耕种利用差异的影响下，在短距离内植被与土壤的中、低级分类单元依次更替、重复出现的现象，通常又称为植被与土壤复区。与中域性分布相比，其涉及空间尺度较小（地形高差一般小于 10m，植被与土壤随地形变异的空间距离约数十、数百米为一个重复）；地形条件通常属平原（或平地）区、洼地以及山地和丘陵的一段坡面；植被与土壤的变化多为较低级分类单元；分布形式也较复杂。小地形变化引起的植被与土壤微域性分布在平面上多呈花斑状。农作物与耕作土壤的微域分布常表现为同心圆式、阶梯式、棋盘式和框（垛）式等分布模式。

同心圆式分布是以居民点为中心，越近居民点，受人为影响越强烈，农作物管理越精细、土壤熟化度越高。

阶梯式分布多见于丘陵地区，垦殖时修筑梯田，并在不同部位采取不同的措施，形成不同的农作物与耕种土壤。

棋盘式分布多见于平原地区，通过平整土地、开沟挖渠，使土地逐步方整化与规格化而形成，不同种类的植被与土壤分布像棋盘状。

　　框垛式分布是低洼圩区和湖荡地区农作物与耕种土壤分布的特点。由于长期的人为改造，不断挖低垫高，创造了特殊的人工地形，即所谓桑（蔗）基鱼塘和垛田，前者呈框状，后者呈垛状。

思考题

1. 以欧亚大陆为例说明植被与土壤的水平地带性分布规律。
2. 举例说明植被与土壤的垂直地带性分布规律。
3. 简述中域分布规律与微域分布规律的定义。

主要参考文献

北京大学. 1980. 植物地理学. 北京：高等教育出版社

陈炳涛. 2000. 土壤地理与生物地理. 上海：华东师范大学出版社

戴伦焰. 1962. 植物学. 北京：人民教育出版社

高信曾，等. 1987. 植物学. 北京：高等教育出版社

姜汉乔，段昌群，杨树华. 2005. 植物生态学. 北京：高等教育出版社

李天杰，赵烨，张科利，等. 2003. 土壤地理学. 北京：高等教育出版社

李天杰，郑英顺，王云. 1983. 土壤地理学. 北京：高等教育出版社

李扬汉，等. 1984. 植物学. 上海：上海科学技术出版社

李正理，等. 1983. 植物解剖学. 北京：高等教育出版社

刘兆谦. 1988. 土壤地理学原理. 西安：陕西师范大学出版社

陆时万，等. 1991. 植物学. 北京：高等教育出版社

吕贻忠，李保国. 2006. 土壤学. 北京：中国农业出版社

马丹炜，张宏. 2008. 植物地理学. 北京：科学出版社

牛翠娟，娄安如，孙儒泳，等. 2007. 基础生态学. 2版. 北京：高等教育出版社

强胜. 2006. 植物学. 北京：高等教育出版社

宋永昌. 2001. 植被生态学. 上海：华东师范大学出版社

王伯荪. 1987. 植物群落学. 北京：高等教育出版社

王荷生. 1992. 植物区系地理. 北京：科学出版社

王金鉴，陈炳涛，许德祥，等. 1990. 土壤地理与生物地理. 上海：华东师范大学出版社

吴征镒. 1991. 中国种子植物属分布区类型. 云南植物研究（增刊）：1-139

吴征镒，王荷生. 1983. 中国自然地理——植物地理（上册）. 北京：科学出版社

伍光和，田连恕，胡双熙，等. 2000. 自然地理学. 3版. 北京：高等教育出版社

武吉华，张绅，江源，等. 1992. 植物地理学. 4版. 北京：高等教育出版社

熊毅，李庆逵. 1987. 中国土壤. 北京：科学出版社

阎传海. 2001. 植物地理学. 北京：科学出版社

杨持. 2008. 生态学. 北京：高等教育出版社

殷秀琴，侯威岭，李贞. 2004. 生物地理学. 北京：高等教育出版社

中国科学院《中国自然地理》编辑委员会. 1981. 中国自然地理·土壤地理. 北京：科学出版社

中国植被编辑委员会. 1980. 中国植被. 北京：科学出版社

仲跻秀，施岗陵. 1992. 土壤学. 北京：农业出版社

周淑贞，张如一，张超，等. 1979. 气象学与气候学. 北京：人民教育出版社

周云龙，等. 2004. 植物生物学. 北京：高等教育出版社

朱鹤健. 1986. 世界土壤地理. 北京：高等教育出版社

朱鹤健，何宜庚. 1992. 土壤地理学. 北京：高等教育出版社

邹冬生，廖桂平. 2002. 农业生态学. 长沙：湖南教育出版社

B. A. 柯夫达. 1981. 土壤学原理（上册）. 北京：科学出版社

Bridges E M. 1978. World Soils. New York：Melburne

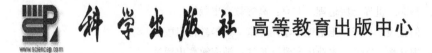

教学支持说明

  科学出版社高等教育出版中心为了对教师的教学提供支持，特对教师免费提供本教材的电子课件，以方便教师教学。

  获取电子课件的教师需要填写如下情况的调查表，以确保本电子课件仅为任课教师获得，并保证只能用于教学，不得复制传播用于商业用途。否则，科学出版社保留诉诸法律的权利。

  地址：北京市东黄城根北街 16 号，100717

    科学出版社 高等教育出版中心 化学与资源环境出版分社 杨红（收）

联系方式：010-64015208 010-64011132（传真）dx@mail. sciencep. com

登陆科学出版社网站：www. sciencep. com "教学服务/资源下载/文件" 栏目可下载本表。

请将本证明签字盖章后，传真或者邮寄到我社，我们确认销售记录后立即赠送。

如果您对本书有任何意见和建议，也欢迎您告诉我们。意见一旦被采纳，我们将赠送书目，教师可以免费选书一本。

证　明

  兹证明 _____ 大学 _____ 学院/_____ 系

第_____学年□上/□下学期开设的课程，采用科学出版社出版的

_____ / _____（书名/作者）作为上课教材。

任课老师为 _____ 共_____人，学生_____个班共

_____人。

  任课教师需要与本教材配套的电子教案。

电　话：_____

传　真：_____

E-mail：_____

地　址：_____

邮　编：_____

      学院/系主任：_____　（签字）

         （学院/系主任盖章）

       ____年____月____日